普通高等教育“十三五”规划教材

矿井瓦斯防治与利用

主　编　吴　强
副主编　张保勇　李祥春

煤炭工业出版社
·北　京·

内 容 提 要

本书是普通高等教育"十三五"规划教材（高等院校安全工程专业）之一，与《矿井通风》《矿井火灾防治》等配套使用，书中系统介绍了煤层瓦斯的赋存与含量；矿井瓦斯涌出及防治；矿井瓦斯爆炸及预防措施；瓦斯喷出机理及防治措施；煤与瓦斯突出理论及防治；煤矿瓦斯抽采；矿井瓦斯储运与利用。书后附有相关的瓦斯参数测定方法及有关规范。

本书可供高等院校安全技术及工程、采矿工程及相关专业的本科生作为教材使用，也可供从事矿山工业科研、设计、管理及工程技术人员参考使用。

前　言

矿井瓦斯是威胁煤矿安全生产工作的重大灾害之一。从发现瓦斯开始，人们在煤矿开采过程中与矿井瓦斯进行了不懈的斗争。我国是世界上瓦斯灾害最严重的国家之一，在长期的生产实践中，我国提出了瓦斯防治的十六字方针“通风可靠、抽采达标、监控有效、管理到位”(2008)，形成了四位一体的综合防治措施。这些方针、措施都是煤矿瓦斯治理实践经验的概括总结，是我们对瓦斯治理规律认识的深化，是治理防范瓦斯灾害的基本要求。随着科学技术的进步，有关瓦斯利用的新技术不断涌现。因此，本书对瓦斯存储和利用的新技术进行了较详细的介绍。

本书的成书是在参阅多版本矿井瓦斯防治教材基础上，吸收了以前诸教材的优点，由长期坚守在教学一线的中青年教师编写而成。书中对瓦斯的形成、赋存、涌出规律、防治措施等进行了系统讲授，并对瓦斯利用方面的新技术进行了较详细介绍，以期提高大家对瓦斯利用的认识，加强对瓦斯的利用开发。

本书共分8章，由黑龙江科技大学吴强担任主编，黑龙江科技大学张保勇和中国矿业大学（北京）李祥春担任副主编。第一章由张保勇编写，第二章由康宇编写，第三章、第四章由张强编写，第五章由王亚军、吴琼编写，第六章由李祥春、张强编写，第七章由潘荣锟、张强编写，第八章由潘长虹、吴琼编写。

由于编者水平有限，书中难免有错误和不妥之处，恳请读者不吝指正。

编　者

2016年5月

目　　次

第一章　煤层瓦斯的赋存与含量

第一节　矿井瓦斯的概念与性质

一、瓦斯的概念

矿井瓦斯有广义与狭义之分，广义的矿井瓦斯是指矿井中以甲烷为主的有毒、有害气体的总称，狭义的矿井瓦斯就是指甲烷。从广义上讲，瓦斯由于组分不同，其性质有很大差别。从安全角度可以将这些组分划分为4类：①可燃性气体，如甲烷等同系烷烃（C_nH_{2n+2}）、环烷烃（C_nH_{2n}）、H_2、CO、H_2S等，这些气体具有可燃烧的特性，在一定浓度范围内与空气的混合气体往往具有爆炸性，对煤矿安全构成严重威胁；②有毒性气体，如H_2S、CO、SO_2、NH_3、NO、NO_2等，这些气体达到一定浓度时，会直接影响人的健康甚至威胁生命安全；③窒息性气体，如N_2、CH_4、CO_2、H_2等，这些气体往往赋存在煤体或围岩内，开采过程中大量涌出到生产空间，从而使空气中的氧气浓度降低，造成人员窒息；④放射性气体，如氡气。

矿井瓦斯的主要来源有4类：第一类是煤层与围岩内赋存并能涌入到矿井中的气体；第二类是矿井生产过程中生成的气体，如爆破时产生的炮烟、机械运行产生的废气等；第三类是井下空气与煤、岩、矿物及其他材料间的化学或生物产生化学反应生成的气体；第四类是放射性物质蜕变过程生成或地下水放出的放射性惰性气体（氡气或氦气）。第一类来源中主要是有机质在煤化过程中生成并赋存于煤岩中的气体，统称为有机源气体。在有火成岩侵入或碳酸盐受热分解生成的二氧化碳经断层侵入的煤田，还有无机源气体。

二、瓦斯的基本性质

甲烷是无色、无味、无臭、可以燃烧或爆炸的气体，标准状态下密度为0.716 kg/m^3，为空气密度的0.554倍。瓦斯的化学性质不活泼，微溶于水，在101.3 kPa、20 ℃的条件下，100 L水可以溶解3.31 L甲烷气体，0 ℃时可溶解5.56 L甲烷气体。在2.56 MPa、0 ℃的条件下，164 L甲烷气体可以与水反应生成1 L甲烷水合物（可燃冰）。

瓦斯在空气中具有较强的扩散性，扩散速率是空气的1.34倍，故局部地点较高浓度的瓦斯会自动向低浓度的区域扩散，从而使瓦斯浓度趋于均匀。瓦斯的扩散过程是不可逆的，在煤矿井下巷道中，风流流动一般处于紊流状态，由煤壁等处涌出的瓦斯很容易与空气均匀混合。因此，在风量充足的巷道中，瓦斯的分布通常是均匀的。但是，瓦斯涌出时巷道中的瓦斯分布是不均匀的，煤壁附近的瓦斯浓度高，巷道顶部、冒落区顶部往往积聚高浓度瓦斯。瓦斯分布除与其涌出自身特性有关外，主要取决于风速。为防止瓦斯局部积聚，《煤矿安全规程》对不同用途的井巷最低风速进行了规定（表1－1）。

表 1－1　井巷中的允许风流速度

井 巷 名 称	最低允许风速/（$m \cdot s^{-1}$）	井 巷 名 称	最低允许风速/（$m \cdot s^{-1}$）
架线电机车巷道	1.0	掘进中的岩巷	0.15
运输机巷，采区进、回风巷	0.25	其他通风人行巷道	0.15
采煤工作面、掘进中的煤巷和半煤岩巷	0.25		

三、瓦斯的危害

当甲烷在空气中的浓度为43%时，氧气浓度将降到12%，人会感到呼吸困难；当其在空气中的浓度为57%时，氧气浓度将降到9%，人会处于昏迷状态。为避免发生窒息事故，应禁止人员进入井下通风不好的区域（应防止人员误入通风不良的盲巷等区域）。同时，瓦斯易燃易爆，当空气中瓦斯浓度在5%～16%时，遇到火源就会爆炸，瞬间形成高温高压冲击波，并产生大量一氧化碳。煤矿一旦发生瓦斯爆炸或煤与瓦斯突出事故，往往会造成人员大量伤亡。目前我国瓦斯灾害占矿井主要灾害的首位，严重威胁着矿山安全。

四、瓦斯的利用

能源问题是制约我国经济和社会发展的主要因素之一，瓦斯作为一种热值高、污染少的洁净能源，是常规天然气最现实可靠的补充或替代能源。据统计，我国陆上煤田埋深2000 m以上的浅范围内拥有的瓦斯资源量为$36.81 \times 10^{12}\ m^3$，加强瓦斯抽采利用大有可为。瓦斯利用主要有工业/民用燃气、瓦斯发电、瓦斯氧化制热、瓦斯固化等。

第二节　煤层瓦斯生成

煤矿井下的瓦斯主要来自煤层和煤系地层，其成因学说多种多样。但是，国内外多数学者认为煤中的瓦斯是在成煤的煤化作用过程中形成的，即有机成因说。有机成因说认为煤的原始母质沉积以后，一般经历两个成气时期：从植物遗体到泥炭属于生物化学成气时期；在地层的高温高压作用下，从褐煤到烟煤直到无烟煤属于煤化作用成气时期。

一、生物化学成气时期

这个时期是从成煤原始有机物堆积在沼泽相和三角洲相环境中开始的。在温度不超过65 ℃条件下，腐植体经厌氧微生物分解成甲烷和二氧化碳。这个过程一般可用纤维素的化学反应式来表达：

$$4C_6H_{10}O_5 \longrightarrow 7CH_4 + 8CO_2\uparrow + 3H_2O + C_9H_6O$$
$$2C_6H_{10}O_5 \longrightarrow CH_4 + 2CO_2\uparrow + 5H_2O + C_9H_6O$$

目前认为这个阶段成煤物质生成的泥炭层埋深浅，且上覆盖层的胶结固化不好，故而生成的瓦斯通过扩散和渗透容易排放到大气中。因此，生物化学作用生成的瓦斯一般不会保留在煤层内。

随着泥炭层的下沉，上覆盖层越积越厚，压力与温度也随之增高，生物化学作用逐渐减弱直至结束；这时，在较高的压力与温度作用下，进入煤化作用阶段，泥炭转化成褐煤。

二、煤化作用成气时期

褐煤层进一步沉降，地层压力与温度作用加剧，便进入煤化作用成气时期。据考查，一般在 100 ℃及其相应的地层压力下，煤体就会产生强烈的热力变质成气作用。目前普遍认为，在煤化作用初期，煤中有机质基本结构单元主要是带有羟基（—OH）、甲基（—CH_3）、羧基（—COOH）、醚基（—O—）等侧链和官能团的缩合稠环芳烃体系，煤中的碳元素则主要集中在稠环中。一般情况下，稠环的键结合力强，故而稳定性好；而侧链和官能团之间及其与稠环之间的结合力弱，故稳定性差。因此，随着地层下降，压力增大，温度升高，侧链和官能团不断发生断裂与脱落，生成 CO_2、CH_4、H_2O 等挥发性气体，如图 1－1 所示。

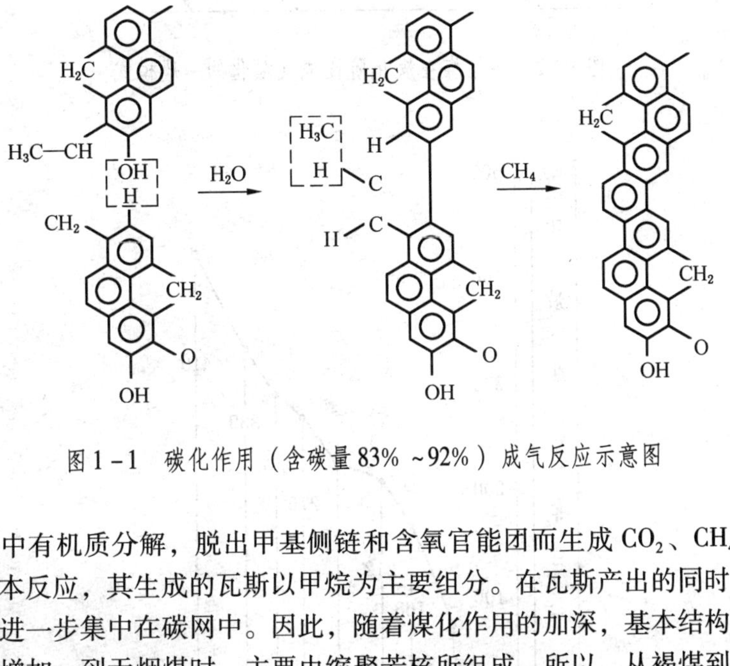

图 1－1　碳化作用（含碳量 83%～92%）成气反应示意图

煤化过程中有机质分解，脱出甲基侧链和含氧官能团而生成 CO_2、CH_4 和 H_2O 是煤层气形成的基本反应，其生成的瓦斯以甲烷为主要组分。在瓦斯产出的同时，芳核进一步缩合，碳元素进一步集中在碳网中。因此，随着煤化作用的加深，基本结构单元中缩聚芳核的数目不断增加；到无烟煤时，主要由缩聚芳核所组成。所以，从褐煤到无烟煤，煤的变质程度越高，生成的瓦斯量也越多。值得注意的是，各个煤化阶段生成的气体组分不仅不同，而且数量上也有很大变化。图 1－2 是苏联学者索科洛夫等人给出的腐植煤在煤化作用各阶段成气的一般模式，从中可以看出 CH_4 生成是个连续相，即存在于整个煤化阶段。

各个时期都不断有 CH_4 生成，只是各阶段生成的 CH_4 在数量上有较大波动而已。实践表明，以人工热演化产生瓦斯为基础的模型与实测结果在趋势上是一致的。

苏联学者乌斯别斯基根据地球化学与煤化作用过程反应物与生成物平衡原理计算出各煤化阶段的甲烷生成量，其结果如图 1－3 所示。由于泥炭向褐煤过渡时期生成的甲烷很

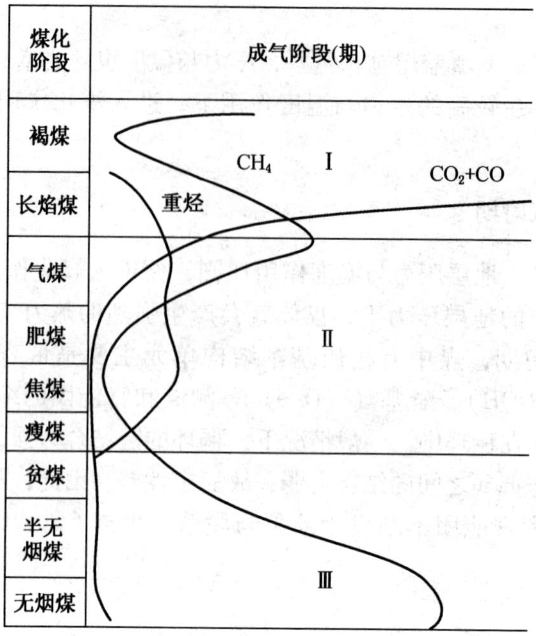

图1-2　腐植煤在煤化阶段成气演化的一般模式

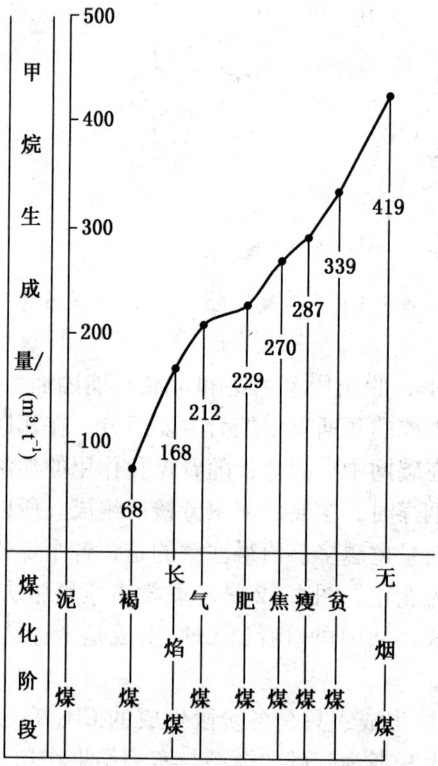

图1-3　各煤化阶段甲烷生成量曲线

容易流失，所以目前估算煤层生成甲烷量的多少，一般以褐煤作为计算起点。但是应当注意的是，由于自然界的实际煤化过程远比带有许多假设进行的理论计算复杂，所以这些数据只能是近似值。

在个别煤层中有一部分瓦斯是由于油气田瓦斯的侵入造成的，例如四川中梁山煤矿10号煤层的瓦斯与底板石灰岩溶洞中的瓦斯相连；而陕西铜川矿务局焦坪煤矿井下的瓦斯又与顶底板砂岩含油层的瓦斯有关。

波兰的下西里西亚和法国的塞纳煤田的煤层中含有的大量 CO_2 则是由于火山活动使碳酸盐类岩石分解生成的 CO_2 气体侵入的结果。在某些煤层中还含有 C_2H_6、C_3H_8 等气体，一般来说，世界各国煤田中所含瓦斯均以甲烷为主。

第三节　煤层瓦斯赋存与垂向分带

一、煤层瓦斯赋存状态

煤通常具有基质孔隙和天然孔隙的双重孔隙结构，瓦斯气体在煤层中的赋存状态主要有游离状态、吸附状态、水合物状态。

1. 游离状态瓦斯

游离状态又称自由状态，这种状态的瓦斯以自由气体状态存在于煤层孔隙或围岩的孔洞之中，其分子可自由运动，呈现出压力并符合自由气体定律。游离瓦斯量的多少与储存空间的容积和瓦斯压力成正比，与瓦斯温度成反比。

2. 吸附状态瓦斯

吸附状态的瓦斯主要吸附在煤的微孔表面上和煤的微粒结构内部。吸附状态的瓦斯按照结合形式的不同，又分为吸着状态和吸收状态。吸着状态是指矿井瓦斯被吸着在煤体或岩体微孔表面，在表面形成瓦斯薄膜；吸收状态是指瓦斯分子更深入地进入煤的微孔中，进入煤分子晶格中与煤的分子相结合，形成固溶体状态。吸收与吸着的宏观差别仅在于前者的平衡时间长，吸附体的膨胀变形量较大。

煤体中瓦斯存在的状态不是固定不变的，而是处于不断交换的动平衡状态，当条件发生变化时，这一平衡就会被打破。由于压力增高或温度降低，部分瓦斯就会由游离状态转化为吸附状态，这一过程称为瓦斯的吸附；当压力降低或温度升高时，部分吸附瓦斯就会由吸附状态转化为游离状态，这一过程称为瓦斯解吸。瓦斯在煤内的存在状态可用图1－4表示。

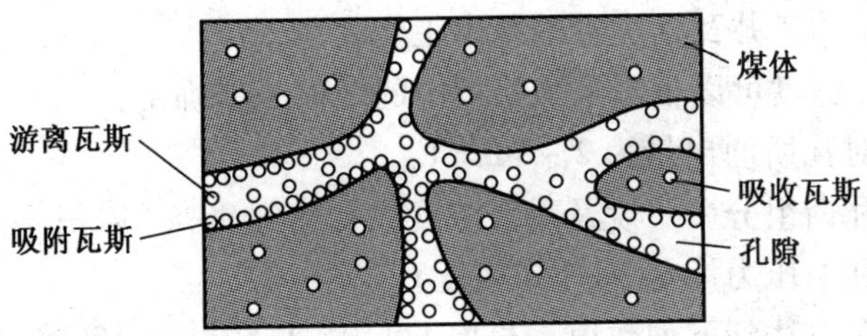

图1－4　瓦斯在煤内的存在状态示意图

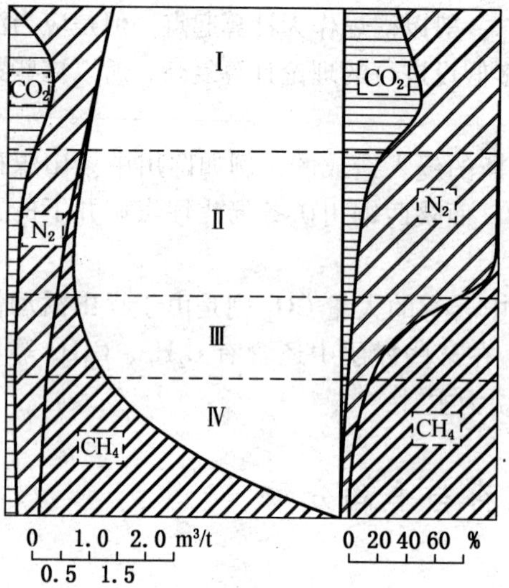

Ⅰ、Ⅱ、Ⅲ—瓦斯风化带；Ⅳ—甲烷带

图1-5 煤层瓦斯垂向分带图

3. 水合物状态瓦斯

水合物状态瓦斯（瓦斯水合物）是小分子量瓦斯组分气体（CH_4、C_2H_6、C_3H_8、C_4H_{10}、CO_2 等）与水在一定温度和压力条件下络合而成的一种类冰的、非化学计量的、笼形晶体化合物，具有生成条件温和、含气率高、储存稳定安全等特性。

二、煤层瓦斯垂向分带规律

当煤层具有露头或直接为透气性较好的第四系冲积层覆盖时，由于煤层中瓦斯不断由煤层深部向地表运移，而地面空气则向煤层中渗透和扩散，造成了煤层瓦斯组分沿赋存深度的带状分布。苏联矿业研究院格·德·李金通过对顿巴斯和库兹巴斯等煤田大量的煤层瓦斯组分和含量的测定，将煤层中瓦斯组分按赋存深度分为4个瓦斯带：二氧化碳－氮气带、氮气带、氮气－甲烷带和甲烷带，如图1－5所示。各带的气体成分及含量见表1－2。

表1-2 煤层垂向各瓦斯带气体成分及含量

名　称	气带成因	气体含量/%		
		N_2	CO_2	CH_4
二氧化碳－氮气带	生物化学	20～80	20～80	<10
氮气带	空气	>80	<10～20	<20
氮气－甲烷带	空气和变质	20～80	<10～20	20～80
甲烷带	变质	<20	<10	>80

确定瓦斯风化带和甲烷带的深度是很重要的，在甲烷带内，煤层中瓦斯压力、瓦斯含量以及开采条件变化不大的前提下瓦斯涌出量都随深度的增加而有规律地增大。研究这些规律及影响因素是防治矿井瓦斯灾害的基本工作之一。

瓦斯风化带上界深度可以根据下列指标中的任何一项确定：

（1）煤层的相对瓦斯涌出量为2～3 m^3/t。

（2）煤层内的瓦斯组分中甲烷及重烃浓度总和达到80%（体积比）。

（3）煤层内的瓦斯压力为0.1 MPa（表压）。

（4）煤的瓦斯含量达到下列数值：长焰煤1.0～1.5 m^3/t，气煤1.5～2.0 m^3/t，肥煤与焦煤2.0～2.5 m^3/t，瘦煤2.5～3.0 m^3/t，贫煤3.0～4.0 m^3/t，无烟煤5.0～7.0 m^3/t。

第四节　煤层的孔隙特性与吸附性能

一、煤的孔隙特性

1. 煤孔隙的分类

为了研究瓦斯在煤矿中的赋存与流动，把煤中的孔隙做如下分类：

（1）微孔。其直径小于 10^{-5} mm，它构成煤中的吸附容积。

（2）小孔。其直径为 $10^{-5} \sim 10^{-4}$ mm，它构成毛细管凝结和瓦斯扩散空间。

（3）中孔。其直径为 $10^{-4} \sim 10^{-3}$ mm，它构成缓慢的层流渗透区间。

（4）大孔。其直径为 $10^{-3} \sim 10^{-1}$ mm，它构成强烈的层流渗透区间，并决定于具有强烈破坏结构煤的破坏面。

（5）可见孔及裂隙。其直径大于0.1 mm，它构成层流及紊流混合渗透区间，并决定了煤的宏观（硬和中硬煤）破坏面。

一般，把小孔至可见孔的孔隙体积之和称为渗透容积；把吸附容积与渗透容积之和称为总孔隙体积；煤的总孔隙体积占相应煤的体积的百分比称为煤的孔隙率，以百分率表示。

2. 煤孔隙与表面积

煤是孔隙体，其中含有大量的表面积，各种直径的表面积同其容积有表1－3的关系。从中可知微微孔和微孔孔隙体积还不到微微孔至中孔孔隙体积的55%，而其孔隙表面积却占整个表面积的97%以上。从表1－3中可知，微孔发育的煤，尽管其孔隙率可能不高，可是却有相当可观的表面积。表1－4是重庆煤炭研究院测定的一些煤的比表面积。

表1－3　孔隙直径与其表面积、容积的关系

孔隙类别	孔隙直径/mm	孔隙表面积/%	孔隙体积/%
微微孔	$<2\times10^{-6}$	62.2	12.5
微孔	$2\times10^{-6}\sim10^{-5}$	35.1	42.2
小孔	$10^{-5}\sim10^{-4}$	2.5	28.1
中孔	$10^{-4}\sim10^{-3}$	0.2	17.2
合计		100.0	100.0

3. 煤孔隙率特性的主要影响因素

煤的孔隙特性与煤化程度、地质破坏程度的地应力性质及其大小等因素密切相关。由于这些因素不同，各矿煤层的孔隙率可在较大范围内变化，见表1－5。现把影响孔隙率大小的主要因素介绍如下。

表1-4　煤的挥发分与比表面积的关系

采样地点与煤层层位	四川鱼田堡煤矿			四川松藻煤矿		
	四　煤			八　煤		
	顶板炭	槽口炭	底板炭	顶板炭	槽口炭	底板炭
挥发分/%	17.5	17.43	—	10.85	11.16	10.90
比表面积/($m^2 \cdot g^{-1}$)	28.69	93.32	27.40	82.08	112.24	56.97

采样地点与煤层层位	江西涌山煤矿				
	三$_2^1$煤	三$_2^1$煤	二煤	四煤	六煤
挥发分/%	7.52	5.03	7.70	7.08	10.57
比表面积/($m^2 \cdot g^{-1}$)	140.37	184.23	255.13	201.36	165.36

表1-5　我国一些矿井煤的孔隙率

矿　井	煤的挥发分/%	孔隙率/%
抚顺老虎台	45.76	14.05
鹤岗大陆	31.86	10.6
开滦马家沟12煤	26.8	6.59
本溪田师傅3煤	13.71	6.7
阳泉三矿3煤	6.66	14.1
焦作王封大煤	5.82	18.5

（1）孔隙率与煤化程度的关系。从表1-6可以看出，从长焰煤开始，随着煤化程度的加深（挥发分减小），煤的总孔隙率体积逐渐减小，到焦、瘦煤的时候达到最低值，而后随着煤化程度的减轻，总孔隙体积又逐渐增加，至无烟煤时达到最大值。然而，煤中的微孔体积随着煤化程度的增加而一直增长。

表1-6　煤的孔隙体积

煤牌号	挥发分/%	煤的孔隙体积/($m^3 \cdot t^{-1}$)					
		总孔隙		小孔至大孔		微孔	
		区间值	平均	区间值	平均	区间值	平均
长焰煤	46~43	0.073~0.091	0.084	0.045~0.070	0.061	0.021~0.028	0.023
气煤	40~35	0.028~0.080	0.053	>0.001~0.058	0.030	0.015~0.034	0.026
肥煤	34~28	0.026~0.078	0.051	>0.001~0.050	0.025	0.019~0.033	0.026
焦煤	27~22	0.021~0.068	0.045	>0.001~0.039	0.019	0.021~0.038	0.026
瘦煤	21~18	0.028~0.065	0.045	>0.001~0.036	0.016	0.022~0.033	0.029
贫煤	17~10	0.034~0.084	0.055	>0.001~0.052	0.022	0.027~0.052	0.033
半无烟煤	9~6	0.041~0.094	0.065	>0.001~0.054	0.023	0.033~0.056	0.044
无烟煤	5~2	0.055~0.136	0.088	>0.001~0.076	0.029	0.049~0.062	0.055

（2）孔隙率与煤的破坏程度的关系。大孔决定于强烈的地质构造破坏煤的破坏面，因此煤的破坏程度越严重，其渗透容积越高，即孔隙率越大，见表1－7。

表1－7　煤的破坏类型与其渗透容积等参数的关系

参　数	煤　的　破　坏　类　型				
	Ⅰ	Ⅱ	Ⅲ	Ⅳ	Ⅴ
煤的渗透容积/($cm^3 \cdot g^{-1}$)	0.01206	0.01305	0.02155	0.03136	0.0825
煤的坚固性系数f	0.69～2.2	0.25～1.33	<0.13～0.52	<0.1～0.33	0.1
煤的黏结力C/MPa	2.43	1.70	1.03	0.72	—
煤的内摩擦角/(°)	38.8	37.5	34.6	33.3	—
煤的瓦斯放散初速度Δp	0.5～2.8	0.5～8	1～19.3	3.8～21.7	16.7～22.1

（3）孔隙率与地应力的关系。压性地应力（压应力）可使渗透容积缩小，压应力越高，渗透容积缩小越多，即孔隙率减小越多；张性地应力（张应力）可使裂隙张开，使渗透容积增大，张应力越高，渗透容积增长越多，即孔隙率增加越多。卸压（地应力减小）作用可使煤（岩）的渗透容积增大，即孔隙率增高；增压（地应力增高）作用可使煤（岩）受到压缩，渗透容积减小，即孔隙率降低。试验表明，地应力并不减小煤的吸附体积或减少得不多（因大孔及可见孔的表面积减少），因此地应力对煤的吸附性影响很小。

二、煤的吸附性能

由于气体分子与固体表面分子之间的相互作用，气体分子暂时停留在固体表面上的现象称为气体分子在固体表面上的吸附。具有较大表面积的煤是一种天然吸附剂，具有良好的吸附性能。煤对瓦斯的吸附属于物理吸附，即瓦斯分子与煤分子之间的作用力是剩余的表面自由力（称为范德华引力）。当气体分子碰到煤表面时，其中一部分就被吸附，并释放出吸附热，在被吸附的分子中，当其热运动的动能足以克服吸附引力场的位垒时可重新回到气相，这时要吸收解吸热，这一现象称为解吸，吸附与解吸是可逆的。由于吸附在煤表面上的瓦斯贴合紧密，其密度类似其液态时的密度。

1. 影响吸附量的主要因素

气体在每克煤中的吸附量主要取决于气体的性质、表面性质（比表面积与化学组成），吸附平衡的温度及其瓦斯压力和煤中水分等。

（1）瓦斯压力的影响。在给定温度下，吸附瓦斯含量与瓦斯压力的关系呈双曲线变化，如图1－6所示。

（2）温度的影响。温度每升高1℃，吸附瓦斯的能力降低约8％。

（3）瓦斯性质的影响。对于指定的煤，在给定的温度与瓦斯压力下，CO_2的吸附量比CH_4高，而CH_4的吸附量又比N_2高。

（4）煤化变质程度的影响。煤化程度反映其比表面积大小与化学组成，一般从挥发分为20％～26％之间的煤到无烟煤，相应的吸附量快速增加。

（5）煤中水分的影响。水分的增加使煤的吸附能力降低，可用艾琴格尔的经验式来确定煤中天然水分对其甲烷吸附量的影响，如图 1-7 所示。

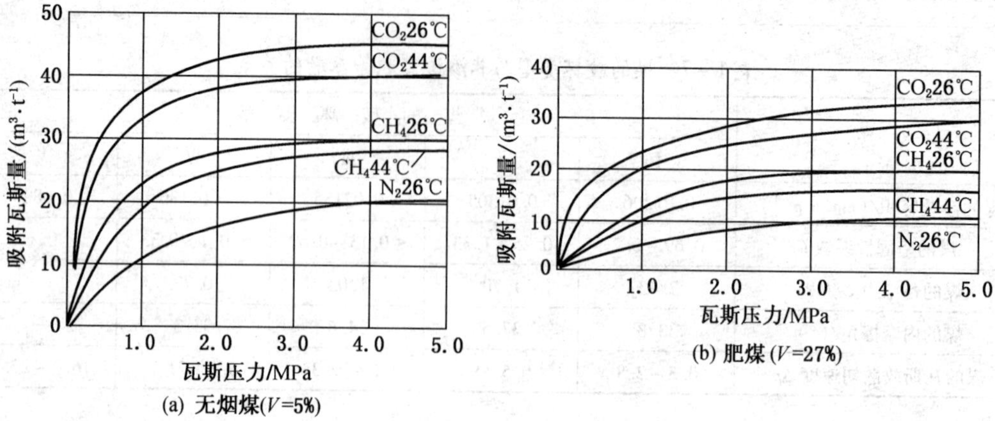

图 1-6 吸附气体（CO_2、CH_4、N_2）在温度（26 ℃、44 ℃）下的等温吸附线

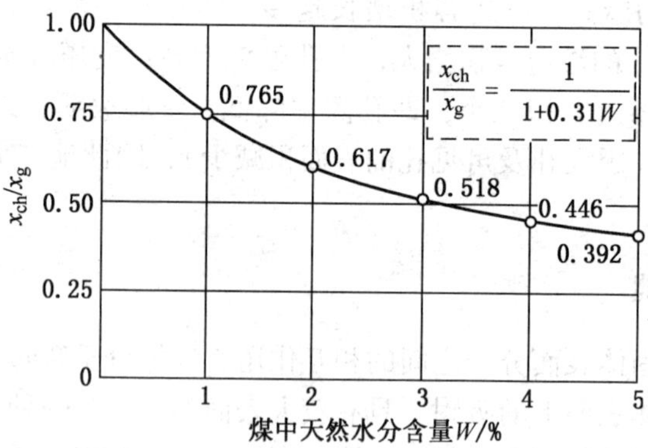

图 1-7 煤中天然水分对其甲烷吸附量的影响

$$x_{ch}=x_g\frac{1}{1+0.31W} \tag{1-1}$$

式中 x_{ch}——含有水分 W(%) 时湿煤的甲烷吸附量，m^3/t；

x_g——不含水分时干煤的甲烷吸附量，m^3/t。

2. 朗缪尔方程

1916 年朗缪尔导出了单分子层吸附（固体表面上吸附的气体只有一分子直径的厚度）状态方程，一般来说，气体在临界温度以上，在非反应的固体表面上常常发生单分子层吸附。单分子层吸附等温线的形状如图 1-6 所示，朗缪尔方程常用的形式是

$$x=\frac{abP}{1+bP} \tag{1-2}$$

式中 a——吸附常数，表示在给定温度下，单位质量固体的表面饱和吸附气体时，吸附的气体体积，一般为 15~55 m^3/t；

b——吸附常数，一般为 0.5~5.0 MPa^{-1}；

P——吸附平衡时的瓦斯压力，MPa；

x——在给定温度下，瓦斯压力为 P 时单位质量固体的表面吸附的气体体积，m^3/t。

瓦斯压力低时，式（1－2）中分母中的 bP 相对于 1 可以忽略不计，此时 x 与 P 成正比；压力很高时，分母中的 1 相对于 bP 可以忽略不计，$x \approx a$，吸附达到饱和。

第五节　煤层瓦斯含量及影响因素

一、煤层瓦斯含量及其计算

煤层瓦斯含量包括游离瓦斯含量和吸附瓦斯含量，一般分别进行计算。

1. 煤的游离瓦斯含量

一般情况下，煤的游离瓦斯含量是按气体状态方程（马略特定律）进行计算，即

$$X_Y = \frac{VPT_0}{TP_0\xi} \tag{1-3}$$

式中　X_Y——煤的游离瓦斯含量，m^3/t；

V——单位质量煤的孔隙容积，m^3/t；

P——瓦斯压力，MPa；

T_0、P_0——标准状况下的绝对温度（273K）与压力（0.101325 MPa）；

T——瓦斯的绝对温度，℃；

ξ——瓦斯压缩系数，甲烷的压缩系数见表 1－8。

表 1－8　甲烷的压缩系数 ξ

压缩系数 / 甲烷压力/MPa	温度/℃					
	0	10	20	30	40	50
0.1	1.00	1.04	1.08	1.12	1.16	1.20
1.0	0.97	1.02	1.06	1.10	1.14	1.18
2.0	0.95	1.00	1.04	1.08	1.12	1.16
3.0	0.92	0.97	1.02	1.06	1.10	1.14
4.0	0.90	0.95	1.00	1.04	1.08	1.12
5.0	0.87	0.93	0.98	1.02	1.06	1.11
6.0	0.85	0.90	0.95	1.00	1.05	1.10
7.0	0.83	0.88	0.93	0.98	1.04	1.09

2. 煤的吸附瓦斯含量

目前煤的吸附瓦斯含量按朗缪尔方程进行计算，在计算中同时应考虑煤中水分、可燃物百分比以及温度的影响，煤的吸附瓦斯含量为

$$X_x = \frac{abP}{1+bP}e^{n(t_0-t)} \cdot \frac{1}{1+0.31W} \cdot \frac{100-A-W}{100} \tag{1-4}$$

式中　t_0——实验室测定煤的吸附常数时的温度，℃；

t——煤层温度,℃;

n——经验系数;

P——煤层瓦斯压力，MPa;

a、b——煤的吸附常数;

A、W——煤中灰分与水分,%;

X_x——煤的吸附瓦斯含量，m^3/t。

我国部分矿井相应煤层煤样的吸附试验结果见表1-9。

表1-9 我国部分矿井煤样的吸附试验结果

矿 井	煤 层	水分/%	灰分/%	挥发分/%	密度/ $(t \cdot m^{-3})$
焦作李封天官		1.86	12.16	4.37	1.72
白沙红卫	3	1.72	5.95	6.37	1.49
阳泉矿区	S_5	1.02	9.34	7.64	1.39
白沙红卫	4	2.19	30.18	10.13	1.73
萍乡煤矿		1.10	8.07	10.33	1.45
鹤壁梁峪		1.70	11.53	12.20	1.43
北票台吉一坑	4	0.63	14.90	17.98	1.46
天府磨心坡	K_9	0.99	5.44	18.29	1.36
丰城坪湖	B_4	1.70	9.50	18.77	1.37
南桐煤矿	K_2	0.83	22.87	20.26	1.55
包头河滩沟		1.32	32.49	27.16	1.37
开滦赵各庄		1.66	14.40	29.93	1.46
淮北芦岭	8	1.25	7.54	32.17	1.37
抚顺龙凤	4分层	1.52	9.11	33.72	1.41
阜新平安二坑		8.53	13.37	38.46	1.21
淮南谢一矿	B_{11b}	1.58	31.8	36.20	1.32
辽源西安	上煤	5.54	6.63	41.66	1.34

矿 井	吸附试验结果				
	温度/℃	瓦斯压力/MPa	瓦斯含量/ $(m^3 \cdot t^{-1})$	a/ $(m^3 \cdot t^{-1})$	b/MPa^{-1}
焦作李封天官	30	1.27	25.33	30.72	4.8
白沙红卫	30	1.49	24.16	53.47	0.5
阳泉矿区	30	1.31	23.62	41.32	1.1
白沙红卫	30	1.22	19.27	25.65	2.4
萍乡煤矿	30	1.10	14.39	21.33	1.7
鹤壁梁峪	30	1.21	18.97	35.63	1.0
北票台吉一坑	30	1.82	10.86	14.85	1.2
天府磨心坡	30	1.76	11.29	17.18	1.1

表1-9（续）

矿井	吸附试验结果				
	温度/℃	瓦斯压力/MPa	瓦斯含量/($m^3\cdot t^{-1}$)	a/($m^3\cdot t^{-1}$)	b/MPa^{-1}
丰城坪湖	30	1.18	12.61	27.30	0.7
南桐煤矿	30	1.16	6.6	14.16	1.8
包头河滩沟	30	1.57	12.27	20.77	1.0
开滦赵各庄	30	1.01	6.42	10.89	1.3
淮北芦岭	30	1.69	12.75	21.88	0.9
抚顺龙凤	30	1.21	13.57	22.93	1.2
阜新平安二坑	30	1.34	12.30	21.11	1.1
淮南谢一矿	30	1.84	20.1	39.06	0.59
辽源西安	30	1.68	17.80	28.97	0.9

3. 煤的瓦斯总含量

煤的瓦斯总含量等于游离瓦斯含量与吸附瓦斯含量之和，故而有

$$X = X_Y + X_x = \frac{VPT_0}{TP_0\xi} + \frac{abP}{1+bP}e^{n(t_0-t)} \cdot \frac{1}{1+0.31W} \cdot \frac{100-A-W}{100} \tag{1-5}$$

此外，目前有些瓦斯工作者为了简化计算，采用孔隙率和瓦斯压力来计算游离瓦斯含量，即 $X_Y = Kp$（其中 p 为煤层的孔隙率）。从图1-8中可以看出：当瓦斯压力比较低时，吸附瓦斯量占绝大部分；随着瓦斯压力的增大，吸附瓦斯量渐趋饱和，而游离瓦斯量所占比例则逐渐提高。因此在深部地层中，当瓦斯压力较高时，煤层和岩层孔隙中所含的游离瓦斯量往往可以达到相当大的数值。

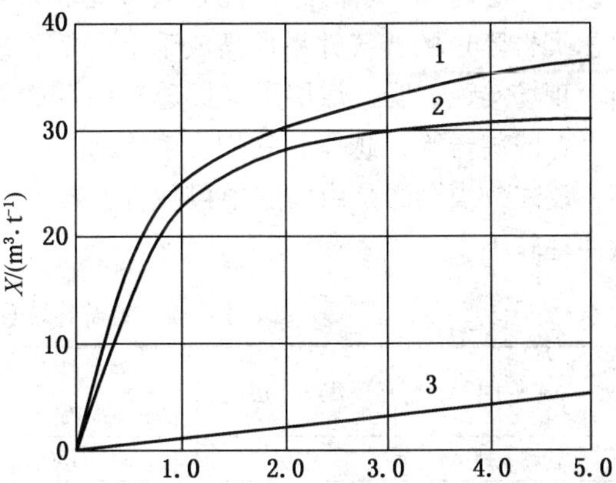

1—总瓦斯量；2—吸附瓦斯量；3—游离瓦斯量

图1-8　煤层瓦斯含量和瓦斯压力的关系曲线

目前普遍认为，如果煤层的自然条件与实验室测定的条件完全相同，则实验室中按煤层瓦斯压力和温度测定出来的瓦斯量就是该煤层的瓦斯总含量。在实际应用中，由于矿井中各煤层的煤质一般变化不大，因此在实验室中可以将各个煤层分别用不同瓦斯压力和温度测定出瓦斯总含量并制成曲线，然后再根据进行采掘工作地点测出的煤层温度和瓦斯压力，从该煤样的瓦斯总含量曲线中求得该地点的煤层瓦斯总含量。

目前我国的瓦斯矿井中，烟煤的瓦斯总含量一般不超过 25～30 m^3/t，无烟煤的瓦斯总含量一般不超过 35～45 m^3/t。但是，实际矿井中煤层的瓦斯总含量应根据测定和计算确定。

二、影响煤层瓦斯含量的主要因素

由上述分析可知，矿井中的煤体在从植物遗体到无烟煤的变质过程中，每吨煤至少可生成 100 m^3/t 以上的瓦斯。但是在目前的天然煤层中，最大的瓦斯含量不超过 50 m^3/t。其原因一方面是因为煤层本身含瓦斯的能力有限；另一方面由于瓦斯是以压力气体状态存在于煤层中，经过漫长的地质年代放散了大部分，而目前储存在煤体中的瓦斯仅是剩余的瓦斯量。从某种意义上讲,煤层瓦斯含量的多少不仅取决于煤的变质程度,更主要的是取决于储存瓦斯的地质条件。根据目前的研究成果,认为影响煤层瓦斯含量的主要因素如下。

1. 煤层的埋藏深度

埋深的增加会因地应力增高而使煤层及围岩的透气性降低，瓦斯向地表运移的距离也增长，这二者都有利于封存瓦斯。近年来国内外有关学者的研究表明，当深度不太大时，煤层瓦斯含量随埋深基本上成线性规律增加；当深度达到一定值后，煤层瓦斯含量将趋于常量并有可能会下降。

2. 煤层和围岩的透气性

目前认为，煤系地层岩性组合及其透气性对煤层瓦斯含量有重大影响。一般情况下，煤层及其围岩的透气性越大，瓦斯越易流失，煤层瓦斯含量就越小；反之，瓦斯易于保存，煤层的瓦斯含量就大。目前研究表明，煤层与岩层的透气性可在非常宽的范围内变化。表 1－10 列出了我国部分矿井瓦斯对煤层及岩石的透气性系数，可见孔隙与裂缝发育的砂岩、砾岩和灰岩的透气性系数可能非常大，它比致密而裂隙不发育的岩石（如砂页岩、页岩等）的透气性系数高成千上万倍，故而在漫长的地质年代中，会排放大量的瓦斯。现场实践表明，煤层顶底板透气性低的岩层（如泥岩、充填致密的细碎屑岩、裂隙不发育的灰岩等）越厚，它们在煤系地层中所占的比例越大，则往往煤层的瓦斯含量越高。反之，当围岩是由厚层中粗砂岩、砾岩或是裂隙溶洞发育的灰岩组成时，煤层瓦斯含量往往较小。

表 1－10　瓦斯对煤层及岩石的透气性系数

矿　井	煤　　层	透气性系数/（$m^2 \cdot MPa^{-2} \cdot d^{-1}$）	岩石种类	透气性系数/（$m^2 \cdot MPa^{-2} \cdot d^{-1}$）
抚顺龙凤	本层	150	砂岩［美］	20～92000
包头河滩沟		11.2～17.2	砂岩［苏］	0.02～56000
鹤壁六矿		1.2～1.8	灰岩、白云岩［苏］	0.028～92000
焦作朱村	大煤	0.4～3.6	泥岩［苏］	4～3600
红卫坦家冲	6	0.24～0.72	砾岩［日］	1206.8
涟邵蛇形山	4	0.2～1.08	砂岩［日］	4～320
六枝地宗	7	0.5	砂页岩［日］	0
中梁山	K_1	0.32～1.16	页岩［日］	0
北票冠山		0.008～0.228		
天府磨心坡	9	0.004～0.04		
淮南谢一	$B_{11}b$	0.228		
淮北芦岭	6	0.028		
阳泉北头嘴	3	0.016		

3. 煤层倾角

目前认为，在同一埋深及条件相同情况下，煤层倾角越小，煤层的瓦斯含量越高。发生这种现象的主要原因在于：煤层渗透性一般大于围岩，煤层倾角越小，在顶板岩性密封好的条件下，瓦斯越不容易通过煤层排放，煤体中产生的瓦斯容易得到储存，故而煤层的瓦斯含量高，瓦斯涌出量大。

4. 煤层露头

煤层露头是瓦斯向地面排放的出口，露头存在的时间越长，瓦斯排放就越多；反之，地表无露头的煤层瓦斯含量往往较高。

5. 地质构造

地质构造是影响煤层瓦斯储存的最重要的条件之一。一般认为，封闭型地质构造有利于封存瓦斯，开放型地质构造有利于排放瓦斯。具体而言，地质构造对煤层瓦斯储存的影响包括如下几个方面。

1）褶曲构造

现场实践表明，闭合而完整的背斜或穹窿又覆盖不透气的地层是良好的储存瓦斯构造，在其轴部煤层内往往积存高压瓦斯，形成“气顶”，如图 1－9a 和图 1－9b 所示。此

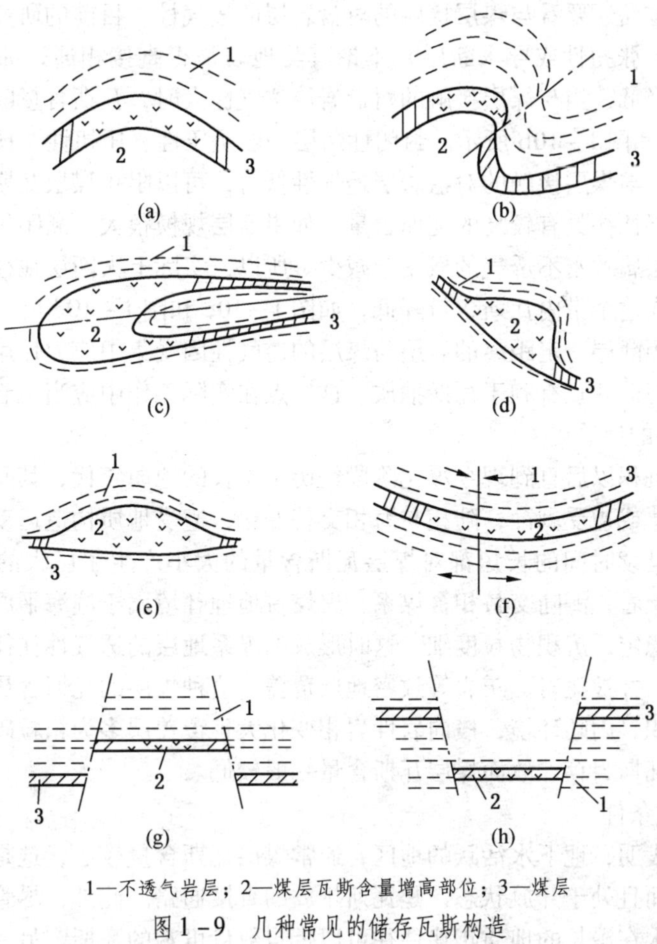

1—不透气岩层；2—煤层瓦斯含量增高部位；3—煤层

图 1－9　几种常见的储存瓦斯构造

外，在倾伏背斜的轴部通常也比相同埋深的翼部瓦斯含量高。但是，当背斜轴的顶部岩层为透气岩层或因张力形成连通地面的裂隙时，瓦斯会大量流失，这时轴部煤层瓦斯含量反而比翼部小，因此顶板岩层的密封性具有重要作用。

向斜构造一般轴部的瓦斯含量比翼部高，这是因为轴部岩层受到强力挤压，围岩的透气性往往会变得更低，因此有利于在向斜轴部封存较多的瓦斯（图 1 - 9f)。但是，开采高透气性煤层时，向斜轴部煤层的瓦斯涌出量却往往较低。这是因为开采越接近向斜轴部，瓦斯补给区域越小，补给瓦斯量越接近轴部越枯竭，另外向斜轴部裂隙往往较发育，煤、岩透气性好，有利于轴部瓦斯流失。此外，由于瓦斯比空气密度小，易于向上移动，也是造成轴部煤层瓦斯涌出量小的一个原因。

受地质构造影响形成煤层局部变厚的大煤包也会出现瓦斯含量增高的现象，如图 1 - 9c ~ 图 1 - 9e 所示。这是因为煤包周围在地质构造挤压应力作用下，煤层被压薄，形成对大煤包封闭的条件，故而有利于瓦斯封存。同理，由两条封闭性断层与致密岩层封闭的地垒或地堑构造也能成为瓦斯含量增高区，如图 1 - 9g 和图 1 - 9h 所示。特别是地垒构造，由于往往有深部供气来源，因此煤层瓦斯含量可能会明显增大。

2）断裂构造

断层对煤层瓦斯含量的影响往往比较复杂。在实际工作中，一方面要看断层（带）的封闭性，另一方面还要看与煤层接触的对盘岩层的透气性。目前的研究认为，开放性断层（一般是张性、张扭性或导水断层）不论其与地表是否直接相通，都会引起断层附近的煤层瓦斯含量降低，当与煤层接触的对盘岩层透气性大时，瓦斯含量降低的幅度就会更大，如图 1 - 10a 和图 1 - 10b 所示。封闭性断层一般是压性、压扭性，现在仍受挤压处于封闭状态的断层。与煤层接触的对盘岩层透气性低时，可以阻止煤层瓦斯的排放，故而在这种条件下，煤层往往具有较高的瓦斯含量。如果断层规模很大、断距很长时，一般与煤层接触的对盘岩层属致密不透气的概率会减少。所以，实际上大断层往往会出现一定宽度的瓦斯排放带，在这个带内瓦斯含量降低，如图 1 - 10c 和图 1 - 10d 所示。由于断层集中应力带的影响，距断层一定距离的岩层与煤层的透气性因受集中应力作用而降低，故而会出现瓦斯含量增高区并且有利于瓦斯抽放，这一点在实际工作中应当引起注意。

3）煤系地层的地质史

成煤有机物沉积以后直到现今煤化阶段经历了漫长的地质年代，其间地层多次下降或上升，覆盖层加厚或遭受剥蚀，陆相与海相交替变化，遭受地质构造运动破坏等，所有这些地质过程及其延续时间的长短都对煤层瓦斯含量的大小产生了巨大的影响。一般情况下，从沉积环境上看，海陆交替相含煤系，聚煤古地理环境属于滨海平原，往往岩性与岩相在横向上比较稳定，沉积物粒度细，这时形成的煤系地层的透气性往往较差。如果其上又遭受长期海侵，并被泥岩、灰岩等致密地层覆盖，这种煤层的瓦斯含量有可能很高。反之，对于陆相沉积，内陆环境，横向岩性岩相变化大且覆盖层多为粗粒碎屑岩，这种煤系地层往往不利于瓦斯封存，故而煤层瓦斯含量一般较低。

4）水文地质条件

目前的实践表明，地下水活跃的地区，通常煤层瓦斯含量较小，这是因为这里的天然裂隙比较发育，而且处于开放状态，是瓦斯排放的直接通路。此外，尽管瓦斯溶于水的程度不高，但地下水在漫长的地质年代往往可以带走数量可观的瓦斯。另一个不可忽视的事实是，由于地下水的溶蚀作用，还会带走大量的矿物质，导致煤系地层的天然卸压，地应力降低；而地应力降低会引起煤层及围岩透气性增大，从而加强了煤层瓦斯的流失。因此，目前许多矿井所谓的“水大瓦斯小，水小瓦斯大”就是这个原因。

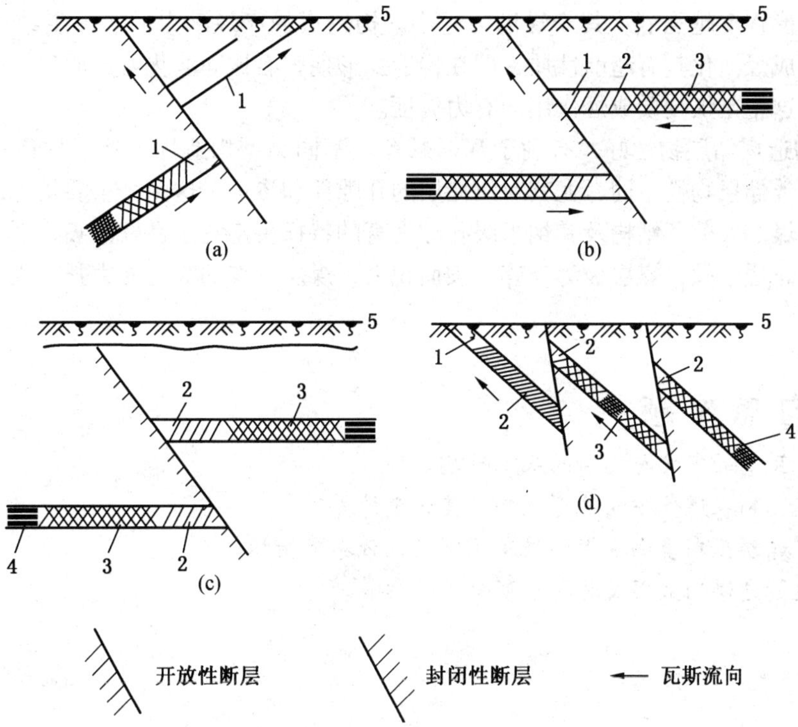

1—瓦斯流失区；2—瓦斯含量降低区；3—瓦斯含量增高区；4—瓦斯含量正常区；5—地表

图1-10　断层对煤层瓦斯含量影响示意图

第六节　构造煤的成因及其对瓦斯含量的影响

构造煤是在一期或多期构造应力作用下，煤体原生结构、构造发生不同程度的脆裂、破碎或韧性变形及叠加破坏甚至达到内部化学成分和结构变化的一类煤。由此可知，构造煤是煤层在构造应力作用下发生挤压、剪切、变形、破坏或强烈的韧塑性变形及流变迁移的产物，是地球演化的产物和地应力作用的记录，也是煤与瓦斯突出的必要条件。因此，构造煤不仅是地质构造运动的标志，也是典型的瓦斯地质体，几乎所有的煤与瓦斯突出都与构造煤密切相关，构造煤是研究地球物质演化影响的纽带。

一、构造煤的成因

构造煤是构造应力和煤层岩石力学性质两个因素综合作用的结果。构造应力作用下导致的顺层滑动（如褶皱、顺层断层等）是构造煤区域分布的主要原因，切层断层则是构造煤局部分布的主控因素，煤岩层岩石力学性质及组合则控制了构造煤的层域分布。

二、构造煤对瓦斯含量的影响

（1）构造煤热解成烃能力强，有利于瓦斯形成。煤级相近的煤，随着变形程度的增加，其有效碳质量分数和热解产烃量均逐渐变小，这说明煤的产烃潜力与构造变形程度相关，构造变形程度越强烈，其产烃潜力越小。构造煤的产烃潜力低于原生结构煤这一事实，暗示其成烃演化具有超前性质，即在构造变形期曾有比同演化阶段原生结构煤更多的烃类生成，这正是煤变质成烃作用的有力佐证。

（2）构造煤储层物性好，有利于瓦斯赋存。不同类型构造煤结构、构造存在显著差异，从而导致储层物性不同，尤其对煤储层的孔隙性和渗透率这两个重要指标的影响更为显著。构造煤的大分子结构及其纳米级孔隙发育的特征决定它是良好的吸附剂。糜棱煤系列构造煤的煤质松软，煤层极为破碎，表面积大，煤层甲烷的吸附能力强，煤层含气量较高。

复习思考题

1. 简述瓦斯的定义与瓦斯的基本性质。
2. 简述瓦斯在煤体中的赋存状态及其含量计算。
3. 简述煤层瓦斯垂向分带特征及瓦斯风化带界定指标。
4. 简述构造煤的成因及其对瓦斯含量的影响。

第二章　矿井瓦斯涌出及防治

第一节　煤层瓦斯流动基本规律

煤层-岩层结构体具有孔裂隙特征，不同煤层与岩层的孔裂隙尺寸、结构形态以及发育程度等差别很大，尤其闭合程度受地应力影响严重。当地应力增高时，其闭合程度增大，透气性变小，而地应力降低时，裂隙伸张，透气性可增大几个数量级，因此采掘作业对瓦斯流动有重大影响。

煤层中含有大量瓦斯，游离瓦斯还具有一定的压力，由于煤层赋存条件不同，瓦斯压力的分布也不均衡。有压力差、裂隙的通道，就有瓦斯流动。瓦斯在煤层中的流动是从高压区流向低压区。一旦矿井开拓开采揭露了煤层，该地点的瓦斯压力就大幅下降，周围压力高的瓦斯就会向该点流动。

一、煤层瓦斯流动及其分类

煤层内瓦斯流动空间的范围称为流场。在流场内，瓦斯呈现流动状态，具有流向、流速和瓦斯压力梯度或浓度梯度等特征指标。

在流场内瓦斯流动的类型，从空间几何形状来划分，基本上可分为3类：单向流动、径向流动和球向流动。

（1）单向流动。在三维空间内，只有一个方向有流速，其他两个方向流速为零。例如薄及中厚煤层中的煤巷与回采工作面煤壁内的瓦斯流动就属于单向流动，如图2-1所示。

（2）径向流动。在三维空间内，在两个方向有分速度，第三个方向的分速度为零。例如石门、立井、钻孔垂直穿透煤层时，在煤壁内的瓦斯流动就属于这一类；其等瓦斯压力线平行煤壁呈近似同心圆形，如图2-2所示。

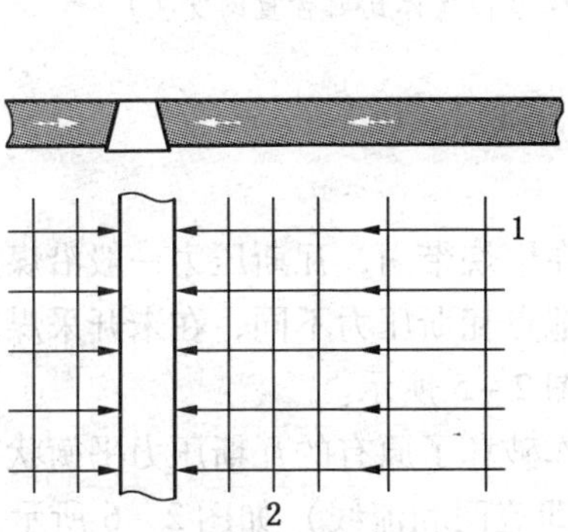

1—瓦斯流向；2—等瓦斯压力线

图2-1　单向流动

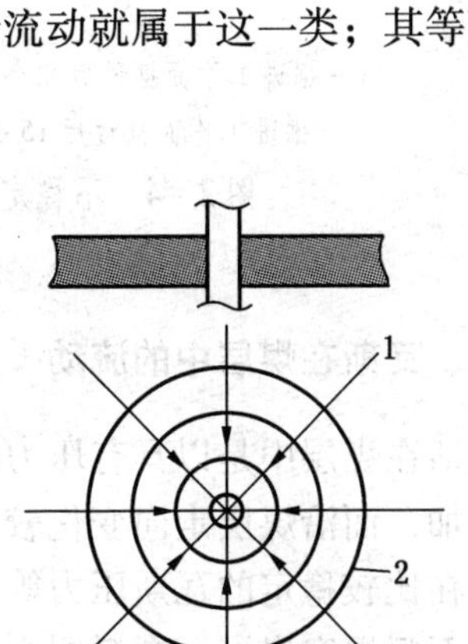

1—瓦斯流向；2—等瓦斯压力线

图2-2　径向流动

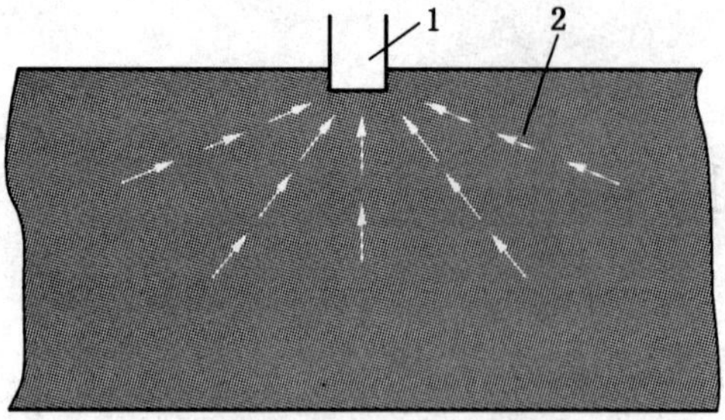

1—揭开煤层巷道的掘进工作面；2—流线

图2-3　球向流动

（3）球向流动。在三维空间内，在3个方向都有分速度。例如在厚煤层中，煤巷的掘进工作面煤壁内、钻孔或石门进入煤层时以及采落的煤块从其中涌出瓦斯的流动都属于这一类，如图2-3所示。

上述3种流动是瓦斯流动的基本形式。实际上井巷煤壁内的瓦斯流动是复杂的，是几种流动的综合。例如半煤岩巷道在掘进工作面的迎头煤壁内近似于径向流动，而后部则为单向流动。

流场从时间上来说，分为稳定和不稳定两种。稳定流场有固定的瓦斯源，流场中任何一点的流速和压力不随时间而变。相反，不稳定流场没有外来的瓦斯来源，而是由流场本身供给的，因此流场随着流动时间而变化。严格说来，煤层中的瓦斯流动都是不稳定的，因为瓦斯来自流场本身所含有的瓦斯，所以瓦斯含量也随到巷道壁的距离不断变化，如图2-4所示。

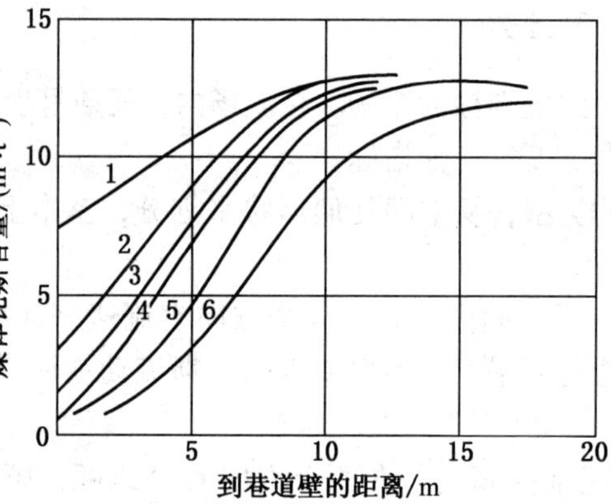

1—掘进工作面掘过后几小时；2—掘进工作面掘过后4 d；3—掘进工作面掘过后10 d；4—掘进工作面掘过后15 d；5—掘进工作面掘过后55 d；6—掘进工作面掘过后150 d

图2-4　不稳定流场（掘进巷道煤壁内煤体瓦斯含量的变化）

二、瓦斯在煤层中的流动

瓦斯在煤层中是以具有压力的气体存在，在甲烷带内，瓦斯压力一般沿煤层倾斜随深度而增加，而沿煤层走向变化较小。由于各个地点瓦斯压力不同，在未开采煤层的小范围内，存在比较稳定的瓦斯压力等值线分布，如图2-5所示。

当石门揭穿煤层，在煤层中进行的采掘工作破坏了原有的瓦斯压力平衡状态，形成瓦斯流场，其瓦斯压力等值线和瓦斯流动路线（即流网和流线）如图2-6所示。如巷道中的大气压力为0.1 MPa，煤层瓦斯由高压流向低压，从煤层内部向巷道中流动。实际上测定的等压线很不规则，这是由于煤层原始瓦斯压力分布不均匀和煤层透气性不同的缘故。

这种由高压流向低压的流动状态，大多表现为涌出，在特殊条件下也可以形成喷出和突出。

开采多煤层中涌出的瓦斯，来自本煤层的瓦斯仅占一部分，很多高瓦斯矿井中矿井的相对瓦斯涌出量远远大于煤层本身的瓦斯含量；开采单一煤层，采掘的相对瓦斯涌出量也大于煤层的瓦斯含量。这是因为瓦斯不仅来自采掘下来的煤炭，而且还来自煤壁，因此相对瓦斯涌出量的影响因素更多。

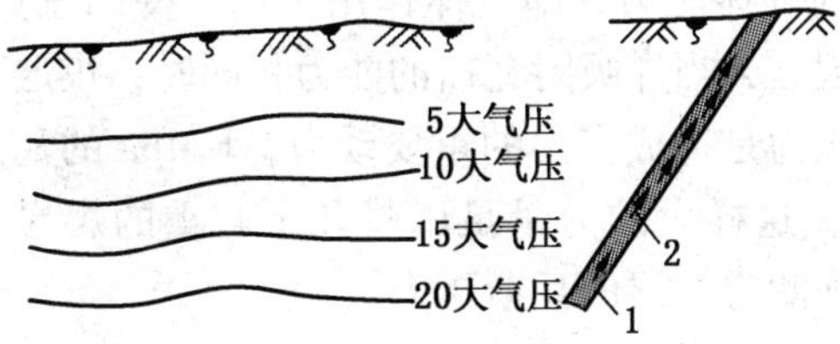

1—煤层；2—瓦斯流向

图2-5 煤层中的瓦斯压力等值线

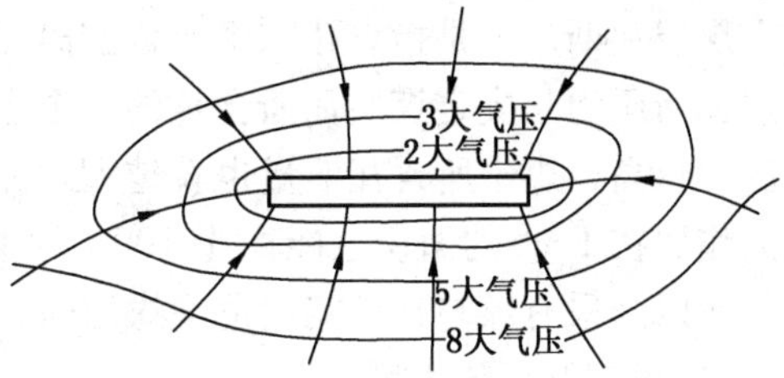

图2-6 巷道周围煤体中的瓦斯流场

目前认为瓦斯在煤层中的流动存在两种类型，即扩散流动和层流流动。这两种流动谁起主导作用虽然还存在争论，但普遍认为，扩散流动在微孔结构或低透气性系数煤层中占主导地位，而层流流动在大孔和裂隙或高透气性系数煤层中占主导地位。

1. 扩散流动

扩散流动主要在瓦斯浓度分布不均匀时出现。扩散流动服从菲克定律：

$$u_x = -D\frac{\partial C}{\partial x} \tag{2-1}$$

式中 u_x——在 x 方向上扩散流动的速度，m/s；

D——扩散系数，m^2/s；

C——瓦斯浓度，g/m^3。

负号表示流动沿着气体浓度降低的方向进行。

2. 层流流动

瓦斯的层流运动遵循达西定律，达西定律表示流体的流速与其压力梯度成正比，即

$$u = -\frac{k}{\mu}\cdot\frac{dP}{dx} \tag{2-2}$$

式中 u——流速，m/s；

k——煤层的渗透率，m^2；

μ——流体的动力黏度，对于甲烷，$\mu = 1.85\times10^{-5}\,Pa\cdot s$；

$\frac{dP}{dx}$——压力梯度，Pa/m。

三、煤层瓦斯流动参数

影响煤层瓦斯流动的因素很多，如煤层赋存状态、瓦斯地质条件、瓦斯压力、透气性、煤吸附瓦斯的能力、孔隙率、煤层暴露面的几何形状、放散瓦斯的时间、采掘方法、

开采空间的地应力活动规律、煤层和岩层的物理力学性质、支架和顶板控制的方法、矿井通风制度和水文地质条件等。在这些因素中，除时间、空间条件外，对煤层本身而言，煤层瓦斯压力、透气性、煤吸附瓦斯的能力和孔隙率是影响瓦斯涌出的基本参数。因为瓦斯压力是瓦斯流动的动力，煤的透气性则是瓦斯在该煤体中的流动能力，而煤的吸附能力和孔隙率则是煤层含有瓦斯的能力，所以在一定的地质条件和采掘方法下，瓦斯涌出主要取决于上述因素。

1. 煤层瓦斯压力

煤层瓦斯压力是指煤孔隙中所含游离瓦斯的气体压力，即气体作用于孔隙壁的压力。煤层瓦斯压力是决定煤层瓦斯含量的一个主要因素，当煤吸附瓦斯的能力相同时，煤层瓦斯压力越高，煤中所含瓦斯量也就越大。瓦斯压力是造成突出的重要动力，1 MPa 的瓦斯压力作用在 1 m^2 的面积上能产生 100 t 的推力，这样大的力量足以将几十吨重的煤炭抛出。所以开采有煤与瓦斯突出危险煤层时，必须测定煤层的瓦斯压力。

1）煤层瓦斯压力测定

测定煤层瓦斯压力时，通常是从围岩巷道（石门或围岩钻场）向煤层打孔径为 50 ~ 70 mm 的钻孔，孔中放测压管，将钻孔密封后，用压力表直接进行测定。为了测定煤层的原始瓦斯压力，测压地点的煤层应为未受采动影响的原始煤体。

测压封孔方法分填料法和封孔器法两类。根据封孔器的结构特点，封孔器分为人工充填、胶圈及胶圈 - 黏液等几种类型，如图 2 - 7、图 2 - 8 及图 2 - 9 所示。

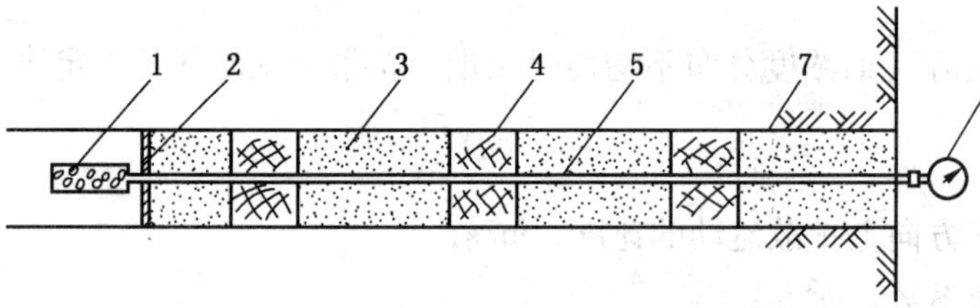

1—测压前端；2—挡料圆盘；3—充填材料；4—木楔；5—测压管；6—压力表；7—钻孔

图 2 - 7　人工充填封孔器

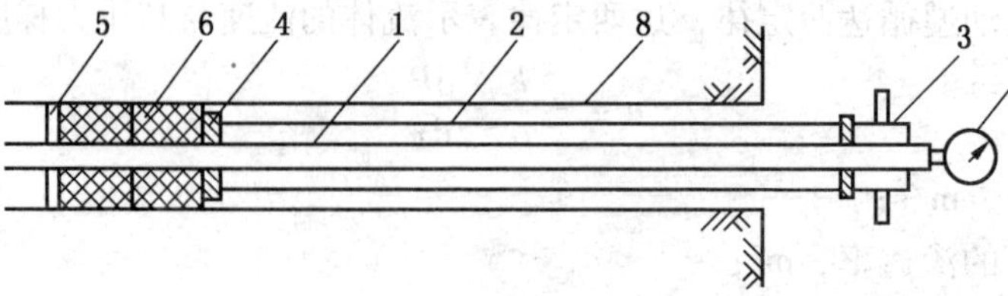

1—测压管；2—外套管；3—压紧螺帽；4—活动挡圈；5—固定挡圈；6—胶圈；7—压力表；8—钻孔

图 2 - 8　胶圈封孔器

煤层瓦斯压力的测定都是从岩巷向煤层打钻孔，从钻孔中引出一根细管，并用黏土、水泥砂浆、胶圈等固体物封孔，从钻孔中引出测压管，直接用压力表读出煤层瓦斯压力值。这种方法在封孔段岩层坚硬致密的条件下可以得到正确的瓦斯压力值，但是当封孔段岩层为松软的砂岩或钻孔周围存在微裂隙时，封孔的固体物不能严密封闭钻孔周边的裂隙，因而易于漏气，封孔效果不理想，测出的瓦斯压力值低于煤层真实的瓦斯压力值。这样会导致错误的技术判断，极易造成事故隐患。

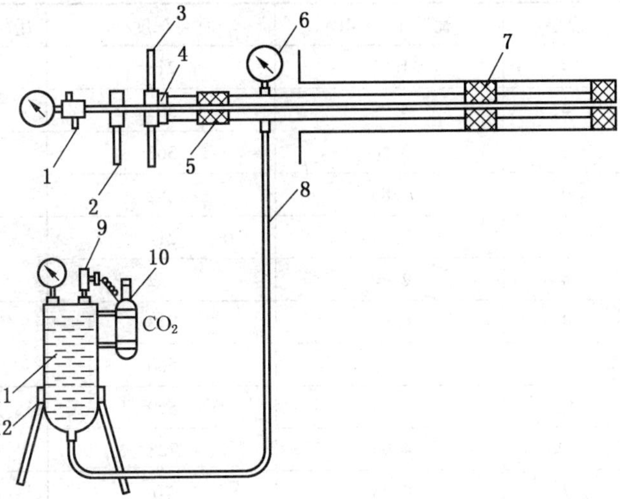

1—补充气体入口；2—固定手把；3—加压手把；4—推力轴承；5—胶圈；6—黏液压力表；7—胶圈；8—高压胶管；9—阀门；10—二氧化碳瓶；11—黏液；12—黏液罐

图 2-9　胶圈-黏液封孔器

为了解决这一技术难题，中国矿业大学周世宁院士提出了胶圈-黏液封孔测定煤层瓦斯压力技术，并经过几代人的努力研制出 M-Ⅱ型瓦斯压力测定仪，已在平顶山、郑州、淮南、淮北、晋城、抚顺、阳泉等高瓦斯矿区获得广泛应用。它的基本思路是：固体封液体，液体封气体。即除了利用两个胶圈封孔外，在两个胶圈之间充入具有一定压力的黏液（乳化液），黏液的压力略高于瓦斯压力，黏液在压力作用下渗入钻孔周边裂隙，杜绝瓦斯泄漏，从而使测出的瓦斯压力值等于煤层真实的瓦斯压力值。

2）煤层瓦斯压力预测

根据国内外对煤层瓦斯大量的测定结果，在甲烷带内，煤层的瓦斯压力随深度的增加而增加，多数煤层呈线性增加，瓦斯压力梯度随地质条件而异，在地质条件相近的块段内相同深度的同一煤层具有大体相同的瓦斯压力，因此，可以按下式预测深部煤层的瓦斯压力：

$$g_p = \frac{(P_2 - P_1)}{(H_2 - H_1)} \tag{2-3}$$

则

$$P = g_p(H - H_1) + P_1 \tag{2-4}$$

或

$$P = g_p(H - H_0) + P_0 \tag{2-5}$$

式中　P——预测的甲烷带内深 H(m) 处的瓦斯压力，MPa；

g_p——瓦斯压力梯度，MPa/m；

P_1、P_2——甲烷带内深度为 H_1、H_2(m) 处的瓦斯压力，MPa；

P_0——甲烷带上部边界处瓦斯压力，取 0.2 MPa；

H_0——甲烷带上部边界深度，m。

我国部分矿井煤层瓦斯压力的实测值见表 2-1。

表 2-1 我国部分矿井煤层瓦斯压力实测值

矿　井	煤层	瓦斯压力/MPa	垂直深度/m	瓦斯压力梯度/($MPa\cdot m^{-1}$)
南桐一井	4	1.52	218	0.0095
	4	4.22	503	
天府磨心坡	9	3.50	363	0.0150
	9	7.85	652	
涟邵蛇形山	4	2.14	214	0.0120
	4	2.60	252	
北票台吉一井	4	6.86	713	0.0114
	4	5.12	560	
鸡西滴道	12	3.63	520	0.0061
	12	4.90	728	
六枝四角田	7	0.25	70	0.0121
	7	1.91	207	
红卫里王庙	6	0.57	40	0.0069
	6	2.97	388	
淮北芦岭	8	0.20	245	0.0116
	8	2.96	482	

2. 煤层透气性系数

煤是一种多孔介质，在一定压力梯度下，气体和液体可以在煤体内流动。煤层透气性系数反映了煤层中流体的流动能力。透气性系数越大，瓦斯在煤层中流动越容易。煤层的透气性是很低的，导致瓦斯在煤层中的流速很小，每天仅几厘米到几米。

煤岩的各向异性使得透气性系数随着方向而变化。此外，透气性系数还随地应力、瓦斯压力及水的出现而变化。为研究这 3 个因素对透气性系数的影响。首先，需要弄清透气性系数的概念和它在国际单位制中的量纲。

透气性系数是达西定律中的比例系数 k，它是反映多孔介质结构特性的一个参数，可以解释成给定黏度为 μ 的流体在给定多孔介质中的传导能力。这种传导能力仅取决于煤岩内部微孔与裂隙的几何结构，与流体性质无关。依据式（2-2），透气性系数可表示为

$$k = -u\mu\frac{\partial x}{\partial P} \tag{2-6}$$

在 SI 单位制中透气性系数的单位是 m^2。但是达西（D）或毫达西（mD）单位仍在使用。这两个单位之间的转换关系为

$$1\ mD = 0.98693\times10^{-15} m^2 \tag{2-7}$$

煤层透气性系数在我国普遍采用的单位是 $m^2/(MPa^2\cdot d)$，其物理意义是在 1 m 长煤体上，当压力平方差为 1 MPa^2 时，通过 1 m^2 煤层断面，每天流过的瓦斯体积。

各单位之间的转换关系为

$$1\ m^2/(MPa^2 \cdot d) = 0.025\ mD = 3.94772 \times 10^{-14}\ m^2 \tag{2-8}$$

表2-2列出了我国部分矿井煤层实测的透气性系数值。由表中可以看出，煤层透气性系数的变化范围很大，最大可达数个毫达西，最小的在千分毫达西之下。

表2-2　部分矿井煤层实测透气性系数

矿　井	煤层	透气性系数λ		矿井	煤层	透气性系数λ	
		$m^2/(MPa^2 \cdot d)$	mD			$m^2/(MPa^2 \cdot d)$	mD
抚顺龙凤	本层	140~150	3.5~3.75	红卫里矿王庙井	6	0.12~0.32	$(0.3\sim0.8)\times10^{-2}$
抚顺胜利	本层	29.6~36.8	0.74~0.92	红卫矿坦家冲井	6	0.24~0.47	$(0.6\sim1.18)\times10^{-2}$
北票三宝	9B	0.039	0.975×10^{-3}	天府磨心坡	9	0.042~0.14	$(1.06\sim3.5)\times10^{-3}$
北票台吉	10	0.0028~0.004	$(0.07\sim0.1)\times10^{-3}$	中梁山北井	K_1	0.64~0.68	$(1.61\sim1.70)\times10^{-2}$
北票台吉	4	0.006	0.16×10^{-3}	六枝化处	7	0.0178	0.445×10^{-3}
北票台吉	3	0.0144	0.36×10^{-3}	六枝大用	7	0.0862	2.15×10^{-3}
包头河滩沟	G	11.3~17.4	0.28~0.44	涟邵洪山殿立新井	4	1.10	0.0275
鹤壁六矿	大煤	1.2~1.8	0.03~0.045	焦作朱村	大煤	0.55~3.6	0.013~0.09
阳泉一矿北头嘴	3	0.019	0.475×10^{-3}	鹤岗南山	15	30.8~62.4	0.77~1.56

1）地压对透气性系数的影响

图2-10给出了在实验室对某烟煤进行流体静压加载试验时透气性系数的变化情况（轴向和径向应力保持相等）。把煤做成直径为30~50 mm、高度与直径比约为2的圆柱体样品，然后把样品放进压力机，当样品受到轴向和径向压力时，发现透气性系数在加载过程中减小而在卸载过程中恢复。在持续应力作用下样品产生蠕变效应，透气性系数随着时间而减小直到某个下限值。在加载试验后，样品可能恢复不到其最初的透气性系数。此外，重复进行加载试验将进一步减小透气性系数。这些现象表明煤炭同时产生弹性和塑性变形，后者被认为是由于孔隙之间的较弱连接部分遭到永久破坏引起的。

图2-10中展示了两个加载、卸载的循环。第一次试验完成后，使样品在保持略大于2 MPa压力的环境中放置18 h。从图中可以明显看出，第二次试验开始前透气性系数有减小趋势。

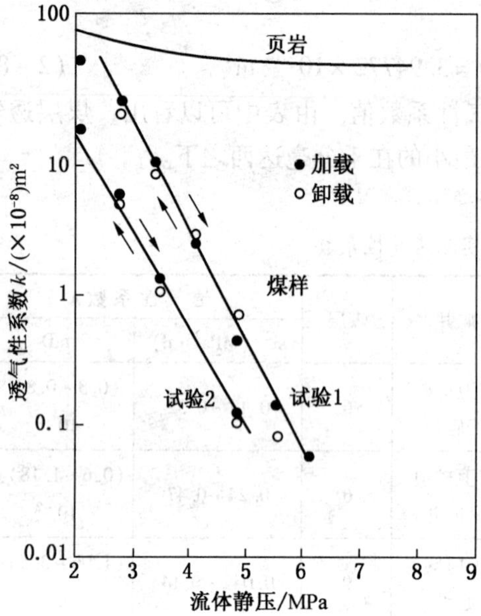

图 2－10 煤样在流体静压下的加载/卸载曲线

从试验结果可知，在实验室试验中煤样透气性系数的测量，依赖于煤样的受压历史，这包括由采矿造成的加载和卸载的循环，煤样的初始位置和取样方法等。对于给定的实验室试验，煤层透气性系数关于流体静压成对数规律下降，两者的关系可表示成下面的形式：

$$k = k_0 \exp(-b\sigma) \qquad (2-9)$$

式中 k——承压煤样的透气性系数，m^2；

σ——煤样承受的机械应力，MPa；

k_0——煤样不承压时的透气性系数，m^2；

b——经验常数，MPa^{-1}。

k_0 值是零压力下的理论透气性系数，它不仅取决于煤炭结构，而且取决于样品所受的应力过程。烟煤的 b 值范围为 1.5～2.5 MPa^{-1}。作为比较，图 2－10 包含了对页岩的类似试验结果，它在加载压力下透气性系数的减小量明显要比煤炭的小。

2）瓦斯压力对透气性系数的影响

对于大多数岩层，透气性系数随着孔隙内瓦斯压力的减少而增加。关于透气性系数随着瓦斯平均静压力的变化如图 2－11 所示，在低瓦斯压力情况下，随着瓦斯压力上升，表面扩散减少，且吸附的分子开始阻塞通道，因此透气性系数下降。随着瓦斯压力进一步升高，将使透气性系数上升，这是因为足够高的孔隙压力造成煤层压紧，使孔隙间失去连接，因此通道拓宽导致透气性系数上升。

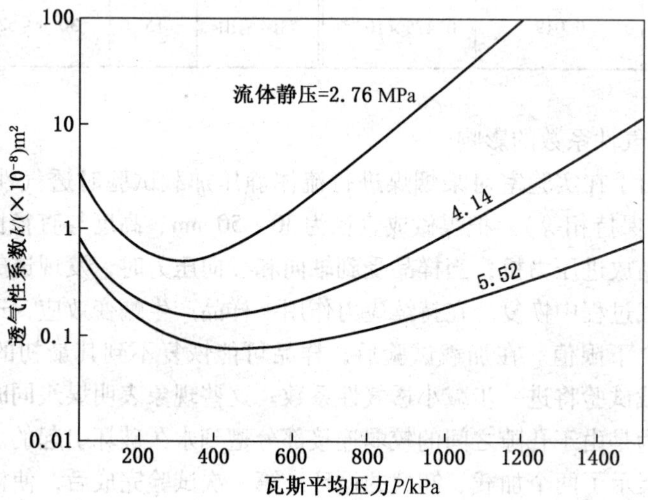

图 2－11 瓦斯压力对透气性系数的影响

3）水对透气性系数的影响

地层中的孔隙和裂缝经常被一些混合流体占据，在煤层内，普遍存在水、气两相流。水的存在极大地抑制了气体的流动，因此两相流的存在降低了岩层的透气性系数。这种效应可以用气和水各自的相对透气性系数 $k_{r,g}$ 和 $k_{r,w}$ 来描述：

$$k_{r,g}=\frac{k_g}{k_{sg}} \tag{2-10}$$

$$k_{r,w}=\frac{k_w}{k_{sw}} \tag{2-11}$$

式中 k_g、k_w——气和水各自相对岩石的有效透气性系数，m^2（取决于饱和度）；

k_{sg}——岩层中气体达到饱和时的透气性系数，m^2（没有水分存在）；

k_{sw}——岩层中水达到饱和时的透气性系数，m^2（没有气体存在）。

图 2－12 说明了水或瓦斯的饱和程度对各自相对透气性系数的影响。实际的相对透气性系数曲线取决于煤炭能否被水和瓦斯润湿。这随着煤炭组成的比例而变化，镜煤和亮煤较易被瓦斯浸润，而暗煤和丝煤较易被水浸润。

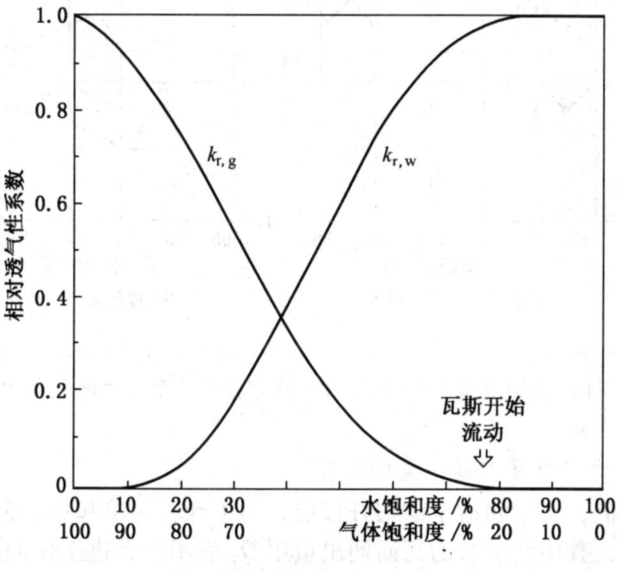

图 2－12　两相流中岩层饱和程度对水或瓦斯相对透气性系数的影响

第二节　瓦斯涌出量及其主要影响因素

在实际矿井中，由于采掘空间形式的不同，矿井瓦斯涌出又有所变化。为了便于分析和计算，可分为掘进巷道的瓦斯涌出和采煤工作面的瓦斯涌出。

一、掘进巷道的瓦斯涌出

掘进巷道的瓦斯涌出包括 3 部分：巷道壁、掘进巷道煤壁和采落煤炭的瓦斯涌出。三者一般都遵循负指数曲线的规律。由于掘进速度与落煤工艺的不同以及地质条件等的变化，瓦斯涌出在时间与空间上也会有变化。如图 2-13 所示，爆破后 5 h，在距工作面的相应距离的断面上，瓦斯浓度的最大值、平均值与最小值都比爆破后 1～2 h 之间的测定值显著下降了，最大与最小浓度之间的差距也缩小了。在同一测定时刻，距工作面的距离越远，瓦斯浓度也越高。这是因为在压入式局部通风的回风流中，越处于下游越是汇集了更多的从煤壁涌出的瓦斯。故而，普通涌出中在时间与空间上存在着瓦斯涌出与瓦斯浓度的不均匀性是一种潜在的危险。

由于掘进巷道瓦斯涌出量所受影响因素很多，没有必要精确地计算掘进巷道的瓦斯涌出量。一般采取的办法是在满足工程误差要求的情况下，用近似的计算方法。

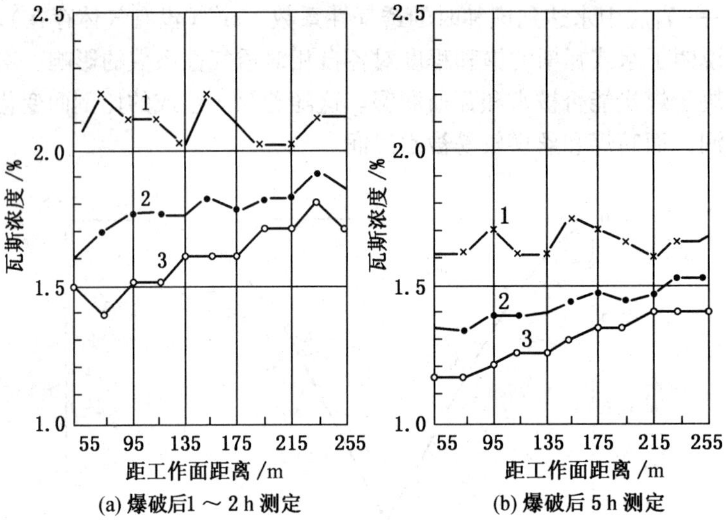

1—巷道断面最大浓度；2—巷道断面平均浓度；3—巷道断面最小浓度

图 2-13　炮掘巷道瓦斯浓度在巷道长度上的分布（巷道全长 291 m）

1. 均质煤层掘进巷道瓦斯涌出量的计算

以单巷掘进为例，水平巷道全部切开煤层，为了计算简单起见，把巷道瓦斯涌出化为两个单向流动部分，其中巷道壁的瓦斯涌出量用 Q_T 表示，掘进工作面的瓦斯涌出量用 Q_S 表示，则掘进巷道瓦斯涌出量为

$$Q_B = Q_T + Q_S \tag{2-12}$$

沿巷道壁长度单位面积煤壁的瓦斯涌出量的变化如图 2-14 所示。

假定巷道在正常生产情况下为等速掘进，掘进速度为 u，则巷道长度 l 为

$$l = ut \tag{2-13}$$

式中　u——巷道的平均掘进速度，m/d；

t——巷道掘进时间，d。

若煤层沿走向是均质的，且原始瓦斯压力相同，则煤层透气性均等，如图 2-14 所示。倘若以掘进工作面端头为零点，则有如下积分式：

$$Q_T = 2\int_0^l q_T m \mathrm{d}l = 2\int_0^l q_T m u \mathrm{d}t \tag{2-14}$$

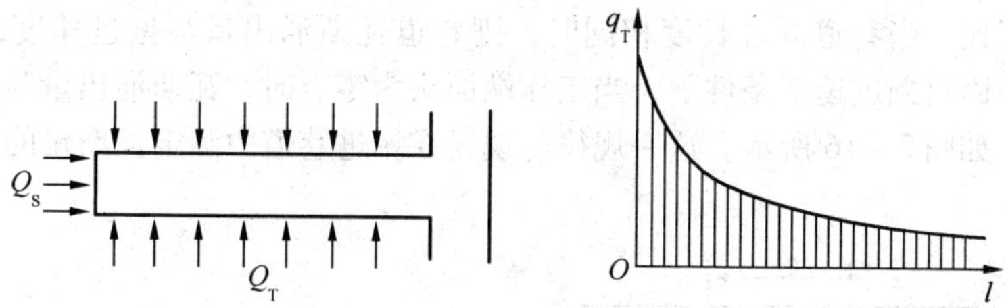

图2-14　巷道壁瓦斯涌出量变化示意图

式中　m——煤层厚度，m。

根据均质无限煤层瓦斯不稳定流动理论，有

$$q_T=(P_0^2-P_1^2)\sqrt{\frac{\lambda_w\alpha}{4\pi P_0^{1.5}t}} \tag{2-15}$$

令 $c'=(P_0^2-P_1^2)\sqrt{\frac{\lambda_w\alpha}{4\pi P_0^{1.5}}}$，代入上式，有

$$q_T=\frac{c'}{\sqrt{t}} \tag{2-16}$$

将式（2-16）代入式（2-14），并积分可得

$$Q_T=4muc't^{\frac{1}{2}} \tag{2-17}$$

式中　t——巷道掘进时间，d；

P_0——掘进巷道所在水平标高处的原始瓦斯压力，MPa；

P_1——掘进巷道大气压力，MPa；

λ_w——煤层的透气性系数，$m^2/(MPa^2\cdot d)$；

α——煤层瓦斯含量系数，$m^3/(m^3\cdot MPa^{\frac{1}{2}})$。

就掘进工作面的瓦斯涌出量而言，当掘进速度保持一定且在原始瓦斯压力为 p_0 的煤层中掘进时，其瓦斯涌出量应为常数，如图2-15所示。

这是因为保持等速掘进时，煤体中的瓦斯压力分布曲线在相应的时间内完全相同。以煤体来说，就相当于每日放出了原始瓦斯压力为 p_0、长度为 u、煤层厚度为 m、宽度为 b 的瓦斯量。这一规律不论在均质或非均质煤层中都是如此，即有

$$Q_S=mbu(x_0-x_1) \tag{2-18}$$

式中　b——掘进巷道工作面宽度，m；

x_0——煤层原始瓦斯含量，m^3/m^3；

x_1——采落煤炭运出巷道时的剩余瓦斯含量，m^3/m^3。

将式（2-17）和式（2-18）代入式（2-12），则有

$$Q_B=4muc't^{\frac{1}{2}}+mbu(x_0-x_1) \tag{2-19}$$

或

$$Q_B=4mu^{\frac{1}{2}}c'l^{\frac{1}{2}}+mbu(x_0-x_1) \tag{2-20}$$

这就是按均质煤层计算掘进巷道瓦斯涌出量的公式，从中可以看出：当掘进巷道较长时，巷道瓦斯涌出量主要来自于巷道煤壁；当巷道掘进时间相同时，则巷道瓦斯涌出量与

掘进速度成正比。当巷道掘进长度相同时，则巷道瓦斯涌出量与掘进速度的平方根成正比。而在某一固定掘进速度条件下，当工作端面头为零点时，瓦斯涌出量与巷道长度的平方根成正比，如图2-16所示。这一规律与现场在掘进巷道中测定瓦斯量的规律相符。

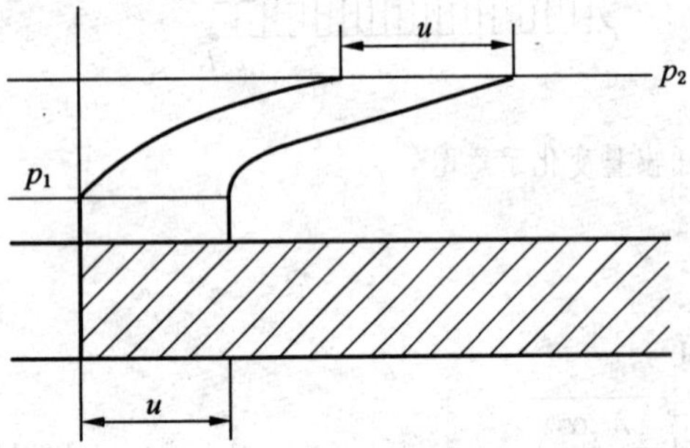

图2-15 等速掘进时的瓦斯压力分布示意图

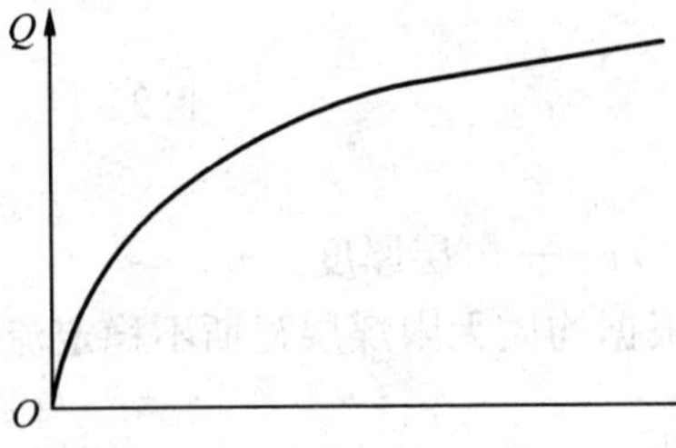

图2-16 瓦斯涌出量与巷道长度的关系曲线

此外，在已停止掘进的巷道中，若需计算某一段巷道的瓦斯涌出量，可采用下式计算：

$$Q_B = 4muc'(t_1^{\frac{1}{2}} - t_2^{\frac{1}{2}}) \tag{2-21}$$

式中 t_1——计算巷道末端的煤面暴露时间，d；

t_2——计算巷道前端的煤面暴露时间，d。

2. 非均质煤层掘进巷道瓦斯涌出量的计算

煤矿井下均质煤层是很少见的，而非均质煤层却是常见的。由于地质条件的变化，巷道周围煤体裂隙分布不均，煤层沿走向原始瓦斯压力也不可能完全相同。这种情况使得掘进巷道瓦斯涌出量沿长度方向的分布是变化的。非均质煤层掘进巷道瓦斯涌出量也可以表示为

$$Q_B = Q_T + Q_S \tag{2-22}$$

且

$$Q_T = 2mu\int_0^t q_T \mathrm{d}t \tag{2-23}$$

在只考虑矿山压力作用的条件下，非均质煤层瓦斯单向流动时，有

$$q_T = Aa_1^{-v}(1-\rho e^{-nt})\left[t+\frac{\rho}{n}(e^{-nt}-1)\right]^{-v}$$

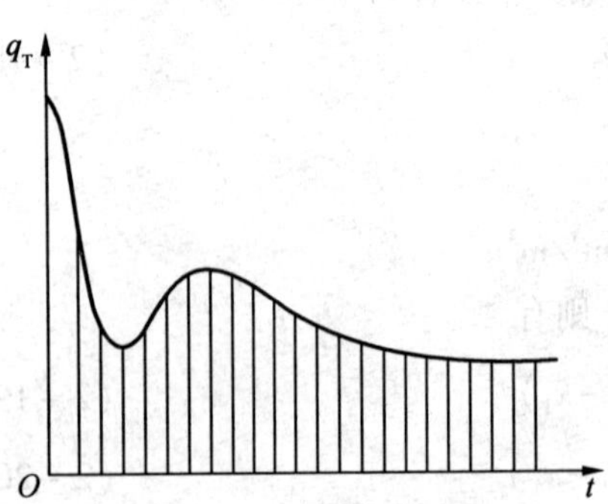

图2-17 非均质煤层瓦斯涌出量与时间关系曲线

因非均质煤层瓦斯涌出量计算公式复杂，积分困难，故可采用计算机进行求解或建议采用绘制 $q_T=f(t)$ 曲线。如图2-17所示，用求积仪和方格纸计算出在 t 时间内的面积，此面积就是积分 $\int q_T \mathrm{d}t$，得出的结果代入式(2-23)，则可求出 Q_T 值。$Q_S = mbu(x_0 - x_1)$，与均质煤层相同。

应该指出，在靠近掘进巷道口煤面的瓦斯涌出量近似为零，这是因为该处排放瓦斯的时间较长。

根据煤层性质的不同，这一段巷道的长度亦异，在近似计算中一般可取 10 m，即在计算中将巷道长度减去末端 10 m 长度。另外从图 2－17 中可以看出在掘进工作面端头附近，即坐标的原点处，瓦斯涌出量 q_T 很大，但事实上并没有那么大，这是由于在计算中采用的简化巷道瓦斯涌出量为两个单向流动的计算方法而造成的。事实上，掘进头属于径向流动，若在整个煤壁的瓦斯涌出量计算中增加 Q_S 的计算值，则会使计算工作复杂。

当煤层巷道为双巷掘进，且双巷间又有中间巷相连时，必须考虑双巷间煤柱中瓦斯涌出量的影响。双巷掘进的布置形式如图 2－18 所示。

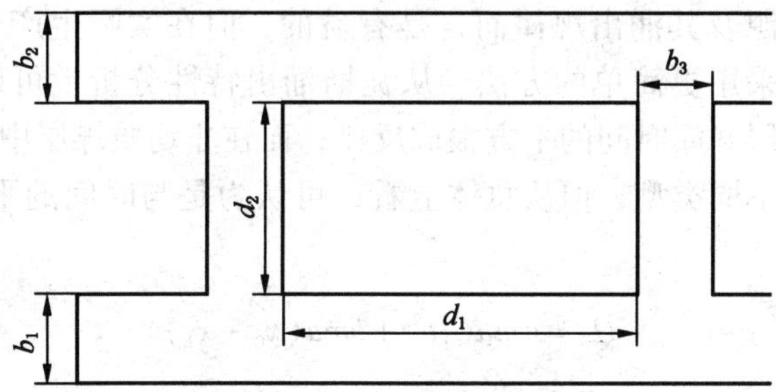

图 2－18　双巷掘进布置

根据图 2－18 所示，有

$$Q_B = Q_T + Q_d + Q_S \tag{2-24}$$

其中，Q_d 为煤柱的瓦斯涌出量，Q_T 的计算式与单巷相同，但所采用的原始瓦斯压力值应采用两条巷道的平均标高处的瓦斯压力。

Q_d 为煤柱瓦斯涌出量，则有

$$Q_d = 2mu\left(1 + \frac{d_2}{d_1}\right)\int_0^t q_d \mathrm{d}t \tag{2-25}$$

式中　d_2——煤柱的高度，m；

d_1——两条联络巷之间的距离，m；

u——巷道掘进速度，按水平巷道长度计算，不考虑联络巷的进度，m/d；

q_d——按有限煤层计算的煤面瓦斯涌出量，$m^3/(m^2 \cdot d)$；

t——巷道掘进时间，d。

煤层有限长度 L 则为

$$L = \frac{d_1 d_2}{2(d_1 + d_2)}$$

采用煤层有限长度 L 的数值，是为了将煤柱中两向瓦斯流动化为单向流动。考虑到 $\int q_T \mathrm{d}t$ 计算的复杂，亦可绘制 $q_d = f(t)$ 曲线，按面积计算。

$$Q_S = mu(x_0 - x_1)(b_1 + b_2) + mu_d(x_0 - x_1)b_3 \tag{2-26}$$

$$u_d = \frac{nd_2}{t}$$

式中　b_1、b_2——水平巷道的工作面宽度，m；

b_3——联络巷的宽度，m；

u_d——平均每天掘进联络巷的速度，m/d；

n——在 t 时间内掘进的联络巷数。

分别将上述有关各式代入式（2-24），则可得

$$Q_B = 2mu\left[\int_0^t q_T \mathrm{d}t + \left(1 + \frac{d_2}{d_1}\right)\int_0^t q_d \mathrm{d}t\right] + m(x_0 - x_1)\left[u(b_1 + b_2) + u_d b_3\right] \quad (2-27)$$

式（2-27）就是双巷掘进时的瓦斯涌出量计算公式。

上述各式都是根据不同的瓦斯涌出特性，分别计算掘进巷道的瓦斯涌出量。这种计算方法从阐明瓦斯的来源及其涌出规律而言是有益的，但在实际生产中应用则可能过于复杂。因此，必须考虑采用更简单的方法。从瓦斯涌出特性分析中可以看出：在均质煤层中，瓦斯涌出量与煤层暴露时间的平方根成反比；而在非均质煤层中，其涌出量虽然具有急减、渐减、异常等不同类型，但从总体上看，可认为是与时间的平方根成反比。故而，其计算式可简化为：

单巷掘进时 $$Q_B = 4muC_1 t^{\frac{1}{2}} + bmu(x_0 - x_1) \quad (2-28)$$

双巷掘进时 $$Q_B = 8muC_2 t^{\frac{1}{2}} + m(x_0 - x_1)\left[u(b_1 + b_2) + u_d b_3\right] \quad (2-29)$$

式中 C_1——瓦斯涌出特性系数，受矿山压力、瓦斯含量、煤柱尺寸等因素的影响，一般通过现场实测求得；

C_2——瓦斯涌出特性系数，受矿山压力、瓦斯含量、煤柱尺寸等因素的影响，应通过现场实测求得。

此外，考虑到实际排放瓦斯时，在受矿山压力影响的透气性增大区域中，瓦斯排放速度快。当这一区域瓦斯大部分排放后，瓦斯供给来源将主要来自于煤层内部深处，而深处煤体的透气性很低，其结果表现在，当暴露时间达到一定时期后，煤面瓦斯涌出量很小，甚至基本上不涌出，所以我们把这一时间称为极限瓦斯排放期 T。这一时间与矿山压力活动规律和煤层瓦斯参数有关，这一数据可以在现场实测求得。实测资料表明，一般为6～12个月。因此，当巷道掘进时间大于极限瓦斯排放期 T 时：

在单巷掘进条件下有 $$Q_B = 4muC_1 t^{\frac{1}{2}} \quad (2-30)$$

在双巷掘进条件下有 $$Q_B = 8muC_2 t^{\frac{1}{2}} \quad (2-31)$$

上述两式中，实际上并没有考虑 Q_S 值，这是因为当掘进时间大于极限瓦斯排放期时，Q_S 在式中所占比重小，故忽略不计。

倘若巷道不是连续掘进时，则在计算瓦斯涌出量时应按停顿和连续掘进的区段分别计算。

以上所述都是掘进巷道高度不小于煤层厚度的情况。当巷道未能全部切开煤层时，若煤层厚度大于巷道高度不超过2～3倍，仍可近似地按巷道全部切开煤层计算。这是因为巷道开掘后，由于矿山压力的活动造成巷道周围煤层的卸压、透气性增大，导致在巷道断面上煤层全厚范围内瓦斯压力基本上等于巷道瓦斯压力之故。在特厚煤层中沿顶底板掘进的煤巷，相当于半个大直径钻孔，其瓦斯涌出可以按照径向流动规律计算。

3. 瓦斯涌出特性系数 C 和极限瓦斯排放期 T 的计算

在计算掘进巷道瓦斯涌出量时，瓦斯涌出特性系数 C 和极限瓦斯排放期 T 是两个重

要的参数。为了准确测出煤层掘进巷道的 C 值，一般应在非卸压区的掘进工作面测定。为此，要测定的参数有掘进巷道通风量、瓦斯涌出量和煤层巷道暴露面积，即测定煤层瓦斯涌出特性系数，一般不需要精密仪器，只需风表、秒表、瓦斯检定器和皮尺等就可完成测定工作。时间安排上，在一条巷道的掘进中，可相隔数日测定一次，其测点布置如图2-19所示，在断面①、②、③处，同时测定巷道风流中的瓦斯平均浓度与风量，进而计算出瓦斯涌出量，即求得 Q_{B1}、Q_{B2}、Q_{B3}，代入式（2-28）中，则有

$$Q_{B1}-Q_{B2}=4muC_1(\sqrt{t_1}-\sqrt{t_2})$$
$$Q_{B2}-Q_{B3}=4muC_1(\sqrt{t_2}-\sqrt{t_3}) \tag{2-32}$$

式中　Q_{B1}、Q_{B2}、Q_{B3}——已测出的瓦斯涌出量；

t_1、t_2、t_3——各测点的暴露时间。

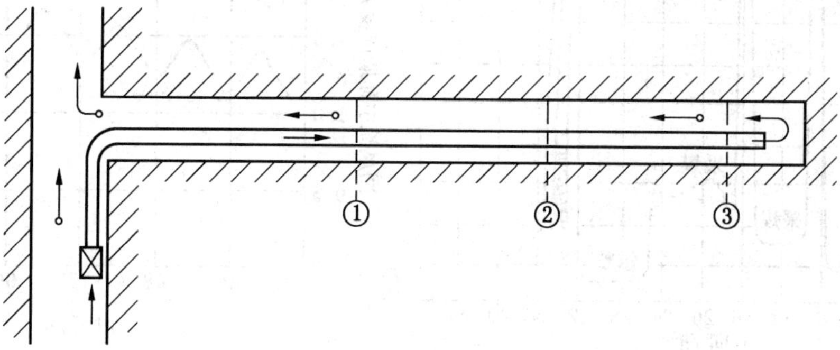

图2-19　巷道瓦斯涌出特性系数测点布置示意图

将有关的已知数据代入式（2-32）中，则可求出单巷掘进时的瓦斯涌出特性系数 C_1 值。双巷掘进时的瓦斯涌出特性系数 C_2 值也可采用类似的方法进行求解。

极限瓦斯排放期 T 也可以在井下实测获得，方法如下：

（1）实测煤壁暴露面瓦斯涌出比流量（单位面积瓦斯涌出量）随暴露时间变化曲线，得出经验公式后，令 $q_T=0$，即可解出 T 的近似值。

（2）将漏斗形铁皮罩盖在煤壁上，用黄泥把其间的缝隙堵严，从漏斗出口引出胶管，取气样测定罩内的瓦斯浓度是否增加。在浓度几乎不增加的诸点中，暴露时间最小者即为所测定的极限瓦斯排放期 T。

（3）从掘进工作面端头起，沿巷道长度逐点检查瓦斯涌出量的大小，瓦斯涌出量不再增高的点的暴露时间即为极限瓦斯排放期 T 的近似值。

二、采煤工作面的瓦斯涌出

由于工作面回采而涌出的瓦斯，一部分来自本开采层（煤壁与采落的煤），另一部分来自于受采动影响的邻近煤层与围岩。前一部分涌出量由于落煤工艺的不同而有较大的变化。据统计，与平均瓦斯涌出量相比，一般情况下，水枪落煤为2~4倍；爆破落煤为1.4~2.0倍；采煤机采煤时为1.3~1.6倍；风镐落煤为1.1~1.3倍，增加的倍数还与瓦斯来源的构成有关。本开采层的涌出量在一个循环作业中因工序不同也有很大变化，图

2－20a 是红卫煤矿一个第一分层炮采工作面利用瓦斯遥测仪测定各工序绝对瓦斯涌出量与风流瓦斯浓度的变化曲线，其中放顶与爆破时出现峰值 30～32 m^3/min，延续时间分别达 3 h 与 1 h，其值分别为采煤工序的 3.6～3.8 倍、修整工序的 15～16 倍。在这种情况下，放顶与爆破对安全生产的威胁最大。图 2－20b 是刨煤机采煤工作面每天一个循环的瓦斯浓度变化。从图 2－20 中可知，刨煤机工作时瓦斯浓度直线升高，修整工作时瓦斯浓度逐渐下降，第二个循环与前一循环类似。对比图 2－20a 与图 2－20b 可知，刨煤机采煤工作面瓦斯涌出量变化小得多，安全得多。

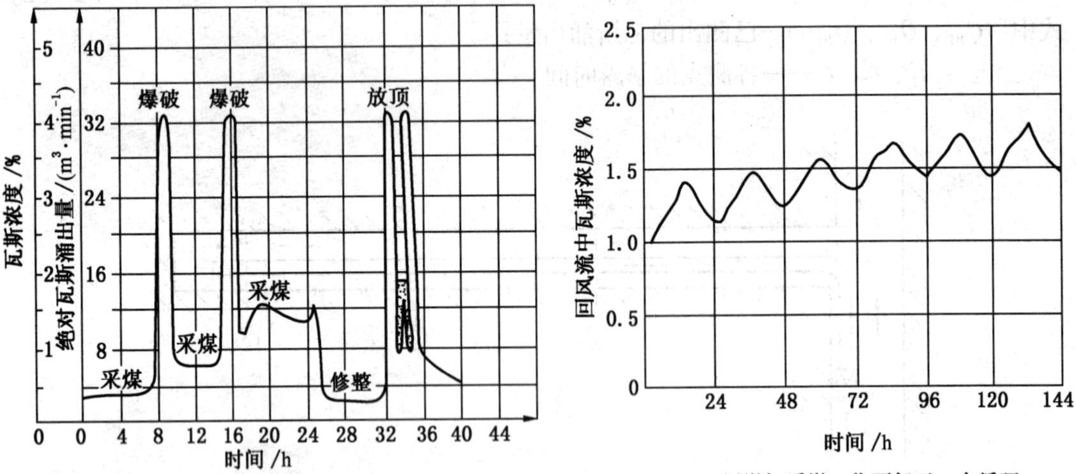

(a) 炮采－全部垮落法控制顶板循环工作面　　(b) 刨煤机采煤工作面每天一个循环

图 2－20　本开采层瓦斯涌出量与风流瓦斯浓度的变化曲线

来自邻近煤层与围岩的瓦斯量主要取决于这些煤层的原始瓦斯含量、距开采层的距离、顶板的控制方法和工作面的推进速度等。

采煤工作面的瓦斯涌出包括两个部分：开采层的瓦斯涌出和邻近层的瓦斯涌出。一般情况下，开采层内的瓦斯涌出将全部进入采煤工作面；而邻近层的瓦斯涌出进入采煤工作面的比例所受影响因素较多，但主要取决于工作面通风系统。因此，采煤工作面绝对瓦斯涌出量由开采层瓦斯涌出量和进入工作面的邻近层瓦斯涌出量所组成，即

$$Q_{CH_4} = Q_B + C_t Q_L \tag{2-33}$$

式中　Q_{CH_4}——采煤工作面绝对瓦斯涌出量，m^3/min；

Q_B——开采层绝对瓦斯涌出量，m^3/min；

Q_L——邻近层绝对瓦斯涌出量，m^3/min；

C_t——工作面通风系统的系数。据统计：当采区保留有回风巷时，$C_t = 0.2$；当采用煤体内巷道回风时，$C_t = 1$。

从中可以看出，采煤工作面瓦斯涌出量的计算取决于开采层瓦斯涌出量的计算和邻近层瓦斯涌出量的计算。

1. 开采层瓦斯涌出量的计算

当工作面匀速推进时，来自开采层的瓦斯涌出量有按煤层瓦斯含量和按瓦斯涌出规律

两种计算方法。

1）按煤层瓦斯含量计算

当工作面推进速度不变时，假定煤体中瓦斯含量分布曲线的形式不变，则单位时间煤层所涌出的瓦斯量为原始瓦斯含量和产煤量的乘积，而从采煤工作面运送出的煤炭中包含的瓦斯为剩余含量和采煤量的乘积。

因此，开采层工作面的瓦斯涌出量为

$$Q_B=\frac{(x_0-x_1)mu(L-l_B-l_H)}{24\times 60} \tag{2-34}$$

式中 Q_B——开采层涌入工作面的绝对瓦斯量，m^3/min；

x_0——开采层原始瓦斯含量，m^3/m^3（煤）；

x_1——运出采区采落煤炭的残余瓦斯含量，m^3/m^3（煤）；

m——煤层采厚，m；

u——工作面平均推进速度，m/d；

L——工作面长度，m；

l_B、l_H——工作面上部和下部瓦斯排放带的宽度，可根据煤壁暴露时间和巷道瓦斯涌出特性系数 C 值求出，m。

2）按瓦斯涌出规律计算

由工作面瓦斯涌出规律可知，来自开采层的瓦斯涌出量由两部分组成，即工作面煤壁的瓦斯涌出量 Q_{B1} 和工作面采落煤炭的瓦斯涌出量 Q_{B2}。因此，开采层的瓦斯涌出量为

$$Q_B=Q_{B1}+Q_{B2} \tag{2-35}$$

其中，工作面煤壁的瓦斯涌出量为

$$Q_{B1}=\frac{x_0[1-(1+t_1)^{-\frac{1}{2}}]mu(L-l_B-l_H)}{24\times 60} \tag{2-36}$$

工作面采落煤炭的瓦斯涌出量为

$$Q_{B2}=\frac{x_0[1-(1+t_1)^{-\frac{1}{2}}(1+t_2)^{-n}]mu(L-l_B-l_H)}{24\times 60} \tag{2-37}$$

式中 t_1——工作面煤壁（存在）的寿命，$t_1=B/u$，d；

B——一个采煤循环的进度，m；

t_2——采落煤炭在采区（停留）排放瓦斯的时间，d；

n——回归系数。据实测，阳泉一矿煤 $n=0.167$，打通一矿煤 $n=0.426$。

当工作面推进速度增加时，煤壁、采落煤及开采层瓦斯涌出量都在增加。但是，Q_{B2} 的增加速度比 Q_{B1} 大，即采落煤炭的绝对瓦斯涌出量的比例在上升，而煤壁绝对瓦斯涌出量占开采层瓦斯涌出量的比例在下降。从图 2－21 中可以看出：当工作面推进速度增加时，开采层相对瓦斯涌出量中的煤壁涌出部分由于煤壁寿命的缩短而减少，而采落煤炭涌出部分则由于煤壁残余瓦斯含量的增加而增高。然而后者增高的速度小于前者减少的速度，所以开采层相对瓦斯涌出量随着工作面推进速度的增加而下降。

2. 邻近层瓦斯涌出量的计算

现场实践表明，邻近层瓦斯涌出量可按下式计算：

$$Q_L = \frac{du^c Lu}{24 \times 60} \sum_{i=1}^{n} x_{0i} \eta_i m_i \tag{2-38}$$

式中　Q_L——上下邻近层涌入开采层的瓦斯涌出量，m^3/min；

u——工作面推进速度，m/d；

d、c——系数，与工作面推进速度和地质条件有关，在阳泉一矿条件下，当 $u \leqslant 4$ m/d 时 $d = c = 1$，当 $u > 4$ m/d 时 $d = 1.32$、$c = -0.5$；

L——工作面长度，m；

x_{0i}——第 i 邻近层原始瓦斯含量，m^3/m^3(煤)；

m_i——第 i 邻近层的煤层厚度，m；

η_i——第 i 邻近层瓦斯涌出率，$\eta_i = (x_{0i} - x_i)/x_{0i}$；

x_i——第 i 邻近层残余瓦斯含量，m^3/m^3(煤)。

图 2-22 是实测的邻近层瓦斯涌出量与工作面推进速度的关系,从图中可以看出:当工作面推进速度不高时,基本上呈线性关系;当工作面推进速度较快时,则呈抛物线关系。其原因主要是工作面推进速度加快时,围岩变形与破坏的速度变缓,在一定时间内,采空区的垮落带、裂隙带的范围相对缩小,裂隙张开程度相对较小,从而延缓了邻近层的瓦斯涌出。

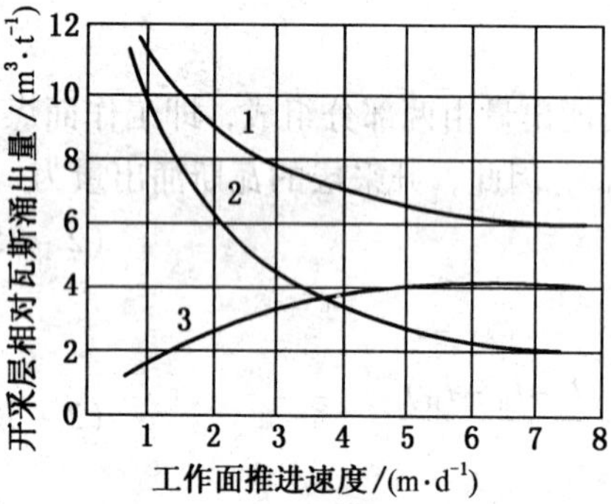

1—开采层煤壁瓦斯涌出量；2—开采层相对瓦斯量；3—煤壁残余瓦斯量

图 2-21　开采层相对瓦斯涌出量及其分量与工作面推进速度的关系

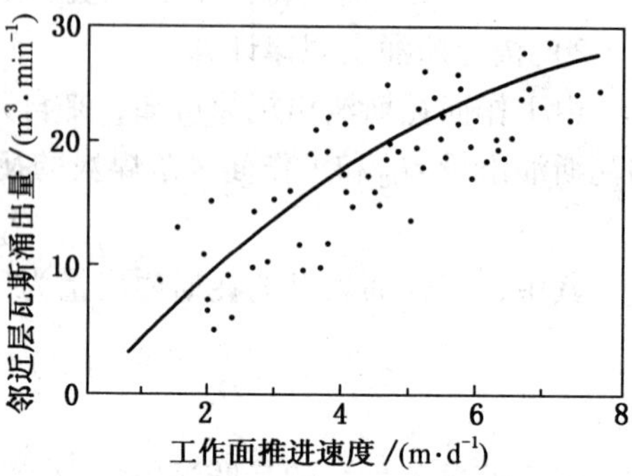

图 2-22　邻近层瓦斯涌出量与工作面推进速度的关系

邻近层瓦斯涌出量所占的比例有时是相当高的，其所占的比例高达 80% 以上。尤其是对于多煤层联合开采或厚煤层的分层开采，第一煤层或分层开采时，瓦斯涌出量往往大大高于单一煤层开采时的瓦斯涌出量，因此在实际工作中应当引起重视。

三、瓦斯涌出量的主要影响因素

影响瓦斯涌出量的主要因素有自然因素和开采技术因素。

1. 自然因素

自然因素包括煤层及围岩的瓦斯含量、开采深度和地面大气压力的变化 3 个方面。

(1) 煤层及围岩的瓦斯含量。它是影响瓦斯涌出量大小的决定性因素，一般情况下，煤层的瓦斯含量越高，其相对瓦斯涌出量也越大。

（2）开采深度。在瓦斯风化带内开采的矿井，相对瓦斯涌出量与深度无关；在瓦斯带内开采的矿井，随着开采深度的增加，相对瓦斯涌出量增高。值得注意的是，在深部开采时，邻近层与围岩所涌出的量比开采层增加得快，因此深部开采矿井更应该注意邻近层与围岩瓦斯涌出。

（3）地面大气压力的变化。地面大气压力的变化对矿井不同回风流瓦斯浓度有影响。当地面大气压力下降时，引起瓦斯涌出增加的往往是工作面后部采空区；而掘进巷道与掘进区几乎不受影响，影响程度可按等温过程的气体状态方程来估计。每个矿井应掌握本矿井瓦斯涌出量随大气压力变化的规律，以防瓦斯事故发生。

2. 开采技术因素

开采技术因素主要包括开采顺序与回采方法、回采速度与产量、落煤工艺与基本顶来压步距、通风压力与采空区密闭质量和采场通风系统等。

（1）开采顺序与回采方法。首先开采的煤层（或分层），其相对瓦斯涌出量增大，而后开采的煤层（或分层），其涌出量减少。采出率低的回采方法，相对瓦斯涌出量增大。陷落式顶板控制方法比填充式造成更大范围的围岩破坏与卸压，邻近层瓦斯涌出的分量增大。因此，前者的相对瓦斯涌出量也比后者高。水采水运的采煤方法比旱采相对瓦斯涌出量降低，这是因为湿煤残余瓦斯含量增大的缘故。

（2）回采速度与产量。当回采速度不高时，绝对瓦斯涌出量与回采速度（日推进速度）或产量成正比，即相对瓦斯涌出量保持常数；当回采速度较高时，相对瓦斯涌出量中开采层涌出分量与邻近层涌出分量都相对减少，即相对瓦斯涌出量降低。因此，绝对瓦斯涌出量随回采速度或产量的增加而增高量低于线性增量。在高瓦斯综采工作面的实测结果表明，快采快运可明显地减少瓦斯涌出。

（3）落煤工艺与基本顶来压步距。两者对瓦斯涌出量的峰值与波动即瓦斯涌出不均匀系数有显著影响，不仅影响绝对瓦斯涌出量，而且在一定程度上影响相对瓦斯涌出量。采用浅截深的连续落煤工艺和缩短基本顶来压步距都能显著减少瓦斯涌出不均匀系数。据统计，同正常平均瓦斯涌出相比，风镐落煤时瓦斯涌出增大到1.1~1.3倍，爆破落煤为1.4~2.0倍，采煤机采煤时为1.3~1.6倍，水枪落煤为2~4倍。

（4）通风压力与采空区密闭质量。通风压力与采空区密闭质量都对采空区的瓦斯涌出有一定影响。通风压力小、采空区密闭质量好，则可减少采空区瓦斯涌出不均匀系数及涌出量，这对老矿井具有重要意义。

（5）采场通风系统。根据进、回风巷是在煤体内还是在采空区内维护，可把采场通风系统划分为4种基本类型："进回皆煤"型、"进回皆空"型、"进煤回空"型、"进空回煤"型。不论哪种类型，从开采层涌出的瓦斯几乎都是进入采场的，而邻近层与围岩涌出的瓦斯可能是一部分进入采场，也可能是全部进入采场。此外，由于采空区瓦斯被风流带走的难易程度不同，4种类型的瓦斯涌出量会有很大差别，当邻近层瓦斯涌出量大时尤甚。

第三节　矿井瓦斯等级及其鉴定

矿井瓦斯等级依据实际测定的瓦斯涌出量、瓦斯涌出形式、实际发生的瓦斯动力现象以及实测的突出危险性参数等确定。矿井每年必须依托具有瓦斯等级鉴定资质单位对瓦斯等级和二氧化碳涌出量进行鉴定工作，报省（自治区、直辖市）负责煤炭行业管理的部门审批，并报省级煤矿安全监察机构备案。

一、矿井瓦斯等级划分

矿井瓦斯等级划分为：煤（岩）与瓦斯（二氧化碳）突出矿井（以下简称突出矿井）、高瓦斯矿井、瓦斯矿井。

1. 突出矿井

具备下列情形之一的矿井为突出矿井：

（1）发生过煤（岩）与瓦斯（二氧化碳）突出的矿井。

（2）经鉴定具有煤（岩）与瓦斯（二氧化碳）突出煤（岩）层的矿井。

（3）依照有关规定有按照突出管理的煤层，但在规定期限内未完成突出危险性鉴定的矿井。

2. 高瓦斯矿井

具备下列情形之一的矿井为高瓦斯矿井：

（1）矿井相对瓦斯涌出量大于 10 m^3/t。

（2）矿井绝对瓦斯涌出量大于 40 m^3/min。

（3）矿井任一掘进工作面的绝对瓦斯涌出量大于 3 m^3/min。

（4）矿井任一采煤工作面的绝对瓦斯涌出量大于 5 m^3/min。

3. 瓦斯矿井

同时满足下列条件的矿井为瓦斯矿井：

（1）矿井相对瓦斯涌出量小于或等于 10 m^3/t。

（2）矿井绝对瓦斯涌出量小于或等于 40 m^3/min。

（3）矿井各掘进工作面的绝对瓦斯涌出量均小于或等于 3 m^3/min。

（4）矿井各采煤工作面的绝对瓦斯涌出量均小于或等于 5 m^3/min。

二、矿井瓦斯等级鉴定

矿井瓦斯等级鉴定一般按以下方式进行。

1. 鉴定时间

矿井瓦斯等级的鉴定工作应在正常生产时进行。矿井瓦斯等级的确定，按每一自然矿井、煤层、一翼、水平或采区分别计算每月平均日产 1t 煤瓦斯涌出量，并应取其中最大值，但被鉴定的矿井、煤层、一翼、水平或采区的回采产量应不低于该地区总产量的 60%。

矿井瓦斯等级鉴定的时间应根据矿井生产和气候变化规律，选择在瓦斯涌出量较大的一个月份，一般在 6~8 月。在鉴定月的上、中、下旬每隔十天各取一天作为鉴定日，每个鉴定日应分三班（或四班）进行鉴定。

2. 测点选择

测点一般应分别布置在矿井、一翼、水平和采区的回风巷道中。如果进风流中含有瓦斯，还应在进风巷道中布置测点。测定地点在测风站中进行，如就近无测风站，可选取断面完整、无杂物堆积且无漏风的一段平直巷道作为测风站。

3. 测定工作

测定前必须做好组织分工和仪表校正等准备工作。为了更加准确，一般每班测定不应少于3次，取平均值作为本班的测定结果。每次测定瓦斯浓度时，应在巷道断面上、中、下3点测定，并取其平均值。测定的基础读数记录于表2-3中，经计算再将某一测定地点上、中、下旬3天每天3班的测定结果分别填入表2-4中。在鉴定月中，地面及井下的气温、气压和湿度等气象条件都应记载，以供分析问题时参考。

表2-3　矿井瓦斯等级鉴定基础记录

名称	旬别	日期	第一班			第二班			第三班			平均涌出量/m^3	抽放瓦斯量/($m^3\cdot min^{-1}$)	总瓦斯量/($m^3\cdot min^{-1}$)	工作天数/d	月产量/t	备注
			风量	浓度	涌出量	风量	浓度	涌出量	风量	浓度	涌出量						
瓦斯																	
二氧化碳																	

表2-4　矿井瓦斯等级鉴定报告表

矿井、煤层、一翼、水平、采区的名称	3旬中最大一天的瓦斯涌出量/($m^3\cdot min^{-1}$)			日瓦斯涌出量/($m^3\cdot d^{-1}$)	月实际工作天数/d	月产量/t	月平均日产量/($t\cdot d^{-1}$)	平均吨煤瓦斯涌出量/($m^3\cdot t^{-1}$)	矿井瓦斯等级	上年度瓦斯等级	说明
	风流	抽放	总量								

4. 计算

计算瓦斯涌出量时，必须注意两点：进风流设有测站时，进、回风流的瓦斯涌出量之差为鉴定地区瓦斯涌出量值；对于抽放瓦斯的矿井，在鉴定月内应在相应地区测定抽出的瓦斯量，矿井瓦斯等级划分时，必须包括抽放的瓦斯量。

绝对瓦斯涌出量按下式计算：

$$Q_{CH_4}=\frac{Q_1C_1+Q_2C_2+Q_3C_3}{3}\times 60\times 20=400\times(Q_1C_1+Q_2C_2+Q_3C_3) \tag{2-39}$$

式中　Q_1、Q_2、Q_3——每日3班测得的每班风量，m^3/min；

C_1、C_2、C_3——每日3班测得的每班瓦斯的百分浓度值。

在鉴定月测定的3天中选取绝对瓦斯涌出量最大值除以月平均日含量，即得相对瓦斯量。

相对瓦斯涌出量按下式计算：

$$q_{CH_4}=\frac{Q_{CH_4}\cdot n}{T_{月}} \tag{2-40}$$

式中 Q_{CH_4}——从3天中选取的最大绝对瓦斯涌出量，m^3/d；

$T_{月}$——鉴定月的月产量，t；

n——鉴定月的月工作天数，d。

5. 矿井瓦斯等级的确定

矿井瓦斯等级鉴定报告表见表2-4，上述计算结果应填入此表中。矿井瓦斯等级的确定是依相对瓦斯涌出量最大值的测定数据而定的，其余测定数据供日常管理参考。对于二氧化碳涌出量大的矿井，按二氧化碳等级作为计算风量的依据，按相对瓦斯涌出量确定矿井瓦斯等级。

第四节 矿井瓦斯涌出量预测

从目前的研究现状来看，瓦斯涌出量预测方法主要可分为两类：其一是建立在数理统计规律基础上的统计预测法，该方法是依据矿井瓦斯涌出量与开采深度等参数之间的统计规律外推到预测区域中的瓦斯涌出量；其二是以煤层瓦斯含量为基本参数的分源计算法，通过计算井下各瓦斯涌出源的涌出量，得到矿井或某一预测区域的相对瓦斯涌出量。

一、统计预测法

统计预测法是国内外有关矿井长期以来普遍采用的矿井瓦斯涌出量预测方法，该方法的基本原理是：根据矿井已采区域历年测定的相对瓦斯涌出量及相应的开采深度，采用数理统计方法建立二者之间的线性或非线性回归方程 $Q=f(H)$，并经过统计检验，确定回归方程有意义后，对深部（或条件相同矿井）未采区域的瓦斯涌出量做出预测。而通常采用的瓦斯涌出量梯度 a，实际上是瓦斯涌出量 Q 对开采深度 H 的回归方程的回归系数。

一般情况下，统计预测法主要用于生产矿井深部水平或开采技术条件、地质条件相同或类似的邻近矿井的瓦斯涌出量预测。此外，也可以根据已采工作面的相对瓦斯涌出量及相应的开采深度之间的统计关系式对深部设计工作面的瓦斯涌出量进行预测。除了采用相对瓦斯涌出量与开采深度之间的统计规律进行瓦斯涌出量预测外，近年来国内外有些研究人员还通过建立瓦斯涌出量与煤层瓦斯含量之间的回归关系式预测瓦斯涌出量；还有一些研究人员采用多元统计分析中的数量化理论，建立预测瓦斯涌出量的多变量数学模型预测未采区的瓦斯涌出量，以期提高瓦斯涌出量的预测精度。目前在瓦斯矿井中，最常用、最简单的预测方法还是线性回归法。

线性回归法在统计中，确定回归方程的方法通常采用最小二乘法。因此，相对瓦斯涌出量的预测值 $\overline{q}_{CH_4}$ 可用下式表达：

$$\overline{q}_{CH_4}=a'H+b \tag{2-41}$$

式中 a'——线性回归系数，相对瓦斯涌出量梯度的倒数（$a'=1/\overline{a}$），a'的物理含义为深度每增加1 m相对瓦斯涌出量的平均增加值；

b——线性回归常数，m^3/t；

H——预测垂深，m。

采用线性回归法的优点在于可以得出相关系数和相对误差值，从而能够更有把握地运用预测结果。其实质在于采用最小二乘法获得相对瓦斯涌出量与开采深度之间的回归方程，而最小二乘法就是要使实际值与预测值的离差的平方和达到最小值，根据这一原则可得线性回归系数与常数为

$$\begin{cases} a' = \dfrac{S_{\mathrm{Hq}}}{S_{\mathrm{HH}}} \\ b = \overline{q}_{\mathrm{CH_4}} - a'\overline{H} \end{cases} \tag{2-42}$$

$$\overline{H} = \frac{1}{n}\sum_{i=1}^{n} H_i$$

$$\overline{q}_{\mathrm{CH_4}} = \frac{1}{n}\sum_{i=1}^{n} q_{\mathrm{CH_4}i}$$

$$S_{\mathrm{Hq}} = \sum_{i=1}^{n}(H_i - \overline{H})(q_{\mathrm{CH_4}i} - \overline{q}_{\mathrm{CH_4}}) = \sum_{i=1}^{n} H_i q_{\mathrm{CH_4}i} - \frac{1}{n}\left(\sum_{i=1}^{n} H_i\right)\left(\sum_{i=1}^{n} q_{\mathrm{CH_4}i}\right)$$

$$S_{\mathrm{HH}} = \sum_{i=1}^{n}(H_i - \overline{H})^2 = \sum_{i=1}^{n} H_i^2 - \frac{1}{n}\left(\sum_{i=1}^{n} H_i\right)^2$$

式中 $q_{\mathrm{CH_4}i}$——采深为 H_i 处已知的相对瓦斯涌出量，$\mathrm{m^3/t}$；

n——已知相对瓦斯涌出量及其所在采深的组数（样本单位数）。

线性回归方程的相关系数 r 和相对误差量 δ 分别为

$$\begin{cases} r = \dfrac{S_{\mathrm{Hq}}}{\sqrt{S_{\mathrm{HH}} \cdot S_{\mathrm{qq}}}} \\ \delta = \dfrac{Q}{S_{\mathrm{qq}}} = 1 - r^2 \leqslant 1 \end{cases} \tag{2-43}$$

式中

$$S_{\mathrm{qq}} = \sum_{i=1}^{n}(q_{\mathrm{CH_4}i} - \overline{q}_{\mathrm{CH_4}})^2 = \sum_{i=1}^{n} q_{\mathrm{CH_4}i}^2 - \frac{1}{n}\left(\sum_{i=1}^{n} q_{\mathrm{CH_4}i}\right)^2$$

$$Q = \sum_{i=1}^{n}[q_{\mathrm{CH_4}i} - (a'H + b)]^2$$

具体计算时可列表计算上述有关参数，见表 2－5。有关最小二乘法的详细内容请参阅《数理统计》一书中的相关内容。

表 2－5　应用线性回归方程法计算龙凤矿基础数据

计算项目	H_i	$q_{\mathrm{CH_4}i}$	H_i^2	$q_{\mathrm{CH_4}i}^2$	$H_i q_{\mathrm{CH_4}i}^2$
数据	200	12.6	40000	158.76	2520
	320	25.7	102400	660.49	8224
	370	28.8	136900	829.44	10656
	400	33.0	160000	1089.00	13200
	500	41.5	250000	1722.25	20750
求和	1790	141.6	689300	4459.94	55350

线性回归方程预测法计算比简易统计法复杂，但精度高。由于目前计算机的广泛应用，所有计算均可运用计算机完成，所以线性回归方程预测法得到了广泛应用。

二、分源计算法

分源计算法是以煤层瓦斯含量为预测的主要依据，通过计算井下各涌出源的瓦斯涌出量，对矿井瓦斯涌出量进行预测。分源计算法主要是计算井下开采煤层及围岩、邻近煤层、采空区中的瓦斯涌出量，此外还包括掘进巷道的瓦斯涌出量。因此这种预测方法可以概括为：矿井相对瓦斯涌出量等于平均每采 1 t 煤各瓦斯源涌出量之和，即首先应对每一种瓦斯涌出源计算其涌出量，然后求和。由于这种预测方法是以煤的瓦斯含量作为计算基础的，人们又简称其为瓦斯含量法。在国外，矿井瓦斯较为严重的几个国家，如苏联、波兰、德国、英国、法国等多年以前就开始了这种预测方法的研究，形成了适合各自国家煤层条件的矿井瓦斯涌出量预测方法，其中尤以苏联、德国和英国的预测方法比较具有代表性。我国在利用分源计算法预测矿井瓦斯涌出量的研究和应用方面起步较晚，20 世纪 80 年代初，煤炭科学研究总院抚顺分院将苏联的方法应用于淮南矿务局潘一矿一水平 13－1 煤层瓦斯涌出量预测，其中对计算公式中的个别参数做了修改，又对计算公式中的一些预测参数进行了考查，提出了适合我国煤矿条件的取值范围。煤炭科学研究总院重庆分院和阳泉矿务局科研所合作，对阳泉矿区的煤层瓦斯涌出量进行研究，提出了适合阳泉矿区的分源计算法。

目前这类预测方法有近十种，各方法之间的基本区别在于确定各瓦斯涌出源瓦斯涌出率的数学模型不同。图 2－23 是国外不同学者提出的邻近层瓦斯涌出率与到开采层距离的关系曲线，它们各不相同是因为各自所建立的物理模型不一样。表 2－6 列出了上述各种方法所考虑的因素。

德国采矿研究所在 1975 年对除英国采矿研究所法以外的 7 种方法进行了对比试验，结果表明：这 7 种方法都可能产生误差，最大误差可达 －64% 和 ＋105%，多数情况下是低估了瓦斯涌出量。我国煤炭科学研究总院抚顺分院的王兆丰、哈明洁对阳泉一矿 112 和 911 两个采煤工作面的瓦斯涌出量用 7 种分源计算法进行了预测，并将结果与实测值进行了对比，从中得出：苏联李金法、德国温特尔法、英国采矿研究所法以及我国煤炭科学研究总院重庆分院－阳泉矿务局科研所法都可以选用，其中德国温特尔法误差最小。

三、瓦斯涌出特性系数预测法

国内外有关资料分析表明：矿井瓦斯涌出预测的研究无论是分源计算法还是统计预测法，都存在由粗略计算向比较细致的计算过渡的趋势。今后应按照矿井的瓦斯地质条件、开采后矿山压力活动规律和矿井瓦斯流动理论，并结合煤层的原始瓦斯含量和统计资料分别对各生产地点进行预测计算，以提高矿井瓦斯涌出量的预测精度。

在生产实践中，我们往往有这样的经验，当通过钻孔和巷道所见到的煤层如果瓦斯压力大、瓦斯含量和涌出量大，则常常在将来开采时矿井的瓦斯涌出量亦大。因此，在开采前如果能预定出煤层的原始瓦斯压力和含量，则可以用分源计算法进行预测。但是，准确测定煤层的原始瓦斯压力和含量，在技术上不仅比较困难，而且要求也比较高，现场往往不便于应用。而测定涌出量则比较简单，可以根据煤层瓦斯流动理论，通过其涌出量估计

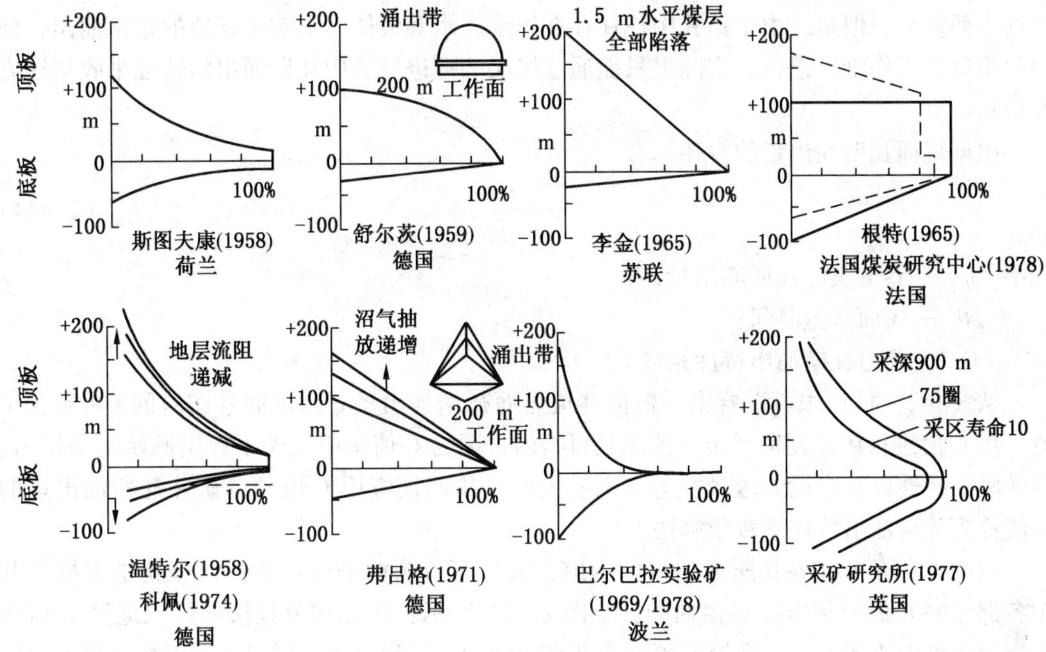

图 2-23　邻近层瓦斯涌出率与到开采层距离的关系

表 2-6　不同国家不同矿井预测方法所考虑的因素

因　素	方　法							
	荷兰	德国 1	德国 2	德国 3	法国	苏联	波兰	英国
邻近煤层瓦斯含量	√	√	√	√	√	√	√	√
其他岩层瓦斯含量		√	√	√	√			
邻近层厚度	√	√	√	√	√	√	√	√
邻近层到开采层距离	√	√	√	√	√	√	√	√
工作面长度		√	√					
瓦斯抽放强度			√	√				
开采煤层倾角						√		
开采煤层厚度					√	√		
垮落或充填						√	√	
开采深度						√		
采区服务年限								√
工作面推进速度								√
输送机上煤的瓦斯涌出								√

煤层内部的瓦斯压力、瓦斯含量、煤体透气性等参数，以及应用其涌出量变化的规律推算在未来开采工作中各生产地点的瓦斯涌出量。因此，最好在勘探煤层中通过勘探钻孔来收

集这方面资料，但是，由于钻孔中往往存在泥浆、水等液体，影响了瓦斯的正常涌出，使得收集资料工作难以进行，实际上只能通过煤层的掘进巷道中瓦斯涌出的特性来收集这方面资料。

根据煤面瓦斯涌出量的规律，有

$$q = \frac{C}{\sqrt{t}} \tag{2-44}$$

式中 q——巷道煤面瓦斯涌出量；

t——煤面暴露时间；

C——巷道瓦斯涌出特性系数。

从式（2－44）中可以看出，根据巷道煤面瓦斯涌出量 q 和煤面暴露时间 t 可算出 C 值。用 C 值进行矿井瓦斯涌出量预测是可行的，因为 C 值集中反映了煤层原始瓦斯压力、煤的吸附特性以及煤层的透气性等参数。因此，我们把应用 C 值预测矿井瓦斯涌出量的方法称为瓦斯涌出特性系数预测法。

应用 C 值预测矿井瓦斯涌出量的内容，大致可分为两部分：第一部分就是根据矿井中各部分的 C 值绘制出等 C 值曲线，如图 2－24 所示：第二部分是按照已采地区 C 值和瓦斯涌出量的比例关系，推导和预测未开采地区的瓦斯涌出量。同时也可以按已采掘地区的 C 值随深度增加的梯度预测深部未采掘地区的 C 值。

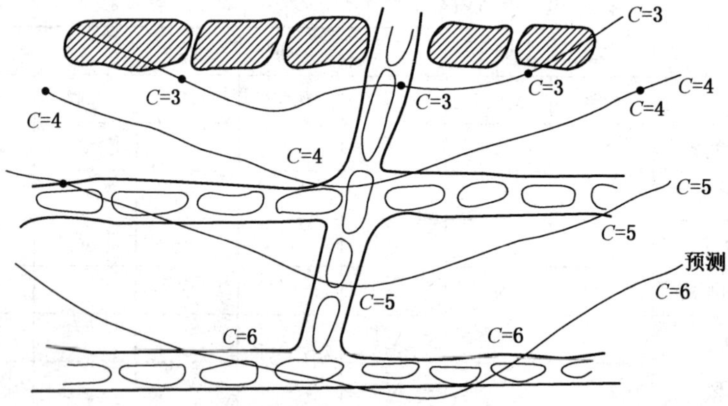

图 2－24　等 C 值曲线分布图

采用瓦斯涌出特性系数法进行预测时，可按如下方式进行：

（1）计算瓦斯涌出特性系数和瓦斯排放期。现场测定的 C 值变化范围较大，一般在 1～25 之间。为了消除测定时因矿山压力变化、大气压力变化和煤质变化而产生的误差，可在同一地点不同时间进行测定，以及每隔一横贯进行一次测定。若在倾斜巷道和水平巷道都进行测定，则可求出 C 值沿走向和倾斜方向的变化规律，绘制出等 C 值曲线，以及找出 C 值随开采深度增加的关系。

（2）求算煤层原始瓦斯含量。

（3）求算邻近煤层瓦斯涌出资料。

关于邻近煤层赋存状态，根据地质资料收集，而矿山压力的变化则按照顶板控制的方法和采区位置附近邻近采区的开采情况，以及岩石的性质，绘制出预计采空区卸压圈位置图，然后进行计算；对于邻近煤层的瓦斯含量则按开采煤层的原始瓦斯含量来计算，必要时再进行相应的修正。

瓦斯涌出特性系数预测法考虑了影响煤层瓦斯流动的几项基本因素，特别是瓦斯含量、时间和涌出特性系数值；不受地质条件和生产工艺过程的影响，而且可以估计改变生产方式后，对矿井瓦斯涌出的影响，同时也可以计算巷道的瓦斯涌出量；对于采煤工作面的预测，则和分源计算法相仿，仅多考虑了一项工作面上下帮瓦斯排放带的影响。因此可以认为，如果计算的原始资料正确，其预测的结果是比较准确的。

四、其他预测方法

1. 类比法

瓦斯生产、赋存和排放条件是受地质构造因素控制的。在未开发的井田、未受采动影响处于自然状态的煤层，瓦斯含量的分布规律与地质构造条件有密切关系；而矿井瓦斯涌出量的大小，一方面受控于地质因素，另一方面受开采方法的影响很大。因此，在一个煤田或一个矿区范围内，在地质条件相同或类似的情况下，矿井瓦斯涌出量与钻孔煤层瓦斯含量之间存在一个自然比值。

对于新建矿井，在地质勘探期间已经提供了钻孔瓦斯含量的基础数据，而矿井瓦斯涌出量是未知数。若要求得该参数，可以通过邻近矿井瓦斯涌出量资料和钻孔煤层瓦斯含量资料的统计求得一个比值，然后将该比值与新建矿井已知的钻孔煤层瓦斯含量相乘，即可得到新建矿井的瓦斯涌出量。

2. 瓦斯地质数学模型法

该方法通过研究瓦斯地质规律、分析瓦斯涌出量的变化规律，筛选影响瓦斯涌出量变化的主要地质因素。在此基础上，根据矿井已采地区的瓦斯涌出量实测资料和相关的地质资料，综合考虑包括开采深度在内的多种影响因素，采用一定的数学方法，建立预测瓦斯涌出量的多变量数学模型，利用所建立的数学模型对矿井未采区域的瓦斯涌出量进行预测。

3. 灰色系统预测方法

矿井瓦斯涌出量是一个受多因素影响而变化的多元因素，就矿井瓦斯涌出所呈现的多种信息而言，它既包含已知信息（即白色信息），又包括未知的或不确定的信息（即黑色信息），因而该系统是一个灰色系统。矿井瓦斯涌出是受多种因素影响的动态变化过程，各因素间的关系是动态的、模糊的。灰色系统正好能反映瓦斯涌出量外延明确、内涵不明确的系统内在变化规律，灰色系统的高阶微分项也正能反映其动态变化过程。

运用灰色系统理论对矿井瓦斯测定的日报表、月报表进行整理，得出矿井不同开采强度瓦斯涌出量原始数据，建立微分方程 GM（1，1）模型，最后对矿井瓦斯涌出量进行预测。

4. 神经网络预测法

神经网络具有通过样本来学习的能力，一方面区别于传统的各种预测方法，实际应用时无须做出因素与瓦斯涌出量相关关系的任何假设，只需将实际数据直接提供给网络来训练；另一方面训练完成后的网络能以任何精度逼近真值（只要训练数据足够多），能够抽提、捕捉隐藏在浩如烟海的历史数据中的规律，尤其是那些尚未被人类认识和揭示的规律，这些优点是传统方法无法比拟的，瓦斯涌出量与其影响因素之间存在着复杂的非线性关系。对于这类问题，神经网络具有较高的建模能力，能真实地刻画输出变量与输入变量之间的非线性关系。

第五节 矿井瓦斯涌出的防治

矿井瓦斯涌出的治理一般有3种方法，即分源治理、按瓦斯危险程度进行分级和分类治理以及综合防治。

一、分源治理

所谓分源治理，就是针对瓦斯来源的数量及其变化规律等特征，采取相应的控制技术进行治理，并通过方案对比，选用效果好、经济佳、适用、最优的方案。

1. 掘进瓦斯涌出的治理

控制掘进巷道瓦斯涌出的主要方法有：掘前预抽瓦斯，井巷周壁隔绝封堵引排瓦斯或抽放瓦斯，湿润煤体与洒水，减少一次爆破量与爆破深度，间歇掘进但不停风，双巷掘进，缩短独头掘进巷道长度，严格通风管理，设专职瓦斯检查员与瓦斯监测员，限制掘进速度等。根据要求与地质技术条件，选定一种或几种方法进行综合治理。

2. 采煤工作面瓦斯涌出的治理

控制采煤工作面与邻近层瓦斯涌出的主要方法有：本煤层采前预抽瓦斯，工作面煤壁浅孔注水，采落碎煤洒水快运，减少一次爆破量，限制工作面推进速度，抽放上、下邻近层卸压瓦斯，抽放采空区瓦斯，针对瓦斯来源选用符合分源治理瓦斯原则的通风系统，加强通风管理，维护好通风系统，增加风量，设专职瓦斯检查员与瓦斯监测员等。总之，需根据回采要求和条件选用适用的综合治理瓦斯方案。

U形通风系统采煤工作面的上隅角瓦斯浓度最高，往往超过《煤矿安全规程》规定的允许浓度值。目前解决的方法主要有：抽放邻近层或采空区瓦斯，采空区埋管抽放，采用尾巷排放，矿井通风负压引排上隅角瓦斯（图2－25）；矿井通风负压引排与局部通风机向上隅角供风相结合（图2－26）；采用特制通风机抽放上隅角瓦斯。

图2－27a是峰峰、阜新等矿务局改装JBT11 kW局部通风机为抽瓦斯通风机示意图。为了安全，该局部通风机把电动机移至机壳外部，通过传动轴与通风机叶片轮连接；机壳后部接一段弯曲风筒与抽瓦斯风筒相连；为了防止产生摩擦火花，将原通风机叶片缩短了20 mm，并在叶片周边外围的机壳上镶上铜套。这种改装的局部通风机由于叶片缩短，风量由225 m^3/min降至100 m^3/min，风压也显著下降，供风距离为20 m，可用于处理瓦斯涌出量在3～4 m^3/min以下的场合，若瓦斯涌出量再大需采用性能更优越的强力通风机。图2－27b、图2－27c是阜新清河门矿立井一采高为1.65 m、风量为589 m^3/min综采工作面使用这种改装通风机抽瓦斯前后的效果对比，图中表明，其效果是显著的。

3. 采空区瓦斯涌出的治理

首先要及时封闭采空区，并保证密闭质量，以控制其瓦斯涌出。当采空区瓦斯涌出量较大时，应进行抽放瓦斯，抽放这种瓦斯方法简易、工程量小，容易奏效。抽放采空区瓦

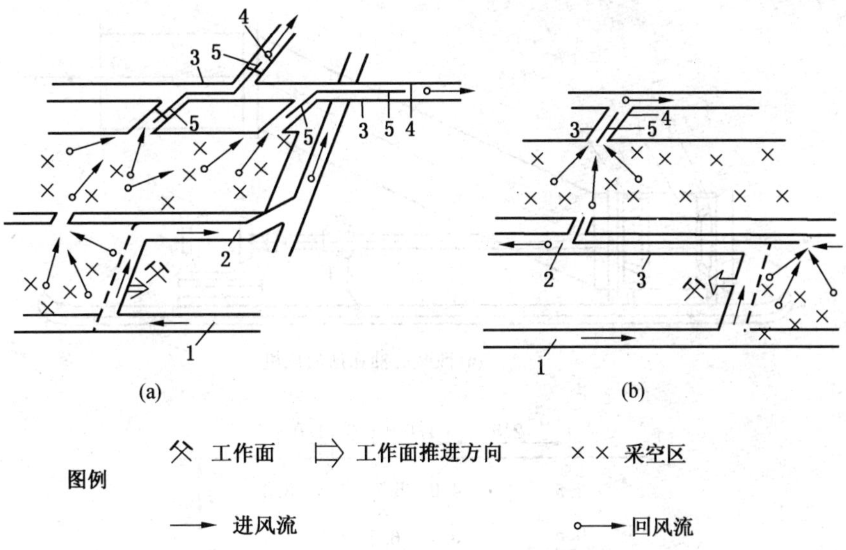

1—工作面进风巷；2—工作面回风巷；3—铁风筒；4—栅栏；5—密闭墙

图 2-25　矿井通风负压引排上隅角瓦斯示意图

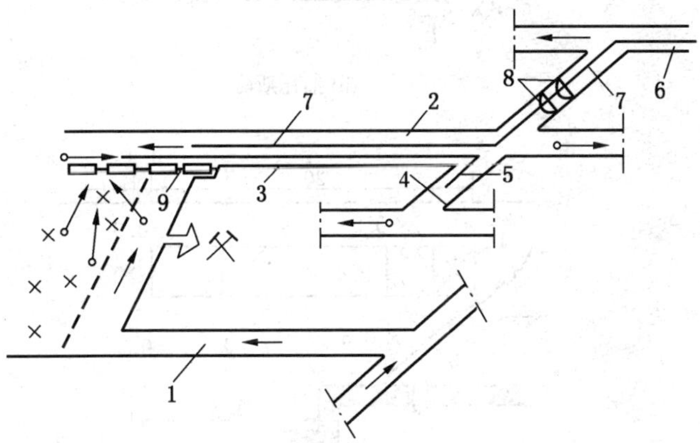

1—工作面进风巷；2—工作面回风巷；3—铁风筒；4—栅栏；5—密闭墙；
6—局部通风机；7—风筒；8—风门；9—风帘

图 2-26　铁风筒引排瓦斯与局部通风机供风冲淡上隅角积聚瓦斯示意图

斯既可以显著降低矿瓦斯涌出量，又可以提高矿井瓦斯抽放率，开发瓦斯资源，减少隐患，提高矿井生产的安全性。

4. 独头巷道积存瓦斯的排放方法

独头掘进巷道停风后，往往会积存大量瓦斯，且容易造成严重事故。为此，应设法在掘进中尽量避免形成盲巷，一旦出现盲巷，应尽早处理。在处理过程中应做到：第一，确切掌握积存瓦斯量，以便确定相应的抽放方法；第二，掌握排放瓦斯路线及影响区的风量、人员与作业、供电与火源及瓦斯涌出等情况；第三，了解局部通风机供电条件，风电瓦斯闭锁装置完好状态和局部通风机、开关附近 20 m 内瓦斯浓度以及局部通风机和风筒

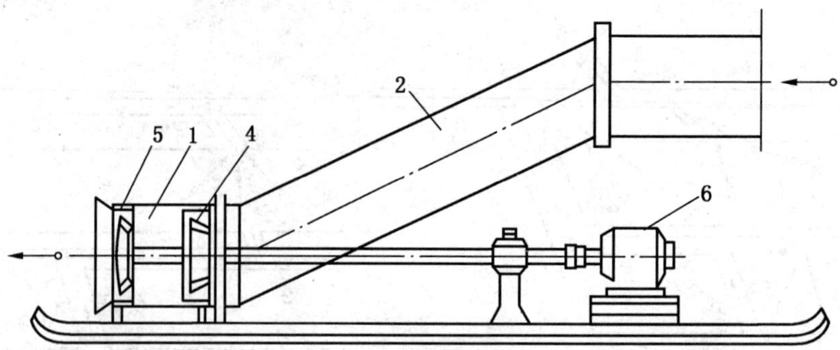

(a) 改装的抽瓦斯通风机

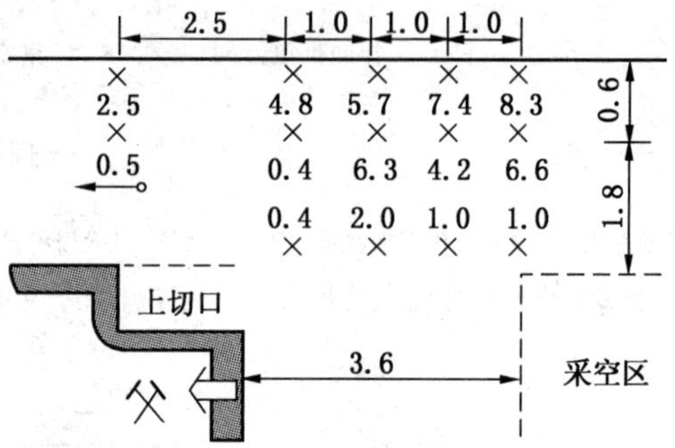

(b) 抽瓦斯前

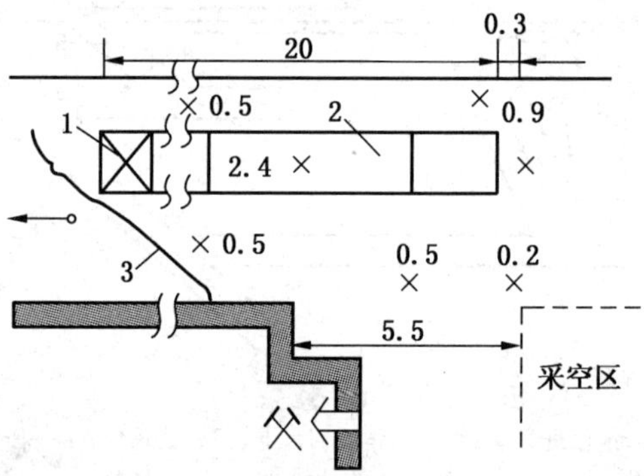

(c) 抽瓦斯后

1—抽瓦斯通风机；2—风筒；3—风帘；4—截短风叶；5—铜衬套；6—电动机

注：瓦斯浓度单位:%；尺寸单位：m

图 2-27　工作面上隅角抽放瓦斯前后瓦斯浓度分布示意图

采用调节风量方法的条件等。在此基础上制定安全排放瓦斯的方法与措施，并上报主管部门，待批准后，严格组织实施，责任落实到人。目前，可采用的排放瓦斯方法有：

(1) 局部通风机直接排放法。该法用于临时停风，且时间短，瓦斯浓度不大于 3% 的采掘工作面。当局部通风机启动后，在排放瓦斯路线上的瓦斯浓度不超过《煤矿安全规程》规定时可使用。实施时，为了安全，在其回风侧应检查瓦斯、撤人、警戒和断电。

（2）风筒增阻排放法。该法用于瓦斯积存量较大、需要限制排放流量时。根据混入矿井主要通风风流的瓦斯浓度不超过规定来限制排放量。控制局部通风机排放量的方法为用绳子把柔性风筒捆结，缩小其通风断面或在通风机的吸风口用木板阻挡部分通风断面进行增阻。随着混合处瓦斯浓度的下降逐渐增大风筒断面，直到全断面通风。

（3）风筒接头断开调风排放法。该法适用于独头巷道较长、瓦斯积存量大的条件。局部通风机排放瓦斯前，将通风机的吸风口用木板阻挡部分通风断面，并把送风筒接头断开，然后启动局部通风机，排放量由接头断开的开启程度决定。这时用从断口短路的风流来冲淡瓦斯并流入回风，调风人员要与在主通风流中检查瓦斯浓度的人员紧密配合，使瓦斯浓度不超过规定，并注意防止风筒产生循环风。

（4）风筒三通调风排放法。该法在独头巷道敷设风筒时，应事先在压送风侧的适当地点安设一个三通风筒；平时该三通中的一分支封堵不通风，排放瓦斯时再将其打开，以便调节排放瓦斯量。

（5）逐段通风排放法。该法用于独头巷道长或封闭的独头巷道启封后排放瓦斯。排放时由外向内逐段进行，先准备一节 5 m 长的短风筒，接在密闭外的风筒上，用其冲淡启封密闭墙的开口孔洞瓦斯，控制风筒的排风量，使冲淡后的瓦斯浓度低于 2% 后再分段接长风筒，逐段排放巷道积存瓦斯，直到全独头巷道积存瓦斯排放完转入正常通风时为止。

（6）钻孔超前贯通利用局部通风机与矿井主要通风机负压排放法。该法用于两巷独头贯通前排放积存瓦斯。如图 2－28 所示的待贯通两巷 1 与 2，贯通前在相距 4～5 m 煤柱中钻 6～9 个直径 50 mm 的孔，先用钻孔将两独头巷道贯通形成矿井主通风系统，在主要

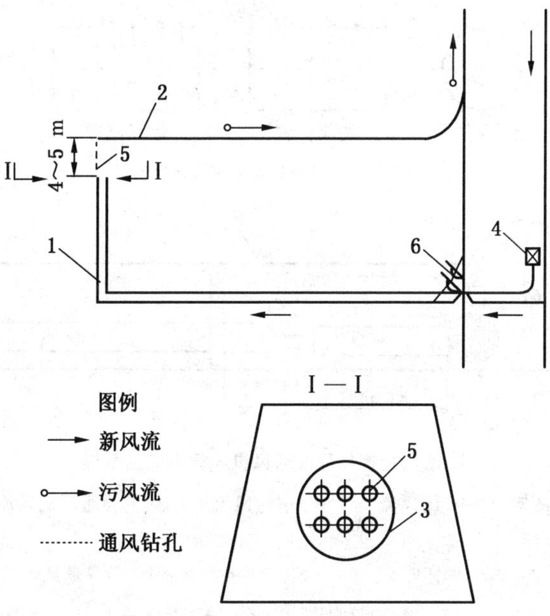

1—掘进巷道；2—待贯通的积存瓦斯巷道；3—风筒；4—局部通风机；5—钻孔；6—风门

图 2－28　钻孔超前贯通两独头巷道排放巷道内积存瓦斯示意图

通风机负压下通风排放瓦斯，加快排放瓦斯速度，可利用局部通风机风筒对着钻孔鼓风。该法简易，排放瓦斯人员在新风流中工作安全，与逐段通风排放法相比省去一台局部通风机运转，耗电减少。

（7）使用调风装置排放法。调风装置是一种安设在风筒上的可调风量的节流装置。如图 2－29b 所示，调风装置与局部通风机风筒连接系统安设在距回风出口约 5 m 处，在全风压通风的主风流内安设的局部通风机向独头巷道供风，调风装置的风流板通过操纵杆与控制绳由风流板开关盘控制，风流板敞开程度不同，漏风量 Q' 也不同，这样送至工作面的风量 $Q—Q'$ 也就不同，从而可根据主风流所允许的排放量来调节独头巷道内积存瓦斯的排放量。该装置的优点是：不仅可使操纵人员在主风流内遥控调节瓦斯排放量，而且从独头巷道排出的高浓度瓦斯在进入主风流之前由漏风量 Q' 再次冲淡并均匀化。图 2－29a 为 3 种调风装置的结构，可供读者选用。

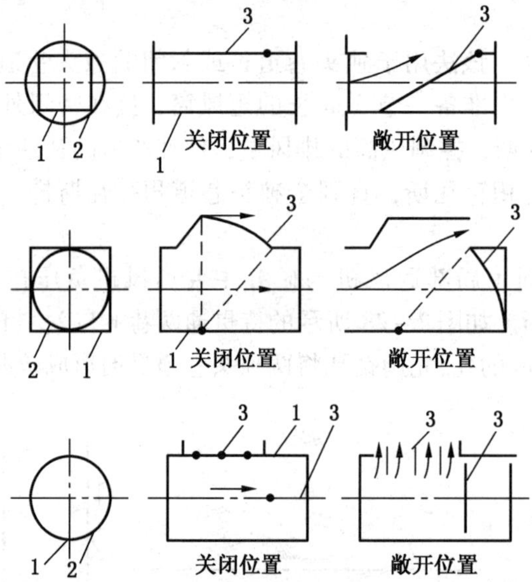

(a) 3 种调风装置的结构

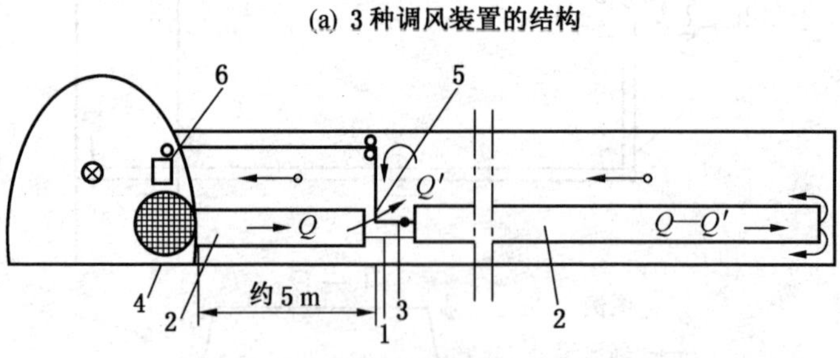

(b) 调风装置与局部通风机风筒组成的系统

图例 ——▸ 新风流 ○——▸ 污风流 ⊗ 主要通风机风流

1—调风装置风道；2—风筒；3—分流板；4—局部通风机；

5—分流板的操纵杆；6—分流板开关盘

图 2－29 局部通风调风装置及其连接示意图

二、分级分类治理

分级分类治理系指按瓦斯危险程度对掘进巷道进行登记分类，并按瓦斯危险类别进行治理（前述排放瓦斯的分级就是分类治理中的一例），划分出特别危险的工作面，以便集中注意力，提高工程技术、管理人员和直接操作人员的责任心，遵守《煤矿安全规程》和有关规定的要求。一般来说，特别危险的巷道为数不多，这就有可能优先和保证对它的设备材料供应，为它的安全生产创造条件。分类的要点是：从所有掘进巷道中，把在爆破之后、停风之后或在遇到意外情况（揭穿煤层瓦斯喷出、地质破坏）时，工作面的瓦斯很可能达到危险程度的巷道定为特别危险巷道。

瓦斯特别危险巷道的标准：①爆破后工作面瓦斯浓度不小于2%；②工作面停风后30 min内，瓦斯浓度达到2%。采取的主要措施是：对于绝对瓦斯涌出量大于3 m^3/min的特别危险工作面采用隔离抽放瓦斯、禁止使用有焰炸药和局部通风机采用“三专两闭锁”（“三专”：专用变压器、专用电缆、专用开关；“两闭锁”：风电闭锁、瓦斯电闭锁），当局部通风机停转时，能自动换闸、启动备用局部通风机、瓦斯自动监测、通风状态监测，排放瓦斯实行分级管理，排放巷道积存瓦斯过程自动化等。

第六节　矿井瓦斯检测

地面新鲜空气进入井下后，其成分将发生变化，主要表现为氧气含量减少和掺入了一些害气体。矿井空气成分检测是为了确定其成分是否符合《煤矿安全规程》的规定。如果不符合，必须采取措施进行处理，保证矿井安全生产。瓦斯检测就是对矿井空气成分进行检测，主要指甲烷的检测。

一、矿井空气成分检测方法概述

矿井空气成分非常复杂，有可燃爆炸性气体，如CH_4、C_2H_4、C_2H_6、C_3H_8、H_2、C_2H_2等；中毒性气体，如CO、H_2S等；窒息性气体，如NH_3、N_2、CO_2等；助燃性和维持工作人员呼吸性气体，如O_2。

由于矿井空气气体种类繁多，检测方法各不相同，矿井空气成分的检测方法主要有3种：一是在井下采集气样送至地面在实验室进行气体分析，如利用煤矿专用气相色谱仪进行气体分析，其所得到的数据准确度高、检测范围广，但所需时间长，不能很快做出判断，因而可能会因不及时采取措施而引起重大事故；二是单体检测仪器，能就地检测，速度快，但一般来说精度较低；三是安全监测系统，能连续、远距离、自动检测矿井空气成分的变化，并具有报警、断电等功能。

矿井气体检测原理各不相同，有利用光学原理检测，如光干涉法瓦斯检测器以及红外光一氧化碳（CO）、甲烷（CH_4）等各种气体检测；利用各种气体热导率与空气热导率的差异的热导原理检测，如热导型甲烷检测器；利用热催化原理检测，如热催化可燃气体检测器；利用电化学原理检测，如一氧化碳（CO）定电位检测仪和伽伐尼电池法氧气检测仪；利用磁学原理检测，如顺磁法测氧仪等；利用化学反应原理检测，如一氧化碳（CO）、二氧化碳（CO_2）、硫化氢（H_2S）检知管等。按其结构可分为便携式和固定式两大类。

气体检测仪器的要求：对于可燃性气体，仪器可以检测的最小值在允许浓度下限1/10以下，反应时间小于30 s；对于中毒性气体仪器可以检测的最小值在允许浓度下限1/10以下，反应时间小于10 s；无论是可燃性气体，还是中毒性气体，其报警点都任意可调；其工作温度为 -20 ~40 ℃，工作电压或电流在工作电源的电压或电流的1 ±10% 范围内波动，本身要防爆、防中毒、防振、防冲击、强度大。

二、热导型气体检测

1. 工作原理

1）热导原理

热导原理是利用各种气体热导率与空气热导率的差异以及热导率与气体浓度的关系，来实现对气体浓度的检测。

某种气体的热导率，与气体相对分子质量 m、热运动的平均速度$\overline{v}$、气体摩尔定容热容 $C_{V,m}$、绝对温度 T 及试验常数 C 有关，即

$$\lambda = f(m,\ \overline{v},\ C_{V,m},\ T,\ C) \tag{2-45}$$

表2-7列出了部分气体101.3 kPa、300 K条件下的热导率。

表2-7 部分气体101.3 kPa、300 K条件下的热导率

名　称	$\lambda/(10^{-6}\ \mathrm{W\cdot m^{-1}\cdot K^{-1}})$	名　称	$\lambda/(10^{-6}\ \mathrm{W\cdot m^{-1}\cdot K^{-1}})$
空气	15.69	一氧化碳	15.67
氧气	15.86	二氧化碳	5.32
氮气	15.63	甲烷	20.68
氢气	109.50		

气体的热导率随温度增加而增加，当温度为定值时，热导率与气体分子的直径成反比，分子直径越小，其热导率越大。一般情况下热导率与气压无关。

2）混合气体的热导率

气体的热导率与温度的关系复杂，常用下式表示：

$$\lambda^T = \lambda_0(1+\beta^T) \tag{2-46}$$

式中　λ^T、λ_0——温度为 T 和0 ℃时的热导率；

β——在一定范围内气体热导率温度系数。

对于混合气体的热导率，可以粗略地认为是各组分热导率的平均值，即

$$\lambda_c = \sum_{i=1}^{n} n_i \lambda_i \tag{2-47}$$

式中　λ_c、λ_i——混合气体和第 i 种气体的热导率。

n_i——第 i 种气体的体积分数。

设空气中含甲烷（CH_4）的质量为 m，空气的热导率为 λ_a，甲烷的热导率为 λ，甲烷和空气混合气体的热导率为 λ_c，则

$$\lambda_c = \lambda m + \lambda_a(1-m)$$

$$m = \frac{\lambda_c - \lambda_a}{\lambda - \lambda_a} \quad (2-48)$$

应当指出，上述混合气体热导率 λ_c 计算公式及热导率与温度关系式均是近似关系式，多数情况下气体热导率并不符合上述关系。

由于混合气体的热导率是组成它的气体组分及各组分所占的百分比函数，测出它的热导率差，即可测出混合气体的组成。由式（2－48）可看出，只要测出 λ_c，就可测出 m 值。热导型甲烷检测器就是根据矿井空气的热导率随甲烷含量不同而变化，测出其变化即可测定甲烷等气体含量。但直接测量气体的热导率是比较困难的，一般是借助于某种热敏元件将混合气体中甲烷含量的变化所引起的热导率变化转换成电阻值的变化。

2. 测量热导元件

作为热量－电阻转换元件的热变电阻的材料有金属丝、半导体热敏电阻等。

1）金属丝

金属丝的热变电阻值随温度的改变而变化，其变化量可由下式计算：

$$-\Delta R = R_0 - R_0(1+\alpha t) \quad (2-49)$$

式中 R_0——起始温度电阻值，Ω；

t——温度的增减量，℃；

α——金属丝的电阻温度系数。

式（2－49）表明，金属丝受热后，电阻值的变化量大小与金属丝的电阻温度系数成正比，电阻增量值越大，仪器灵敏度越高。因此，热变电阻的材料选用电阻温度系数大的为好，但往往要考虑金属丝的加工工艺、化学稳定性等因素。故一般常用的材料是纯度较高的铂丝、钨丝、铼钨丝和钯丝，金属丝的直径为 10～50 μm。金属丝的特点是稳定性好、零点漂移小、线性好、重复性高、寿命长；但是金属丝加工工艺复杂，化学稳定性差，元件互换性差。

2）半导体热敏电阻

半导体热敏电阻包括金属氧化物半导体、碳化硅半导体及钛酸钡正特性热敏电阻陶瓷三大类。金属氧化物半导体、碳化硅半导体为负电阻温度系数，热敏电阻阻值与温度的关系为

$$R = R_0 \exp\left[B\left(\frac{1}{T} - \frac{1}{T_0}\right)\right] \quad (2-50)$$

式中 R_0——温度为 T_0 时的电阻，Ω；

R——温度为 T 时的电阻，Ω；

B——热敏电阻常数，通常 $B=3.6$ K。

热敏电阻温度系数 α 为

$$\alpha = -\frac{B}{T^2} \quad (2-51)$$

热敏电阻温度系数比铂丝的温度系数大得多。当工作温度为 180 ℃时，热敏电阻温度系数相当于铂丝的 5 倍，故半导体热敏电阻的灵敏度比铂丝灵敏度高 5～10 倍。但使用热敏电阻作传感器存在下列问题：

（1）受 CO_2、水蒸气影响较大。水蒸气使指示值增大，CO_2 使指示值降低，且 CO_2 的负向指示率与甲烷的正向指示率的绝对值几乎相等，两者有相消作用。因此，必须加吸收剂以消除 CO_2 和水蒸气的影响。

（2）零点漂移。当测定气体的温度变化时，仪器零点和灵敏度都会发生变化，故需采用零点补偿措施。

（3）元件的一致性和互换性较差，元件加工工艺等因素的影响较大。

甲烷热导率是空气热导率的1.296倍，因此用热导方法来测量浓度很低的甲烷时得到的输出信号很小，测量1%以下的甲烷灵敏度不够，误差大。

3. 传感器结构与检测原理

利用热导原理制作的传感器，结构比较简单，主要是电桥电路，如图2－30所示。

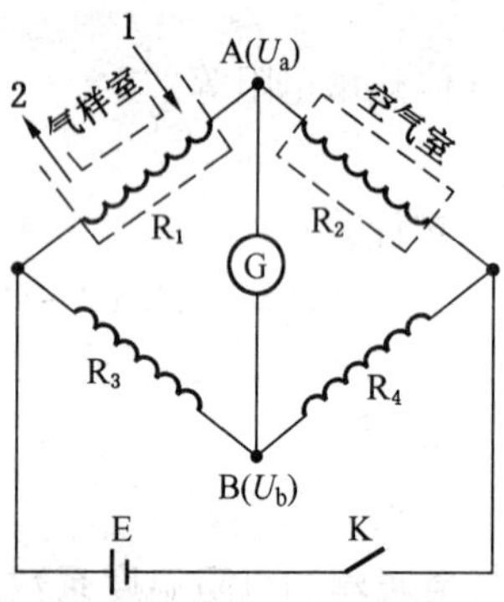

图2－30　热导式气体浓度检测仪传感器原理图

热导型传感器采用电阻温度系数较大的金属丝（铂丝或钨丝）或半导体热敏电阻作为敏感元件。把性能相同的一对热导元件分别接在电桥电路的两个臂上，一只放置在与被测气体相通的气室中，叫作测量元件（R_1）；另一只放置在充满地面标准大气的密闭气室中，叫作补偿元件（R_2）。工作时，当测量元件与补偿元件输入同样的电流后，产生的热量相同，但由于散热介质不同，检测气样室中通入甲烷气体时，由于甲烷的热导率比空气大，R_1 上传导出的热量大，故 R_1 与 R_2 上出现温度差，使两元件存在一定温差。两元件产生一个与温差相适应的热态电阻差，差异的大小与两电阻各自与气体进行热交换最终平衡后的温度有关，破坏电桥平衡，电桥输出一个与被测气体浓度变化成比例关系的电信号。电信号输出大小与电阻阻值变化有关，而阻值的变化与气体热导率有关，气体热导率又与气体含量有关。因此，根据电桥输出信号大小，通过标定即可获得甲烷气体浓度数值，实现对气体浓度的检测。

由于纯被测气体或高浓度的被测气体的热导率与空气的热导率相差较大，所以测量高浓度时精度高。但是如果被测气体浓度较低，其热导率与空气的热导率相近，则输出信号较弱，其灵敏度和分辨率很小。因此，这类传感器不适用于低浓度瓦斯环境下。

热导式瓦斯检测仪器具有测量范围宽、功耗小的优点，也不存在载体催化元件受高浓度瓦斯冲击产生激活及中毒的问题，使用寿命长。但其也存在一些问题，使用中应予以注意：①选择性差。由检测原理知，多元混合气体的热导率是各种气体成分热导率之和。如果 λ_a 值是不稳定值，或混合气体中存在 CO_2 和水蒸气，将严重干扰瓦斯浓度测定值。②环境温度变化的影响。环境温度会影响仪器的零点稳定性和灵敏度，一方面气体热导率随温度增加而增加；另一方面气室壁温度也影响热电阻丝的变化。为保证测量精度，必须保持气室温度恒定。③流速变化的影响。气室内的热交换取决于热导、热对流和热辐射，当热电阻丝温度不高时，主要与前两项有关，对流影响随气室尺寸增加而增加。实际使用中要注意流速变化对测值的影响。

目前，热导型仪表型号繁多，有我国生产的高浓度甲烷检定器和与煤矿安全生产监测系统相配接的高浓度甲烷传感器等。例如 KG9001B 型智能高低浓度瓦斯传感器中的高浓度传感元件就采用了热导原理。

三、载体热催化原理气体检测

近年来，热催化原理的检测仪器得到了广泛应用，且占据了瓦斯检测仪表领域的首位。

1. 热催化元件

1）纯铂丝热催化元件

纯铂丝热催化元件的结构如图 2－31 所示。元件仅有一个纯铂丝螺旋圈，结构简单、制造容易。它的最大优点是抗中毒能力强，如在含 0.0001% 的 H_2S 与 1% 的 CH_4 的气体中可持续工作 4 h 或每次工作 30 s、断续工作 400 次元件输出活性不下降。在含有较多 H_2S 等的气体中可使用纯铂丝作为传感元件。但是，铂丝的工作温度一般为 900～1000 ℃，工作时铂丝升华比较严重，线径缩小，容易造成仪器零点严重漂移，连续工作寿命缩短。波兰和法国一直以铂丝热催化元件为主，实际使用中采取向元件间断供电的工作方式延长铂丝元件寿命，实现长期连续监测。

2）载体热催化元件

载体热催化元件是目前使用最广泛的一种催化元件，目前国内外生产使用的低浓度甲烷传感器几乎都是采用载体热催化元件。

如图 2－32 所示，载体热催化元件由铂丝线圈、载体和催化剂组成。

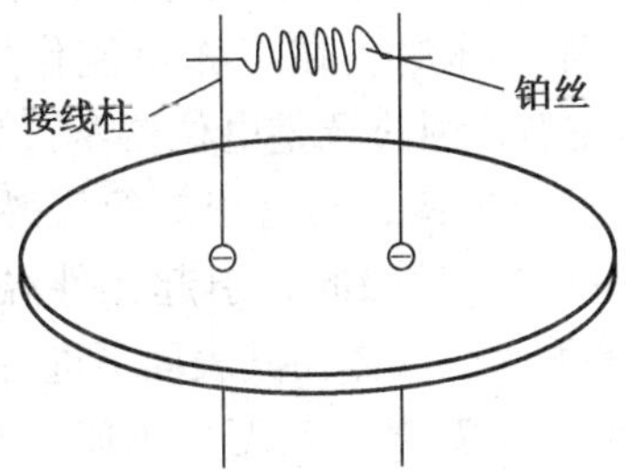

图 2－31 纯铂丝热催化元件结构

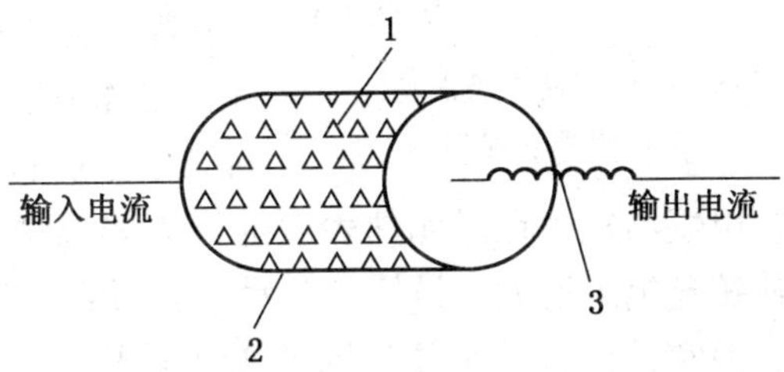

1—载体；2—催化剂；3—铂丝线圈

图 2－32 载体热催化元件结构

铂丝线圈的作用一方面是对载体和催化剂进行加热，使甲烷等可燃气体接触元件后达到一定的氧化状态；另一方面是把甲烷等可燃气体在催化剂作用下燃烧生成的热量检测出来。

载体一般是三氧化二铝（Al_2O_3），其作用是提供较大的反应接触面积、固定铂丝的几何形状、附载催化剂、传导热量给铂丝。

催化剂的作用是使氧化反应速度加快，甲烷在空气中进行无焰燃烧的温度约为 650 ℃，在催化剂（铂、钯）的作用下，燃烧温度可以降低到 300～400 ℃。催化剂对元件的灵敏度、稳定性、功耗和寿命等都有决定性影响。常用的催化剂有钯（Pd）、铂（Pt）、钍（Th）等。元件配方及工艺较复杂，各厂家均不相同。

涂有催化剂的元件颜色一般呈黑色，俗称黑元件，即检测元件。用来对环境（风速、温度、湿度、电流和电压等）变化影响进行补偿的元件，未涂催化剂呈白色，俗称白元件，即补偿元件。二者的大小、材料、几何形状等都相同。甲烷检测传感器中载体热催化元件（黑元件）和白元件都是配对使用的。

2. 热催化原理

热催化原理又称催化燃烧原理。甲烷等可燃性气体在一定温度条件下，在催化剂（铂、钍、钯）的催化作用下进行无焰燃烧，在一定的浓度范围内，定量的甲烷燃烧放出定量的热，生成二氧化碳和水。甲烷在空气中燃烧的反应式如下：

$$CH_4 + 2O_2 \longrightarrow CO_2\uparrow + 2H_2O + 882.6\ \text{kJ/mol} \tag{2-52}$$

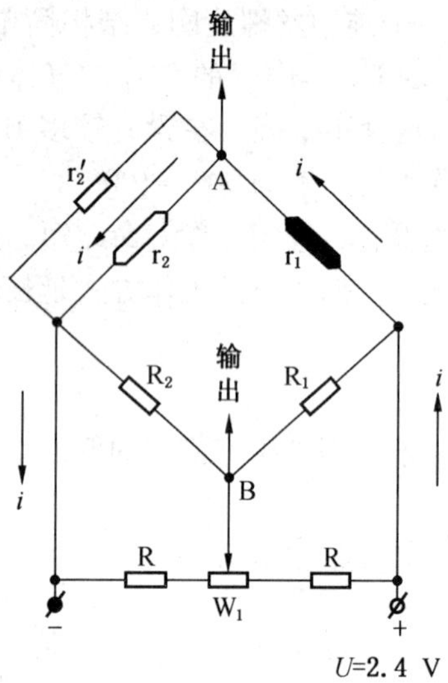

图 2 – 33　载体热催化元件测量原理图

释放出的热量使元件温度上升，造成铂丝的阻值变化。铂丝的电阻在 0 ~ 630.74 ℃范围内与甲烷的浓度成正比。利用热催化元件制成的传感器如图 2 – 33 所示。一个简单电桥电路主要有黑（热催化元件 r_1）和白（补偿元件 r_2）两种元件，两个元件放在同一个待测气样将通过的气室内。由固定电阻 R_1 和 R_2 组成电桥另外两个桥臂，用电阻温度系数小的电阻以提高电桥在高温时的稳定性。为使电桥在无甲烷等可燃性气体状态下处于平衡状态，桥路内装有调零电位器 W_1。电阻 r'_2 并联在白元件 r_2 上，补偿黑、白元件热学性质的差异，以改善电桥的零点漂移。

传感器工作时，在恒流源作用下，有电流流过电桥 4 个臂。无甲烷等可燃性气体时，在工作电流作用下，元件工作温度达 500 ℃左右，通过调整电位器 W_1，使电桥处于平衡状态，电桥输出平衡；当有甲烷等可燃性气体时，甲烷与氧气在黑元件表面进行无焰燃烧，放出热量被元件吸收，引起元件温度升高，使铂丝电阻增大。另外，白元件上无催化剂，甲烷等可燃性气体在其表面不进行氧化燃烧，但它处在与黑元件相同的工作环境中，起到对环境（温度、湿度、风速、电流、电压）变化而引起的催化元件阻值变化的补偿作用。这样就破坏了电桥原来的平衡，输出一个与甲烷浓度成正比的电信号。然后将此信号送入放大电路放大，再送至显示、报警或其他单元，实现对甲烷气体浓度的检测和报警。

目前，国内外利用载体热催化元件生产可燃性气体检测报警便携仪的厂家及型号较多，但它们的检测原理和结构基本一样，均采用载体热催化元件作为检测元件，通过电桥电路输出电信号，经放大后分别送至报警电路和 A/D 转换电路。A/D 转换电路将模拟信号转换为数字信号，由液晶屏显示出可燃性气体浓度大小。当甲烷等可燃性气体浓度达到报警设定值时，通过比较器输出一个高电平，驱动报警电路实现声光报警。为了保证仪器使用的可靠性，多数仪器均设有欠压报警（或指示）及传感器故障等自检电路，如图2 – 34 所示。

这类仪器的特点是体积小、结构简单、功耗低、性能较稳定及使用寿命长。测定低浓度可燃性气体时，输出信号较大（1% 的 CH_4，输出电压可达 150 mV 以上），信号处理和显示较简便、直观，易于实现超限报警、遥测。其缺点是催化剂与硫、铅、磷、氯等的化合物接触时，催化性能逐渐降低，使仪器的灵敏度降低。

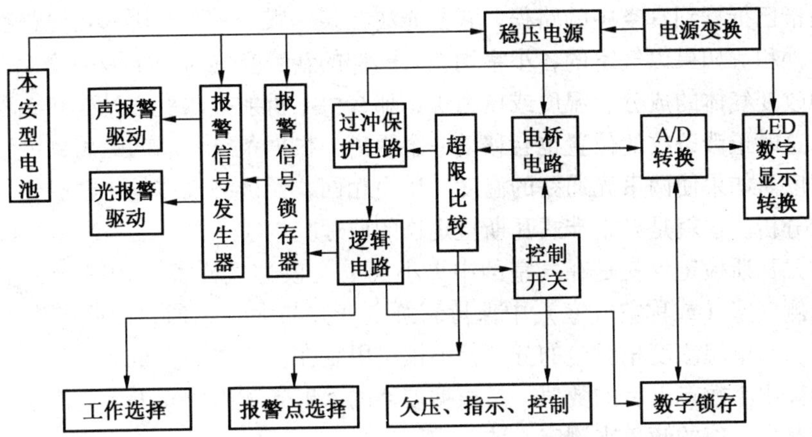

图2-34 某甲烷气体检测报警便携仪原理图

四、光干涉式瓦斯检定仪

1. 光干涉式瓦斯检定仪原理与结构

光干涉式瓦斯检定仪是利用光干涉原理测定甲烷和二氧化碳等多种气体的一种便携式检测仪器。光干涉式瓦斯检定仪光学系统如图2-35所示。由光源发出的光经过凸镜后到达平面镜，在O点分为两束光，一束光被表面反射，另一束光折射入平面镜后又被全镀银的后表面反射。第Ⅰ束光穿过气室的侧室，折光棱镜将其折回穿过另一侧室后回到平面镜，折射入平面镜后在其表面反射于O'点穿出平面镜。第Ⅱ束光被平面镜后表面反射后穿过气室的中央小气室后，折光棱镜将其折回，仍然通过中央小气室回到平面镜的O'点。在O'点两束光会合，一同射入反射镜被全反射入由零件8~12组成的望远镜系统。由于平面镜的反射面与折光棱镜的反射面不是平行的，而是呈一个微小的交角ε（例如$\varepsilon = 1°$），因此，两束光在O点处并不重合，但相距甚微，且仍然保持平行，这样两束光满足振动方向相同、频率相同和相位差一定3个条件而产生光干涉。观测者在望远镜的目镜中便可观测到干涉条纹。干涉条纹的宽度决定于交角ε，交角ε值越小，干涉条纹宽度越宽。当平面镜与折光棱镜的反射面平行时，即$\varepsilon = 0$，干涉条纹无限宽，这时在仪器中看不到干涉条纹。ε值变大，条纹宽度变窄。仪器正是利用这种关系来改变条纹的宽度来达到校正条纹宽度的目的。

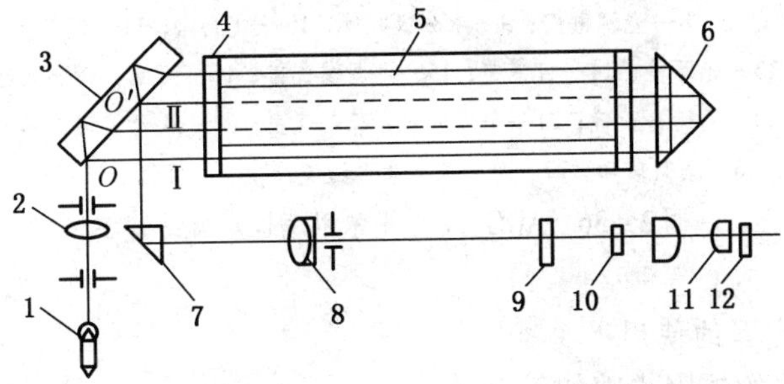

1—光源；2—凸镜；3—平面镜；4—气室密闭玻璃窗；5—含有瓦斯气体的气室；6—折光棱镜；7—反射镜；8—物镜；9—测微玻璃；10—分划板；11—场镜；12—目镜

图2-35 光干涉式瓦斯检定仪光学系统

光程是指已折算到真空中的路程，它是光波在某一媒介中所经历的几何路程与该媒介的折射率的乘积。如果以气室的各小室均充入同样的新鲜空气时的干涉条纹为基准，若在一支气路中改变气体的成分、温度或压力等，那么由于折射率改变，光程和光程差也就会随着改变，这时干涉条纹的位置也会移动一个距离。根据条纹移动的距离，可测算出折射率变化的程度。如果使两束光通路的温度、压力相同，而被测气体的化学成分为已知，则可作为定量分析。这就是光干涉式瓦斯检定仪的原理。

光干涉式瓦斯检定仪就是在气室的中央小气室（或称气样室）内吸入一定浓度的甲烷，而在两侧气室（或称空气室）中保持新鲜空气并与大气相通，由此产生干涉条纹的位移，可以从与甲烷浓度相对应的分划板上读出甲烷在空气中的含量。

仪器能读出小数点以后的数值，是根据玻璃的入射光和出射光平行地错动一定距离的原理，改变测微玻璃的倾角来测定小数。

图 2－36 所示是抚顺煤矿安全仪器厂生产的 AQG－1 型光学甲烷检定器的外部和内部结构。

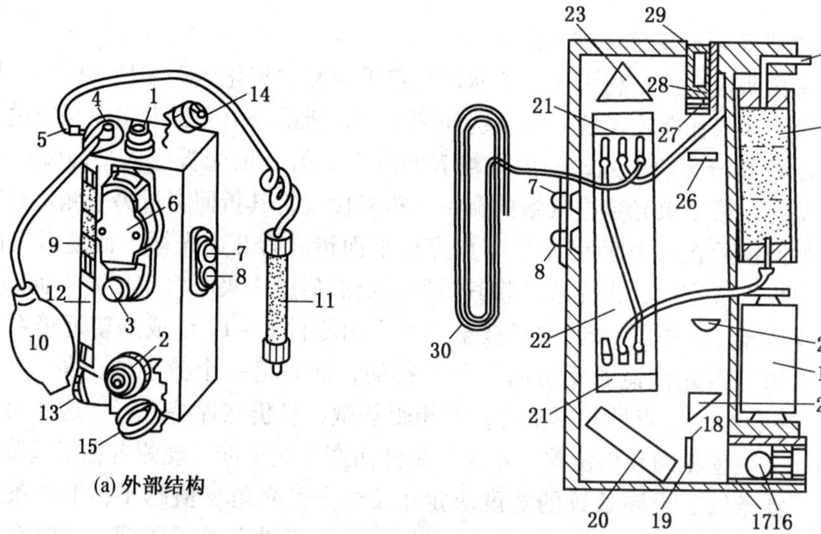

(a) 外部结构

(b) 内部结构

1—目镜；2—主调螺旋；3—微调螺旋；4—吸气孔；5—进气孔；6—微读数观察孔；7—微读数电门；8—光源电门；9—水分吸收管；10—吸气球；11—二氧化碳吸收管；12—干电池；13—光源盖；14—目镜盖；15—主调螺旋盖；16—灯泡；17—光栅；18—凸镜；19—光屏；20—平行平面镜；21—平面玻璃；22—气室；23—反光棱镜；24—折射棱镜；25—物镜；26—测微玻璃；27—分划板；28—场镜；29—目镜保护玻璃；30—毛细管

图 2－36　AQG－1 型光学甲烷检定器结构图

2. 光学甲烷检定器的使用

光学甲烷检定器的使用步骤如下：

（1）对吸收管内的干燥剂等药品进行检查。水分吸收管内的干燥剂可以用变色硅胶或氯化钙。变色硅胶为蓝色颗粒状，吸湿后变为粉红色。吸湿变色后的硅胶经过干燥处理后可以复用；氯化钙是极强的干燥剂。二氧化碳吸收管内装钠石灰（又名碱石灰），即氢氧化钙与氢氧化钠（或钾）的混合物，吸收二氧化碳后由粉红色颗粒变为淡黄色。

（2）对仪器进行气密性检查。先检查吸气球是否漏气。检查的方法是一只手捏扁吸气球压出球内气体，另一只手压住球上的橡皮管，如球不膨胀还原，就证明不漏气，否则可以从气球是否损坏、活塞芯子是否清洁等方面来找原因。对仪器气样通道进行检查的方法与检查吸气球一样，只是把压住吸气球上的橡皮管改为堵住仪器的进气孔。有条件的可在气样入口与出口处加上约6864 Pa 的压差，若在1 min 内压力不下降，说明不漏气。否则应对各连接部分分别检查，找出原因进行检修。

（3）检查干涉条纹是否清晰。把电池装入仪器，按下光源电门，由目镜观察，旋转保护玻璃调整视度直到数字最清晰，再看干涉条纹是否清晰。如不清晰，可将光源灯泡盖打开，调整其位置来改善条纹清晰度。

（4）调零。测定前，首先在与待测定地点温度相近的地点捏吸气球数次进行“换气”，以免因温差过大而出现零点漂移。其次微数对零。按下微读数电门，反时针转动微读数盘，使其零位对准指示线。再次基线对零。按光源电门，观看目镜，转动主调螺旋，使干涉条纹中最明显的一条黑线（常称黑基线）对准零位，最后盖好主调螺旋盖。

（5）测定。将进气胶管伸入测点，捏吸气球5～6次，吸入待测气体。按下光源电门，由目镜读出黑基线在刻度板上所处的位置。如黑基线处于刻度板两个整数之间，如1%～2%，则顺时针方向转动微调螺旋，同时观看黑基线退到较低的数值1%上，然后按下微读数电门，读出微读数盘上的读数为0.5。测定的甲烷浓度为1%+0.5%=1.5%，最后将微读数盘退回零位。

测定二氧化碳时，先用上述方法测定甲烷浓度，再取下二氧化碳吸收管，然后在同一测点再测定甲烷与二氧化碳的混合气体浓度。从混合气体浓度中减去甲烷浓度，再乘以系数0.955，即为测点的实际二氧化碳浓度。

光学甲烷检定器是根据甲烷折射率，在温度为20 ℃和标准大气压下标定刻度值的，用它测定其他气体时，都要做相应的校正。其校正系数为

$$K=\frac{n_m-n_a}{n-n_a} \qquad (2-53)$$

式中 n_m、n_a、n——甲烷、空气和待测气体的折射率。

煤矿内常见气体在20 ℃和标准大气压下的折射率见表2-8，几种常见气体校正系数见表2-9。

表2-8 某些气体的折射率

气体名称	空气	二氧化碳	甲烷	氢气	硫化氢	二氧化硫	一氧化碳	氧气
折射率	1.00272	1.000418	1.000411	1.000129	1.000576	1.000671	1.000311	1.000253

表2-9 几种常见气体校正系数

气体名称	氢气	二氧化碳	甲烷	乙炔	水
K	-0.986	0.955	1	0.349	-4.088

对于温度和大气压的校正，可用下式计算校正系数：

$$K' = \frac{1033}{293} \times \frac{T}{P} = 3.526\ \frac{T}{P} \tag{2-54}$$

式中 T——测点的绝对温度，K；

P——测点的大气压力，hPa。

复习思考题

1. 什么是矿井瓦斯涌出？
2. 矿井瓦斯涌出的主要影响因素有哪些？
3. 矿井瓦斯等级划分标准是什么？在鉴定矿井瓦斯等级时，需遵循什么原则？
4. 矿井瓦斯预测有哪些方法？
5. 矿井瓦斯防治的原则有哪些？
6. 矿井气体检测仪器，按其检测原理不同有哪些种类？

教学活动

根据本章内容的学习，大家分组探讨研究瓦斯涌出及其防治的现实意义是什么？通过资料的查找和阅读，了解矿井瓦斯涌出研究有哪些新成果？了解适合于我国的瓦斯涌出预测方法有哪些？

第三章　矿井瓦斯爆炸及其预防措施

第一节　矿井瓦斯爆炸及其机理

爆炸是气体快速扩展的结果。物理变化和化学变化都可以造成爆炸，而矿井瓦斯爆炸是以甲烷为主的可燃性气体和空气组成的爆炸性混合气体在火源引发下发生的一种迅猛的氧化反应的结果。其总反应方程式为

$$CH_4 + 2O_2 = CO_2 + 2H_2O + 882.6\ \text{kJ/mol} \tag{3-1}$$

$$CH_4 + 2\left(O_2 + \frac{79}{21}N_2\right) = CO_2 + 2H_2O + 7.52N_2 + 882.6\ \text{kJ/mol} \tag{3-2}$$

从上式可知，混合气体中的氧和甲烷全部燃尽时，1 体积的甲烷要同 2 体积的氧气化合，即要同 9.52 体积的空气中的氧气化合，这时甲烷在混合气体中的浓度为 9.5%，这个浓度是理论上爆炸最猛烈的甲烷浓度。

一、链式反应与链载体

链式反应也称链反应或连锁反应，在链式反应体系中均存在被称为链载体的活性中间物质（例如自由基等），它们的化学活性很大，能与体系内稳定分子进行反应成为反应中心，一方面使稳定分子的化学形态转化为产物，另一方面旧链载体消亡而生成新的链载体，新的链载体又迅速参与反应，如此延续下去而形成一系列的连锁反应，只要链载体不消失，反应就一直进行下去。这样链载体的存在及其作用成为链式反应区别于其他类型反应的最显著特征。

链式反应可以分为直链反应与支链反应两大类。前者每个链载体所参加的基元化学反应过程至多产生一个新的链载体，而后者则不止一个，如图 3－1a 和图 3－1b 所示。图 3－1c总结出了非链反应、直链反应和支链反应的反应速率随反应时间的变化关系，从中可以看到曲线 d 有显著特点，就是支链反应初期有一个感应期τ_i，其反应速率 W［单位体积中每单位时间（无限小）内进行基元反应的杜丁（分子、原子、自由基、离子）数量］很小，而后迅猛加速，以至出现爆炸观象。

链式反应除具有上述特点外，还存在以下特点：①链式反应产生链载体困难，故反应开始时进行迟缓，常存在诱导期（也称感应期）；②链载体活泼，若加入添加物使之产生或消灭链载体（即加入引发剂或阻化剂）会严重影响链式反应的速率，也就是说链式反应对添加物是敏感的；③链载体的产生与消亡对器壁的材质、尺寸和形状等也很敏感；④惰性添加物也对链载体的产生与消亡起促进或延缓作用。

二、链式反应过程的构成

任何链式反应都由 3 个阶段构成，即链的引发、链的传递（包括支化）和链的终止，链式反应的基元反应通式可写为

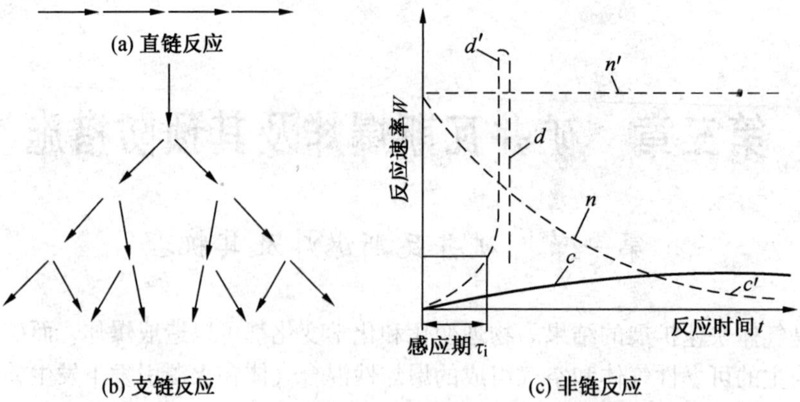

n'、c'、d'—反应物浓度恒定时非链反应、直链反应与支链反应的反应速率曲线；
n、c、d—反应物浓度随着反应消耗而无补充时非链反应、直链反应与支链反应的反应速率曲线

图3-1　非链反应、直链反应与支链反应的反应速率和反应时间的关系曲线

$$\mathrm{M} \xrightarrow{K_1} \mathrm{R} \qquad \text{链引发}$$

$$\mathrm{R} + \mathrm{M} \xrightarrow{K_2} \alpha\mathrm{R} + \mathrm{M} \qquad \text{链传递 } \alpha = 1\text{，链分支 } \alpha > 1$$

$$\mathrm{R} + \mathrm{M} \xrightarrow{K_3} \mathrm{P} \qquad \text{产物生成基转移}$$

$$\left.\begin{array}{l}\mathrm{R} \xrightarrow[\text{器壁}]{K_4} \text{破坏} \\ \mathrm{R} \xrightarrow[\text{气体}]{K_5} \text{破坏}\end{array}\right\rangle \text{链引发}$$

式中 M 是分子，R 是自由基（被动体），P 是产物，α 是增倍因子（即自由基在反应中的增长倍数），K_f（f=1，2，…，5）是基元反应式 i 的反应速率常数。

1. 链引发

链引发也称链起始，是链式反应中产生链载体的过程。最常见的引发过程是稳定分子分解产生自由基（或自由原子）的过程，这是一个简单而实际不易进行的过程，因为要使一化学键断裂，需要相当大的能量，此能量称为活化能（通常等于反应热即键的断裂能），一般为 800～1600 kJ/mol。对此，须通过一定方式使稳定分子获得足够能量而分解。由能量获得方式不同可以分为热引发、高能（光照射、光电、超声、激光、α 射线、β 射线、γ 射线和 X 射线等）引发、化学（引发剂）引发和复相（例如固体表面由于有结构缺陷或表面自由基的存在引起稳定分子产生自由基）引发等。

2. 链传递

链式反应中最活跃的过程是链传递过程，在此基元反应过程中旧的链载体消亡而新的链载体生成。例如，在甲烷氧化反应中以双分子取代反应最为常见。这时，一自由原子或自由基作为链载体攻击一反应物分子，使反应物分子破裂的一部分与进攻的链载体结合形成新的稳定分子。而另一部分碎片形成新的链载体，这类反应可以表达为

$$\mathrm{A}\cdot + \mathrm{BC} \longrightarrow \mathrm{AB} + \cdot\mathrm{C}$$

3. 链分支

上述链传递过程是自由基保持守恒，而链分支过程则是自由基增加过程，即链载体数目增加，反应速率相应加快，如此循环下去，形成爆炸。

4. 链终止

链式反应中链载体的消失过程称为链终止。常见的链终止反应有两类：一是重结合反应，二是歧化反应。例如乙基的重结合与歧化反应分别为

$$2C_2H_5\cdot \longrightarrow C_4H_{10}$$

$$2C_2H_5\cdot \longrightarrow C_2H_4 + C_2H_6$$

链终止过程亦可借助阻化剂（T）实现。阻化剂可以是易于和链载体反应生成较稳定自由基的分子（例如碘分子）等。阻化剂终止过程可以表示为：$X\cdot + T \longrightarrow XT$。例如以碘分子进行终止，则有 $X\cdot + I_2 \longrightarrow XI + I\cdot$，生成的碘原子比较稳定，低温下可进一步与其他载体或其他自由基反应而失去其自由价。

复相链终止过程也很常见，尤其在低压情况下有时还是主要的链终止方式。

三、低温下甲烷链式反应

式（3－1）无法表明甲烷氧化的实际过程和机理，因为链式反应理论认为，分子之间是不能直接作用得出产物的。反应机理是指一总包反应所包含各个基元反应的集合。较低温度下（<900 K）甲烷氧化机理如下：

$$CH_4 + O_2 \xrightarrow{1} \dot{C}H_3 + H\dot{O}_2 \qquad \text{链引发}$$

$$\left.\begin{aligned}&\dot{C}H_3 + O_2 \xrightarrow{2} CH_2O + \dot{O}H\\&\dot{O}H + CH_4 \xrightarrow{3} H_2O + \dot{C}H_3\end{aligned}\right]\text{链传递}$$

$$\left.\begin{aligned}&\dot{O}H + CH_2O \xrightarrow{4} H_2O + H\dot{C}O\\&O_2 + CH_2O \xrightarrow{5} H\dot{O}_2 + H\dot{C}O\end{aligned}\right]\text{链分支}$$

$$\left.\begin{aligned}&H\dot{C}O + O_2 \xrightarrow{6} CO + H\dot{O}_2\\&H\dot{O}_2 + CH_4 \xrightarrow{7} H_2O_2 + \dot{C}H_3\\&H\dot{O}_2 + CH_2O \xrightarrow{8} H_2O_2 + H\dot{C}O\end{aligned}\right]\text{链传递}$$

$$\left.\begin{aligned}&OH \xrightarrow{9} \text{器壁}\\&CH_2O \xrightarrow{10} \text{器壁}\end{aligned}\right]\text{链终止}$$

这组反应机理的特点是生成中间产物甲醛（反应2），它又生成新的链载体（反应5），如前所述，反应1进行缓慢；反应2和3以及反应6和7进行快速，因为它们的左端都有一链载体和一初始反应物。反应5是链分支，使甲烷氧化加速，对达到爆炸有决定性意义。反应4和8产生低温燃烧过程出现甲酰苯（HCO）。

在烃类反应系统中，可以通过观测CO的结果来判断是否属于低温氧化问题，即没有CO转化为CO_2就属于低温反应；有CO转化成CO_2表明温度较高，这时与反应3同时进

行的为 $OH + CO \longrightarrow H + CO_2$。

四、高温下甲烷链式反应

西瑞（Seery D.）和鲍曼（Bowman C. T.）（1970）给出了一套完整的基元反应方程式和近似反应速率常数，见表 3－1。西瑞和鲍曼测定结果为：当温度约 2000 K 时，反应 1 是唯一的第一个链引发反应。反应 4～6 表示 CH_4 受到该反应系统后面生成的各个链载体的化学作用。反应 7 和 8 中甲基与氧原子或氧分子化合生成甲醛，它按反应 9 和 10 继续进行下去。反应 11 是高温反应且生成氢基，反应 12 是链分支反应，它又引起一个更细的链分支反应 13，后两个反应都是吸热反应（前者吸热 16 kcal/mol，后者吸热 2 kcal/mol），需要大量活化能，但是反应 11 与 16 放出的大量热量为反应 12 与 13 的进行创造了条件。这就导致了链载体的倍增，反应加速，所以在较高温度下，当反应 12 与 13 进行得更快时，便会发生爆炸。当 $K_9/K_{10}>100$ 时，可把反应 8 和 9 合并：$CH_3 + O_2 \longrightarrow HCO + H_2O$ 以得出反应 17。高温反应体系中的 CO 基本上都是由甲醛生成甲酰基再经分解（反应 18）或反应 10 生成的，较低温度甲烷氧化反应中的基元反应 6 也是如此，这些生热反应都能使甲烷氧化的感应期缩短，而且高温比低温缩短得更多。试验证明，在高温和低温下加入甲醛能使甲烷氧化的感应期缩短，并通过产生链分支步骤影响爆炸条件，因此甲醛及其浓度在甲烷爆炸中起着重要作用。甲烷反应速度和氧、甲烷的浓度有关，并和温度、压力有关。据试验研究，甲烷氧化的最大反应速度为

$$w = \alpha\ [CH_4]^m \cdot [O_2]^n P^t \qquad (3-3)$$

式中　α——增倍因子；

P——系统的总压力；

m、n、t——试验常数，其值与温度有关，较低温度下 $m = 1.6 \sim 2.4$、$n = 1.0 \sim 1.6$、$t = 0.5 \sim 0.9$，较高温度下 $m = -1.0 \sim 1.0$、$n = 2.0 \sim 3.0$、$t = 0.3 \sim 0.6$。

表 3－1　甲烷氧化链式反应的基元反应方程式及其反应速率常数

编　号	基元反应方程式	反应速率常数 K_f
1	$CH_4 + M \longrightarrow CH_3 + H + M$	$1.5\times10^{19}\exp(-100600/RT)$
2	$CH_4 + O_2 \longrightarrow CH_3 + HO_2$	$1.0\times10^{14}\exp(-45400/RT)$
3	$O_2 + M \longrightarrow 2O + M$	$3.6\times10^{18}T^{-1}\exp(-118800/RT)$
4	$CH_4 + O \longrightarrow CH_3 + OH$	$1.7\times10^{13}\exp(-8760/RT)$
5	$CH_4 + H \longrightarrow CH_3 + H_2$	$6.3\times10^{13}\exp(-12700/RT)$
6	$CH_4 + OH \longrightarrow CH_3 + H_2O$	$2.8\times10^{13}\exp(-5000/RT)$
7	$CH_3 + O \longrightarrow H_2CO + H$	$10^{13}\sim10^{15}$
8	$CH_3 + O_2 \longrightarrow H_2CO + OH$	$10^{11}\sim10^{14}$
9	$H_2CO + OH \longrightarrow HCO + H_2O$	$10^{13}\sim10^{15}$
10	$HCO + OH \longrightarrow CO + H_2O$	$10^{12}\sim10^{13}$
11	$CO + OH \longrightarrow CO_2 + H$	$3.1\times10^{11}\exp(-600/RT)$

表3-1（续）

编　号	基元反应方程式	反应速率常数K_f
12	$H+O_2 \longrightarrow OH+O$	$2.2\times10^{14}\exp(-16600/RT)$
13	$H_2+O \longrightarrow OH+H$	$4.0\times10^{14}\exp(-9460/RT)$
14	$H_2O+O \longrightarrow 2OH$	$8.4\times10^{14}\exp(-18240/RT)$
15	$H_2O+H \longrightarrow H_2+OH$	$1.0\times10^{14}\exp(-20400/RT)$
16	$H+OH+M \longrightarrow H_2O+M$	$2.0\times10T^{-1}$
17	$CH_3+O_2 \longrightarrow HCO+H_2O$	$10^{11}\sim10^{12}$
18	$HCO+M \longrightarrow H+CO+M$	$2.0\times10^{13}T^{0.5}\exp(-28800/RT)$

五、反应速率常数 K_f 与反应速率 W

表3-1中的反应速率常数可用Arrhenivs定理表达：

$$K_f = A\exp\left(-\frac{E}{RT}\right) \tag{3-4}$$

式中　K_f——反应温度为T时的反应速率常数；

A——指数前因子，是与温度、浓度无关的常数；

E——活化能，kJ/mol；

T——反应温度，K；

R——理想气体通用常数。

化学反应速率W与浓度、温度和压力有关，与浓度的关系按质量作用定律可写为

$$W = K_f \cdot W(C) \tag{3-5}$$

式中　K_f——反应速率常数；

$W(C)$——表示与浓度的关系，它取决于反应类别。

例如，对于简单反应，可写为

$$W(C) = K_f \cdot C^n \tag{3-6}$$

式中　n——反应级数；

C——浓度。

第二节　矿井瓦斯爆炸传播及其破坏

一、瓦斯爆炸过程

甲烷和氧气组成的爆炸性混合气体与高温火源同时存在时，就会发生瓦斯的初燃（初爆），初燃产生以一定速度移动的焰面，焰面后的爆炸产物具有很高的温度，由于热量集中，使爆源气体产生高温和高压并急剧膨胀而形成冲击波。如果巷道顶板附近或垮落孔洞内积存有瓦斯，或者巷道中有沉落的煤尘，在冲击波的作用下它们就能均匀分布，形成新的爆炸混合物，使爆炸过程得以继续进行下去。

甲烷和空气混合物被火源点燃后，由于热传导作用，使前焰沿其法线方向在新鲜混合

物中移动，即以点火源为中心，呈同心球面向外扩展。根据瓦斯和氧气混合气体燃烧或爆炸时的火焰传播速度及冲击波压力的大小，可把瓦斯的燃烧爆炸分为以下 3 种类型：

（1）速燃。火焰传播速度在 10 m/s 以内，冲击波压力在 15 kPa 以内。它可以使人烧伤，引起火灾。

（2）爆燃。火焰的传播速度在音速以内，冲击波的压力高于 15 kPa。它对人和设施具有较强的杀伤能力和摧毁作用。

（3）爆炸（也叫爆轰）。火焰的传播速度超过声速，达到每秒数千米，冲击波的压力可达数兆帕。它对人和设施具有强烈的杀伤力和摧毁作用。爆炸波具有直线传播的性质，巷道拐弯、正面阻挡物等都可减弱其冲击力，所以被正面阻挡物挡住的物体可在一定程度上免遭破坏。这对防爆建筑物（如井下爆炸材料库）的设计和灾变时期人员避难是有意义的。

二、瓦斯爆炸传播

1. 爆燃和爆炸的传播过程

甲烷与空气的混合物可简称为烷空气体。假如在可爆炸甲烷浓度的烷空气体中出现了火源点，则此气体就会在火源点被点燃形成最初火焰（人们称这一点为爆源），在大气压条件下，该火焰厚度非常薄，仅 0.01 ~ 0.10 mm，它是一个燃烧带并在烷空气体中传播。火焰面相对于未燃烷空气体的传播速度叫作燃烧速度。图 3－2 是在烷空气体中传播的一维燃烧波的传播和构造。预热带和反应带组成燃烧带，传入未燃的烷空气体处的初始温度为 T_0，首先在预热带内将未燃烷空气体预热到温度 T_i（T_i 是温度变化曲线的拐点，接近着火温度），此时开始进行放热的化学反应，形成反应带，反应带结束处达到的温度为 T_b；在甲烷浓度变化曲线的预热带内，由于气体向反应带扩散，其浓度缓慢下降，当进入反应带，因为燃烧反应的进行，甲烷被燃掉，所以其浓度急剧减少；中间产物浓度曲线在反应带中央为最高，它的两侧大致呈正态分布。

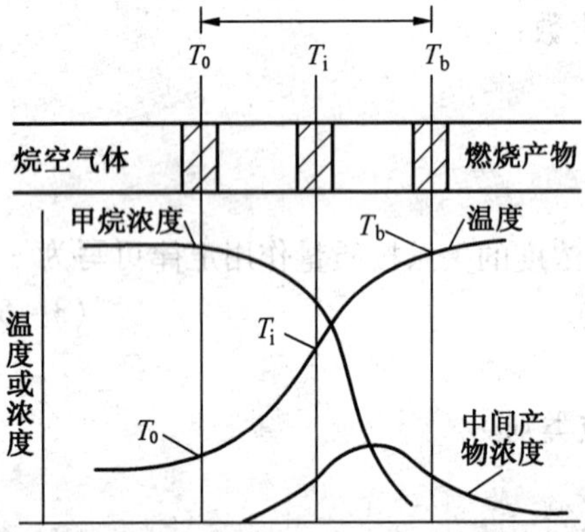

图 3－2　一维燃烧波的传播和构造示意图

上述燃烧带在传播过程中，燃烧带未燃的烷空气体和燃烧产物之间进行着热量交换和质量交换。试验表明，当燃烧波移动 5 ~ 10 倍巷道宽度距离后，便开始明显加速，爆燃开始所产生的已燃气体产物的比体积为未燃烷空气体的 5 ~ 15 倍，这些已燃气体相当于一个燃气活塞，通过已燃气体产物所产生的膨胀形成的压缩波，给予火焰前面未燃烷空气体一个沿巷道向下游的速度。由于每个处在前面的压缩波必然能稍微加热未燃烷空气体，因此速度增加，这样随后的这些波就追上最初的波，形成更大的压缩波。这种预热又必然使火焰速度进一步增大，于是也就加速了未燃烷空气体更进一步提高在未燃气体中产生湍流的程度，这样就得到了一个更大的火焰速度、更大的压缩波和更大的未燃气体加速度。因此就可以形成激波，该波足够强以致依靠本身的压缩温度就能点燃烷空气体形成爆轰。爆燃与爆轰的定性判别见表3-2。

表3-2 气体中爆轰与爆燃间定性判别表

比值	常见的比值		注解
	爆轰	爆燃	
U_b/C_0	5~10	0.0001~0.03	C_0 是未燃气体速度；U_b/C_0 表示波的马赫数，下标 b 表示燃烧状态末，0 表示初始状态；U 是燃烧速度；P 是压力；T 是绝对温度；ρ 是密度
U_b/U_0	0.4~0.7	4~6	
P_b/P_0	13~55	0.98~0.976	
T_b/T_0	8~21	4~16	
ρ_b/ρ_0	1.4~2.6	0.06~0.25	

2. 爆轰的传播过程

爆轰波的理论指出：爆轰波由一个以爆轰波速度运动着的激波（冲击波）和激波后被加热、被压缩的气体组成。激波经过后就能发生化学反应，随着反应的进行温度升高、密度和压力降低。如图3-3所示，P、T 与 ρ 分别表示无因次压力 P/P_0、温度 T/T_0 及密度 ρ_b/ρ_0 的变化。从图3-3与表3-2可知，爆轰比爆燃要猛烈得多，特别是高压与冲击波会导致严重后果。从图3-3还可以发现，激波为烷空气体的化学反应创造了条件，而烷空气体进行化学反应释放的能量连续向前传递一压缩波并支持着激波，保持激波稳定不衰，使爆轰传播到可爆烷空气体占据的全部空间。爆轰波中的火焰状态与爆燃和爆炸的火焰状态没有什么不同，主要差别是爆轰波峰通过压缩引起化学反应，而爆燃和爆炸则是通过热和质的传送引起化学反应。

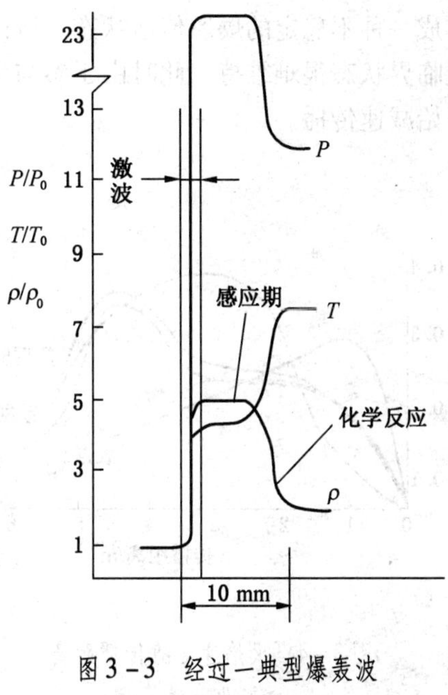

图3-3 经过一典型爆轰波时相关参数变化权限

3. 反向冲击

爆炸发生时，爆源附近的气体向外冲出，加之反应产物生成的水蒸气凝成液态使体积缩小，在爆源附近形成负压区，因此爆炸又从外围反向冲回爆源，这种现象称为反向冲击。虽然这种冲击比正向冲击力小，但由于它是在已被破坏巷道的基础上进行的，所以破坏的后果更严重。反向冲击时，如果气体中含有可爆的烷空气体，则可能造成二次爆炸，后果就更加严重。

4. 火焰传播规律分析

对煤矿瓦斯爆燃火焰传播规律的研究是认识煤矿瓦斯爆炸的关键。火焰传播规律直接影响着前驱冲击波的强度和传播规律，决定着瓦斯爆炸的破坏强度。目前，对瓦斯爆燃火焰传播规律的研究主要集中在障碍物对火焰传播的影响。

从当前对火焰传播规律的研究结论来看，主要有两种观点：一是火焰加速传播，达到临界速度，并最终以此速度向前传播或耗尽瓦斯；二是火焰在消失之前会经历加速和减速两个阶段。在资料的分析过程中，人们发现这两个结论并不符合绝大多数的瓦斯爆炸过程，这可能与试验本身条件有密切关系。目前，瓦斯爆炸的试验大致可分为两类：一类是全尺寸的试验，采用的是符合实际煤矿生产条件的巷道；另一类是管道试验。对于试验时所采用的瓦斯量也有区别：一是将一定浓度的瓦斯气体充满整个试验腔体，这种情况主要集中在小尺寸的管道试验；二是在局部充填瓦斯。

从图3-4和图3-5中可以看出，火焰并没有以某恒定速度传播，而是在经历加速阶段后减速传播。从能量守恒的观点来看，当火焰在能量获取和消耗上达到平衡状态，此平衡状态又能够得到维持时，火焰会以恒速传播。但在实际过程中，这种平衡是脆弱的，因为影响火焰传播的因素有很多，如壁面热损失、障碍物的存在、反应产物膨胀产生的稀疏波以及二次冲击波都会影响火焰的传播；另外，火焰是在前驱冲击波扰动后的区域传播，火焰的波前状态也影响着火焰的传播规律，使前驱冲击波和火焰在传播过程中互为影响，形成一种不稳定的爆燃传播状态。所以，当火焰在初始阶段加速到达某一临界速度之后，此临界状态很难维持，此时由于参与反应的瓦斯量不足，单位时间能量释放量减少，火焰开始减速传播。

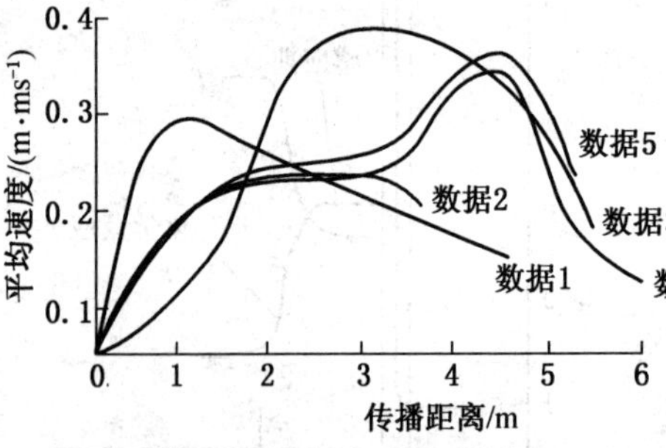

图3-4　火焰速度随传播距离变化曲线

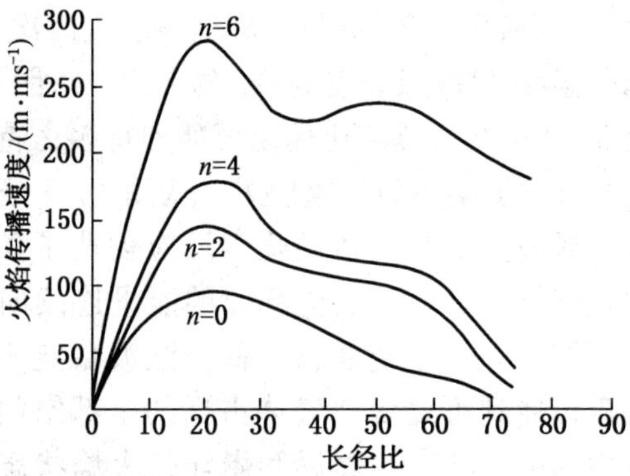

n—障碍物数量

图3-5　火焰速度随障碍物数量和传播距离变化曲线

图3-4和图3-5显示了瓦斯爆燃火焰经历了先加速、再减速的传播阶段。两个试验由于参与反应的瓦斯量相对不足，火焰在消失时仍处于减速阶段，最终传播状态未能观察到。数据3减速阶段随着传播距离的增加，火焰传播速度的变化趋势变小，在图中表现为曲线变得相对平缓，可推断火焰最终将以层流预混气体中正常火焰传播速度传播，完成从瓦斯爆燃向正常燃烧的转变。这可以解释为：随着前驱冲击波强度减弱以及火焰和前驱冲击波之间距离-气体体积的增加，前驱冲击波对火焰和前驱冲击波之间气体状态的影响减弱。火焰前气体温度和压力受前驱冲击波影响很小，可以将前驱冲击波对火焰前气体状态的影响忽略。火焰最终减速到层流火焰传播速度数量级，并以此速度传播直至消失，完成从爆燃向正常燃烧的转变。

根据以上分析，完整的瓦斯爆燃火焰传播经历了3个阶段：第一阶段是火焰加速至一峰值速度（$v_{峰值}$）；第二阶段是火焰加速至峰值速度后，减速传播至某一速度（$v_{燃烧}$），此速度可视为层流预混气体正常燃烧速度，这时可以将前驱冲击波对火焰前气体状态的影响忽略，完成瓦斯爆燃向正常燃烧转变；第三阶段火焰以此正常燃烧速度（$v_{燃烧}$）恒速传播直至消失。火焰传播变化趋势如图3－6所示。

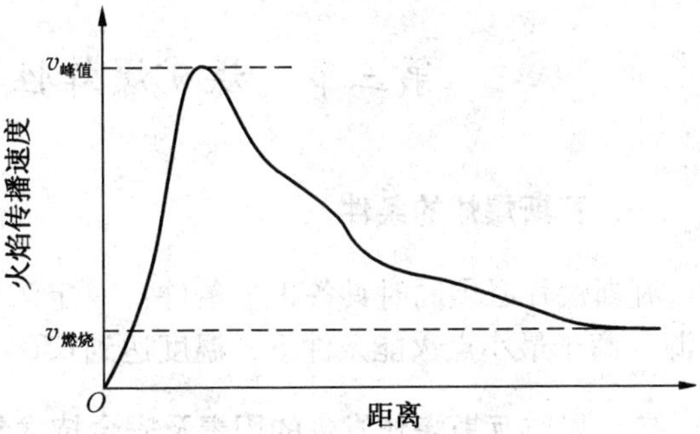

图3－6　火焰传播变化趋势

三、瓦斯爆炸的效应及主要危害

瓦斯爆炸时会产生3种危害：爆炸冲击波、火焰锋面、矿井空气成分变化。这3种危害会造成人员伤亡、巷道和设备被毁坏等严重后果。

1. 爆炸冲击波

瓦斯爆炸后的高温高压气体以极大的速度（每秒几百米甚至上千米）向外传播，形成冲击波。爆炸冲击波具有很大的破坏作用：

（1）冲击波有很大的传播范围，一般为几千米，有时会波及地面。瓦斯爆炸产生冲击有两种：一种是进程冲击，这是由于爆炸后产生的高温气体以很大的压力自爆源向外扩张而形成，进程冲击往往将积聚瓦斯冲出，使煤尘飞扬，给二次爆炸创造条件；另一种是回程冲击，这是爆炸时产生的大量水蒸气由于温度降低而凝结，使爆源地区气压降低而引起的同爆炸方向相反的冲击。一般回程冲击较进程冲击的力量小，但因回程冲击是沿着刚刚受到破坏的巷道反冲击过来，所以破坏作用更大，回程冲击往往将未爆炸的瓦斯带回爆源地，遇火形成二次爆炸。在瓦斯涌出量大的矿井，如果瓦斯浓度在火源熄灭前又达到爆炸浓度，还会引起爆炸，如此循环，形成连续爆炸。

（2）人体的创伤，多数情况这些创伤具有综合（创伤和烧伤综合）、多样的特征。

（3）移动和破坏电气设备、机械设备，可能在冲击波通过巷道时发生二次着火。

（4）破坏支架，引起巷道顶板岩石垮落，垮塌的岩石及支架堆积物可能导致通风系统的破坏，并使救灾措施大为复杂化。

2. 火焰锋面

火焰锋面是沿巷道运动的化学反应带和烧热的气体。当火焰锋面通过时，人员会被烧伤，电气设备会被烧坏，电缆尤甚，还会引起火灾。

3. 矿井空气成分变化

瓦斯爆炸可使矿井空气成分发生下列变化：

（1）氧气浓度降低。瓦斯燃烧爆炸会消耗空气中的大量氧气，引起氧气浓度下降，造成现场人员因缺氧而窒息。

（2）释放有害气体。瓦斯爆炸会产生大量的二氧化碳、一氧化碳。高浓度的二氧化碳会引起现场人员因缺氧而窒息死亡；一氧化碳具有很强的毒性，实际上在爆炸事故中一氧化碳是引起大量人员伤亡的主要原因。高浓度的水蒸气也是危险的，因为它有很高的比热容而带有大量的热，并且水蒸气在呼吸器官的黏膜上凝结时会释放气化潜热（2.3 ×

$10^6 J/kg$)。因此，吸入灼热的水蒸气会造成人体内脏器官的深度烫伤。

（3）形成爆炸性气体。一氧化碳和氢气均是不完全燃烧的产物，因此瓦斯浓度达到爆炸上限而爆炸时，释放的一氧化碳和氢气数量最多，它们和甲烷混合后可使火焰锋面传播范围中6.3倍容积的空气达到爆炸下限浓度。因此，混合物具有更强的爆炸性。

第三节　煤矿爆炸性气体安全技术参数

一、瓦斯爆炸的条件

瓦斯爆炸必须同时具备3个条件：一定浓度的甲烷（5%～16%）、一定温度的引燃火源（高于最小点火能条件下，温度达到650～750℃）及足够的氧含量（不低于12%）。

二、影响瓦斯爆炸发生的因素及安全技术参数

（一）瓦斯浓度

能使火焰锋面传播到爆炸性混合气体占据的全部容积的瓦斯的最低浓度称为爆炸下限；能使火焰锋面传播到爆炸性混合气体占据的全部容积的瓦斯的最高浓度称为爆炸上限。能最易（在最小着火能量下）激发着火（爆炸），并且爆炸中能释放出最大能量的浓度，称为最佳爆炸浓度。即在最佳爆炸浓度下具有最大的动力效应——最大的火焰锋面速度、最强的冲击波、最高的火焰锋面温度和最高的冲击波波峰压力。

瓦斯浓度只有在爆炸界限范围内才可能发生爆炸，瓦斯浓度低于爆炸下限时，遇高温火源不会爆炸，只能在火焰外围形成稳定的燃烧层，此燃烧层呈浅蓝色或淡青色。在一定容积的密闭空间内，浓度高于爆炸上限的瓦斯和空气混合物不会爆炸、也不燃烧，如有新鲜空气供给时，会在其接触面上进行燃烧。瓦斯浓度过高，相对来说氧的浓度就不够，不但不能生成足够的活化中心，氧化反应所产生的热量也易被吸收，不能形成爆炸。

根据甲烷燃烧或爆炸的化学反应式可知，一体积的甲烷，需要两体积的氧气才能完全反应。空气中一体积的氧，必有（$79.04 \div 2.96 - 3.77$）体积的氮、二氧化碳及其他惰性气体同时存在。因此，要使一体积的甲烷全部参加反应就需 $2 \times (1+3.77) = 9.54$ 体积的空气。此时混合气体中的甲烷浓度应为 $1 \div (1+9.54) \times 100\% = 9.488\% \approx 9.5\%$。在矿井空气中，氧气的浓度较地面空气低，但《煤矿安全规程》规定矿井空气中氧气的浓度不得低于20%。如以20%计算，则在井下反应完全的甲烷最强爆炸浓度应为 $(1/11) \times 100\% \approx 9.1\%$，即当矿井空气中的甲烷浓度为9.1%时，甲烷爆炸反应最完全，产生的动力效应最强。

瓦斯的爆炸界限不仅仅取决于甲烷浓度，还受许多因素的影响，其中主要有以下几个。

1. 其他可燃性气体的存在

当甲烷、空气混合气体中存在其他可燃性气体时，多种可燃性气体混合物的爆炸界限由下式求得

$$N = \frac{1}{\frac{\varphi_1}{N_1} + \frac{\varphi_2}{N_2} + \cdots \frac{\varphi_n}{N_n}} \times 100\% \tag{3-7}$$

式中　φ_1、φ_2、…、φ_n——混合气体中各可燃性气体组分占可燃性气体总和的体积百分比（且 $\varphi_1+\varphi_2+\cdots+\varphi_n=100\%$），%；

N_1、N_2、…、N_n——混合气体中可燃性气体组分的爆炸上限或下限，%；

N——多种可燃性气体同时存在时混合气体的爆炸上限或下限，%。

煤矿井下常见可燃性气体的爆炸上限和下限见表3－3。

表3－3　煤矿井下常见可燃性气体的爆炸界限　　%

气体名称	化学符号	爆炸下限	爆炸上限
甲烷	CH_4	5.00	15.00
乙烷	C_2H_6	3.12	13.00
丙烷	C_3H_8	2.37	9.5
一氧化碳	CO	12.5	75
氢气	H_2	4.10	74.2
硫化氢	H_2S	4.32	45.5
乙烯	C_2H_2	2.75	28.6

2. 煤尘的混入

浮游在空气中的具有爆炸性危险的煤尘不仅能增加瓦斯爆炸的猛烈程度，还可降低甲烷的爆炸下限。这是因为在温度为300～400 ℃时，煤尘会干馏出可燃性气体。试验表明，当煤尘浓度达68 g/m^3 时，CH_4 的爆炸下限降低到2.5%。

3. 混合气体的初温和初压

甲烷的爆炸界限随混合气体的初温和初压的增加而扩大。因此，当井下发生火灾时，高温会使原来不具备爆炸条件的瓦斯爆炸。甲烷与空气混合气体的爆炸界限与环境温度的关系见表3－4。

表3－4　烷空气体的爆炸界限与环境温度的关系

环境温度/℃	烷空气体爆炸界限/%	
	下　限	上　限
20	6.00	13.40
100	5.45	13.50
200	5.05	13.80
300	4.40	14.25
400	4.00	14.70
500	3.65	15.35
600	3.35	16.40
700	3.25	18.75

4. 惰性气体的混入

惰性气体的混入起阻碍爆炸的作用。例如，在甲烷、空气混合气体中加入氮气或二氧化碳气体，可使爆炸下限提高、上限降低。氮气每增加 1%，爆炸下限提高 0.017%，上限下降 0.54%；二氧化碳每增加 1%，爆炸下限提高 0.33%，上限下降 0.26%。如果氮气含量超过 81.69% 或二氧化碳含量超过 22.8%，则任何浓度的甲烷都不会爆炸。如果在烷空气体中还混入了惰性气体，则爆炸下限提高、上限降低，可用下式近似计算：

$$N' = N\frac{\left(1+\frac{a}{1-a}\right)\cdot 100}{100+N\cdot\frac{a}{1-a}} \tag{3-8}$$

式中 N——混合气体在惰化前的爆炸极限,%；

N'——混入惰性气体后，混合气体的爆炸极限,%；

a——混合气体内加入惰性气体（CO_2+N_2）的体积浓度，$a=0.01(CO_2+N_2)$。

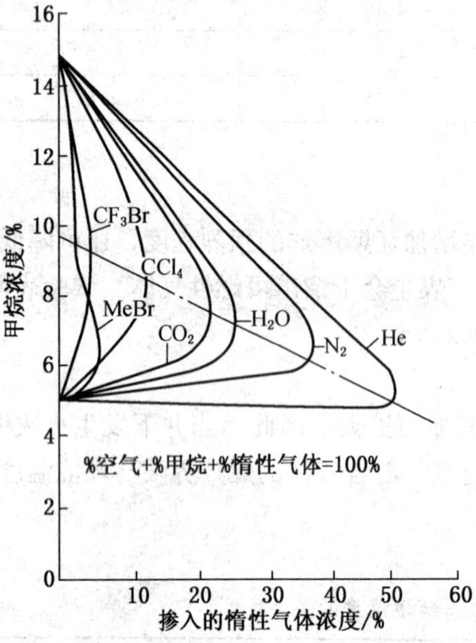

注：温度 25℃、压力 101.3kPa 条件下

图 3-7 惰化烷空气体时超惰气的掺入量与甲烷爆炸界限的关系

该式的不足之处在于 a 值中把 N_2 与 CO_2 的惰化效果等同对待，实际上 CO_2 的惰化效果比 N_2 强。

如果在烷空气体中加入某些卤代碳氢化合物，例如三氟溴甲烷（CF_3Br），能抑制其爆炸，因为后者具有捕捉燃烧反应中起活化中心作用的自由基的能力，从而抑制了链式反应，可中止燃烧过程。各惰性气体对甲烷－氢气－空气混合物爆炸界限的影响如图3－7 所示。从中可以看出各惰性气体惰化效果的次序是：卤代烃>CO_2 > N_2 > He，卤代烃的惰化效果好是因为它影响实际的燃烧机理而不只是影响其火焰温度，而 CO_2、N_2 和 He 熄灭燃烧效能大小的顺序和其比热容大小的顺序是相同的（即起吸热降温作用）。

为抑制 CH_4 爆炸，使用 CO_2 作为抑制剂时的掺入量为 23%，N_2 为 36%，而 CF_3Br 仅为 3.6%。抑制火焰所需要的 CF_3Br 最大浓度为 4.7%，此值是防止井下甲烷爆炸的最低值。CF_3Br 不导电，蒸发成气态时很干净，毒性最小。

5. 多种可燃性气体、惰性气体和空气混合时爆炸危险性的判定

国际上常用爆炸三角形判断多种可燃性气体、惰性气体和空气混合时的爆炸危险性，其方法有多种，它们的基本原理都是勒·查特里埃法则。

6. 窒息比、失爆氧浓度与惰化可燃性气体爆炸危险区

1）窒息比 r_0

烷空气体内掺入的惰性气体越多，其爆炸范围越小，当达到某一值时，混合物的爆炸

上、下限合为一点，此点即为爆炸临界点，该点的甲烷浓度为临界浓度，临界浓度时超惰气体与可燃性气体的比值称为窒息比（或称惰化系数、抑爆系数）。如果混合气体中的惰性气体和可燃性气体比值$r > r_0$，则不论气体混合物中可燃性气体的浓度为多少、不管混入的空气量多大，混合气体都是不会爆炸或燃烧的。

2）失爆氧浓度

爆炸临界点处的氧浓度称为失爆氧浓度，如果混合气体中氧浓度低于此值，则混合气体因缺氧而失去爆炸性。

3）惰化可燃性气体爆炸危险区

用N_2或CO_2对烷空气体爆炸危险区进行惰化时，不同温度下的失爆氧浓度见表3－5。为了计算用N_2或CO_2惰化烷空气体爆炸危险区所需的惰气量，可参考表3－5中的数据。

表3－5　标准状态下混合气体中氧气或惰性气体的极限值

可燃气体名称	惰性气体/%（体积）					
	CO_2			N_2		
	C_{max,O_2}	$C_{min,O,L}$	$C_{min,m,L}$	C_{max,O_2}	$C_{min,O,L}$	$C_{min,m,L}$
氢气	5.9	57	91	5.0	71	95
一氧化碳	5.9	40	68	5.6	58	80
甲烷	14.6	23	77	12.1	36	86
乙烷	13.3	32	88	11.0	44	93
丙烷	14.2	29	89	11.8	42	94
丁烷	14.5	28	90	12.1	40	95
乙烯	11.7	—	—	10.0	—	—
丙烯	14.1	约29	约89	11.5	—	—

表3－5中，C_{max,O_2}是使总混合物（可燃性气体＋空气＋惰性气体）失爆的最大氧浓度，它表示在不知道可燃性气体和惰性气体浓度时，刚刚能阻止混合气体发生爆炸的氧浓度最大值。

$C_{min,O,L}$是以可燃性气体＋空气＋惰性气体为计算基础，在不混入空气条件下，加入惰性气体，使总混合物失爆的惰性气体最低浓度。也就是说，可燃性气体的浓度未知，在空气不混入的条件下，加入的惰性气体在整个混合物中必须达到此浓度才能阻止混合物不发生爆炸。

$C_{min,m,L}$是在通风区内，使总混合气体（可燃性气体＋空气＋惰性气体）失爆的惰性气体最低浓度。也就是说，在不知道可燃性气体浓度，任意供风条件下，为防止混合气体爆炸，在总混合物中惰性气体必须达到或超过这个浓度。

实际使用表3－5数据时，应考虑一个安全系数，这个系数一方面与气体浓度的测定精度有关，另一方面要考虑惰性气体的混合质量，即惰性气体在密闭区内的分布不均匀性。

7. 最低点燃温度

取少量被测定气体试样放进爱伦迈尔烧瓶中，把烧瓶放在电炉上加热，改变瓶壁湿度和试样数量，找出使气样直接发生燃烧的瓶壁最低温度，这个温度称为该气体自燃温度或最低点燃温度（试验测定的气压为101.3 kPa）。

最低点燃温度是重要的安全技术参数之一，它不仅决定了在什么样的爆炸性混合气体内使用什么型号的防爆电气设备，而且还决定了爆炸危险环境中设备的允许温升。

8. 最小点燃能量

最小点燃能量不仅与可燃性气体组分种类有关，而且随着可燃性气体的浓度而变化。在爆炸上、下限附近需要的点燃能量最大；在化学当量浓度时，需要的点燃能量最小，即最易点燃。此外，点燃能量的最小值也与引火源种类有关，用电火花与用热体引燃其所需的点燃能量不同。最小点燃能量的确定方法为：调节放电电路中电荷电量和电容的大小以及电极之间的距离和电极的形状，把压力101.3 kPa和温度20 ℃条件下的最易点燃的可燃性气体与空气混合物刚能点燃时的能量定为最小点燃能量。

9. 火焰蔓延极限宽度（最大不传爆间隙）

如危险环境中工作的设备上存在火源（例如电路开关火花等）时，必须在火源外围加上一个隔爆外壳，可燃性气体在壳内爆炸时，隔爆外壳能可靠地防止火焰蔓延到壳外，以防引起壳外环境瓦斯爆炸。壳体通常采用固定间隙长度的结构并保证间隙宽度小于火焰蔓延极限宽度。后者还用于各种危险物质爆炸级别的分类。

设间隙长度为L，宽度为G，用试验方法对固定间隙长度L条件下的极限间隙宽度进行测定。例如设$L=25$ mm甲烷的$G\leqslant 1.2$ mm（火焰蔓延极限宽度），同时L变长时，极限宽度G也变宽，L与G之间存在如下关系：

$$\ln\left(\frac{G+c}{L+b}-B\right)=a-KL \tag{3-29}$$

式中，a、b、c、B和K为取决于可燃气体种类的常数，见表3-6。

根据最大不传爆间隙可以对可燃性气体进行爆炸等级分级，见表3-7。

表3-6 火焰蔓延方程的常数值

气体名称	a	b	c	B	K
氢气	-3.17	4	0.15	0.00953	0.1208
甲烷	-3.17	13	0	0.011	1.0286

表3-7 爆炸等级分级

爆炸等级	火焰蔓延极限宽度/mm	最小点燃能量/MJ	气体实例
1	>1.0 >0.6	>0.25 >0.06	甲烷、乙烷、丙烷
2	0.4~0.6	>0.025	
3	<0.4	<0.025	氢气

最大不传爆间隙在隔爆电气设备设计、加工以及维护使用中非常重要。只有保证实际间隙小于最大不传爆间隙，才能保证设备的隔爆性能。

10. 感应期

烃类氧化具有感应期，感应期后烃类氧化反应速度骤增，从接触引火源起到可燃性气体与空气混合物氧化反应转为快速燃烧时为止的时间间隔称为感应期或引火延迟性。感应期的长短取决于可燃性气体的种类、浓度、气压以及引火源的温度等，随着引火源温度的升高和甲烷浓度的下降，感应期将缩短。

在甲烷同系物（甲烷、乙烷、丙烷等）和空气混合的爆炸性气体中，甲烷的感应期为最长。因此，烷空气体中如混有乙烷、丙烷时，感应期将缩短。

矿用安全炸药正是利用了烷空气体存在感应期的特征。在遵守《煤矿安全规程》条件下，安全炸药爆破时的高温寿命短于烷空气体的感应期，所以一般不会引燃瓦斯。感应期因引火源温度的提高而缩短，为此，在矿用安全炸药中加入一定数量的消焰剂。消焰剂的作用有两点：一是它的比热容较大，可以吸收一部分爆热而降低爆温和火焰存在的时间；二是它对甲烷的氧化燃烧反应起负催化作用，可能破坏甲烷氧化链式反应中的某些自由基，抑制烷空气体的爆炸。在这两个作用中，后一作用是主要的。表 3－8 列出了某些消焰剂的比热容与引爆烷空气体概率的关系。从中可以看出，消焰剂的比热容与烷空气体的引爆概率之间无一定的规律，例如 NH_4Cl 的比热容比 KF 大很多，但 NH_4Cl 对烷空气体未起到消焰作用，而 KF 却可以阻止烷空气体的爆炸。这说明消焰剂的负催化作用是主要的，而吸热降温作用是次要的。矿用安全炸药中常用 NaCl 作消焰剂，它在爆破过程中不参与爆炸反应，仅在温度大于 300 ℃时升华成气态，吸收爆热、降低爆温，同时 NaCl 蒸气均匀地混合在爆焰中可能起负催化作用。

表 3－8　炸药消焰剂的比热容与引爆烷空气体概率的关系

消焰剂分子式	KF	KH_2PO_4	KCl	NaCl	KNO_3	$NaCO_3$	CaF_2	NH_4Cl
消焰剂比热容/$(J\cdot g^{-1})$	0.837	0.817	0.678	0.862	0.921	0.143	0.9	1.52
引爆烷空气体概率/%	0	20	40	60	60	70	80	100

11. 最大爆炸压力

爆炸压力是在一个 5 L 的密闭容器内，改变可燃性气体的浓度，进行一系列爆炸试验，测得爆炸压力的最大值（初始状态：压力 101.3 kPa，温度 20 ℃）。它作为爆炸物质的一种性质，表明了可燃性气体的爆炸危险性大小。

井下发生瓦斯爆炸时，可能在长度很长的巷道内传播，当从爆燃发展成爆轰时，正向冲击波波峰压力达 2 MPa，正向冲击波叠加时可形成高达 10 MPa 的压力。

爆炸压力是由于爆炸时产生高温引起的。例如甲烷浓度为 9.5% 时，在自由空间可测得 1850 ℃和在密闭空间达到 2650 ℃时的瞬时高温。如果对于后者按等容过程 $p_e/T_e=p_0/T_0$ 来近似计算，则爆炸压力 $p_e=\frac{2650+273}{20+273}p_0\approx 10p_0$，即爆炸压力为爆炸前初始压力的 10 倍。

最大爆炸压力与爆炸空间的几何形状有关，见表 3－9。

表3-9　最大爆炸压力与爆炸空间几何形状的关系

可燃性气体种类	最大爆炸压力/MPa				从开始燃烧到出现最大爆炸压力的时间/ms			
	圆球体	正方形	圆柱体	立方体	圆球体	正方形	圆柱体	立方体
CH_4	0.71	0.61	0.55	0.51	70	140	178	200
CH_4+H_2	0.73	0.60	0.56	0.54	14	84	43	
H_2	0.74	0.61	0.57	0.53	8	16	20	22

（二）氧气浓度

甲烷爆炸是一种迅猛的氧化反应，没有足够的氧含量，甲烷是不会发生爆炸的。甲烷的爆炸界限随混合气体中氧浓度的降低而缩小。当氧浓度降低时，甲烷的爆炸下限缓慢地增高，而爆炸上限迅速下降。当氧浓度降到12%时，含甲烷的混合气体便会失去爆炸性。

利用甲烷和氧气在混合气体中的浓度关系构建爆炸三角形判别瓦斯混合气体爆炸危险性，在我国火灾气体爆炸性判别方面得到了广泛应用。这种方法是以瓦斯混合气体的可燃性气体（甲烷）体积百分比浓度为横坐标，以空气或氧气的体积百分比浓度为纵坐标，将甲烷的下限浓度B、上限浓度C及临界浓度E在坐标图上表示，构成一个三角形，即瓦斯爆炸三角形，也叫Coward爆炸三角形。瓦斯混合气体爆炸危险性判别如图3-8所示。

根据混合气体组分坐标点在图3-8中的位置，可判断其爆炸危险性。图中，1区为爆炸危险区；2区为空气不足区，混合气体组成的坐标点落入该区时，无爆炸危险，但如在混合气体中加入空气，则其坐标点将进入1区，仍有爆炸危险性；3区为空气过量区，无爆炸危险，但如增加可燃性气体时，组分坐标点仍可进入1区，亦有爆炸危险；4区为无爆炸危险区，即惰性气体过量区，表示混合气体中惰性气体与可燃性气体的混合比已超过窒息比，不论混合气体被空气稀释还是增加可燃性气体量，都无爆炸危险性；5区为贫氧窒息不爆区，即氧气浓度为达到爆炸浓度，无爆炸危险。

由于混合气体中的可燃性气体不单单是甲烷，惰性气体也不仅是空气中的氮气，因此，利用图3-8判别爆炸危险性时，应根据混合气体的组分分析，具体判断。爆炸三角形对火区封闭或启封时，以及惰性气体灭火时判断有无瓦斯爆炸危险性，有一定的参考意义，我国已利用其原理研制出煤矿气体可爆性测定仪。

氧气浓度与引燃甲烷温度之间的关系如图3-9所示。氧气浓度增加时，引燃温度急剧降低。

（三）高温火源

一般把井下引起瓦斯爆炸的火源分成弱火源和强火源两类。弱火源不能形成冲击波，也不能使沉积煤尘转变为浮游状态；强火源会产生冲击波，并把沉积煤尘转变为浮游状态。因此，强火源引起的爆炸往往既有瓦斯参加也有煤尘参加。

高温火源对发生爆炸所起的作用主要有两方面特性：一方面是火源的温度；另一方面是火源作用的持续时间。

点燃甲烷所需的最低温度叫作引火温度，火源的温度达到引火温度才能点燃甲烷。引火温度与空气中的甲烷浓度、氧含量及混合气体的初压和火源性质有关。

从表3-10可见，甲烷最容易点燃的浓度为6.5%～8.1%。混合气体的压力对引火温

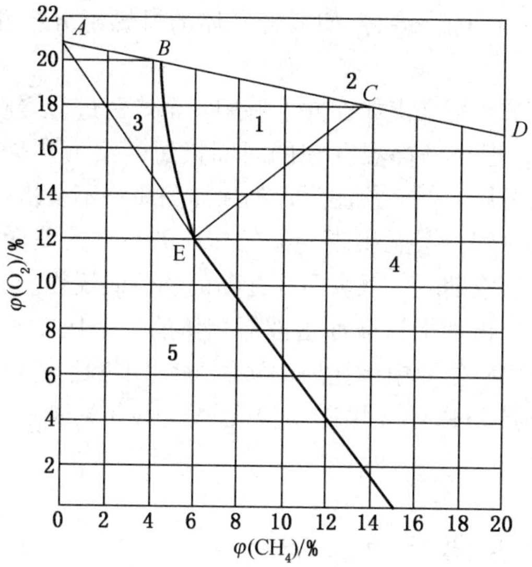

图 3-8　混合气体爆炸界限与氧气浓度的关系

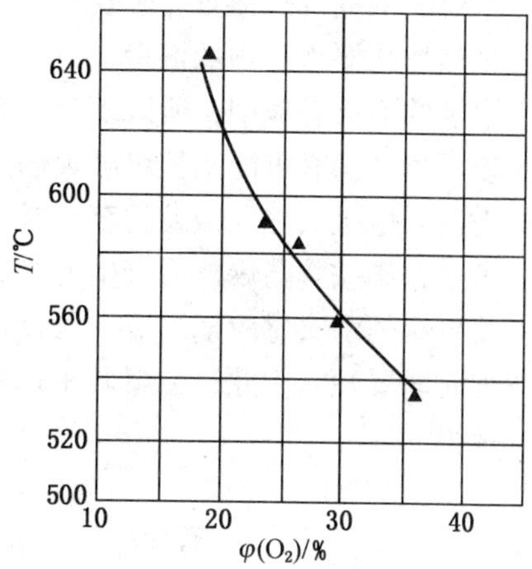

图 3-9　氧气浓度与引燃甲烷温度之间的关系

度的关系为：在压力为 101.3 kPa 时，引火温度为 700 ℃；在压力为 2836.4 kPa 时，其引火温度降低到 460 ℃。当混合气体在绝热条件下被压缩到原体积的 1/20 时，自身的压缩热便能使其发生爆炸。煤矿井下的明火、煤炭自燃、电气火花、炽热的金属表面，甚至撞击或摩擦产生的火花，都可能引燃瓦斯。试验证明，电火花最易引爆甲烷的浓度为 8.3% ~8.6% 。

表 3-10　甲烷浓度与引火温度的关系

甲烷浓度/%	2	3.4	6.5	7.6	8.1	9.5	11	14.7
引火温度/℃	810	665	512	510	514	525	539	565

甲烷与高温热源接触时，并不立即燃烧或爆炸，而需经过一个很短的作用持续时间，这种现象叫作引火延迟性；这段作用持续时间称为感应时间或感应期。任何一个火源，只有当其作用延续时间超过感应期时才是危险的。火源温度、甲烷浓度与感应期的关系见表 3-11。

表 3-11　火源温度、甲烷浓度与感应期的关系

感应期/s 甲烷浓度/%	火源温度/℃						
	775	825	875	925	975	1075	1175
6	1.08	0.58	0.35	0.20	0.12	0.039	
7	1.15	0.60	0.36	0.21	0.13	0.041	0.010
8	1.25	0.62	0.37	0.22	0.14	0.042	0.012
9	1.30	0.65	0.39	0.23	0.14	0.044	0.015
10	1.40	0.68	0.41	0.24	0.15	0.049	0.018
12	1.64	0.74	0.44	0.25	0.16	0.055	0.020

当加入其他可燃性气体时，这种延迟性有可能减弱。如混合气体的可燃组分中含有30%的氢气，延迟现象便不存在了。

甲烷的引火延迟性对煤矿安全生产有着重要意义。如在井下使用安全炸药进行爆破作业，虽然炸药爆炸产物的温度高达2000 ℃，但这一高温存在的时间极短，仅为几毫秒，小于甲烷的引火感应期，所以不会引起瓦斯爆炸。但必须注意，如果炸药质量不合格或炮泥充填不当，都有可能延长爆破火焰的存在时间，甚至出现高温的炸药或雷管残渣微粒，当这类高温爆破火焰或微粒的存在时间超过感应期时，就会引起瓦斯的燃烧或爆炸。

另外，硝铵炸药爆炸后产生的二氧化氮，再加上爆破冲击波对气体的冲击压缩作用，都能使甲烷的引火感应期缩短，所以在井下爆破作业中，瓦斯的实际感应期将比表3－11中所列时间要短。因此，在爆破工作中必须严格遵守《煤矿安全规程》中有关爆破作业的规定。

第四节　煤矿瓦斯爆炸原因分析

从有关瓦斯爆炸的理论与安全技术参数可知，甲烷爆炸的必要条件是：甲烷的浓度处于爆炸范围内（在常温常压条件下，形成5%～15% CH_4 积存）；氧的浓度超过失爆氧浓度（在 CO_2 惰化下，O_2 浓度大于12%；在 N_2 惰化下，O_2 浓度大于9%）；引火源的能量大于最小点燃能量（0.28 MJ）、温度高于最低点燃温度（595 ℃）和点燃时间大于感应期。在一般矿井条件下，氧浓度是满足的，只要瓦斯积存和火源两大基本因素同时具备就会发生瓦斯爆炸事故。

一、瓦斯积存

瓦斯积存的基本原因是瓦斯不断地大量涌出而对其冲淡的风量不足甚至停风。据统计，瓦斯积存的规律是，越是靠近瓦斯涌出源区瓦斯积存的概率越高，越是供风停顿或供风不足时间越长，瓦斯积存量越大。因此采掘工作面采掘机械落煤部、钻机钻孔见煤或瓦斯源处、爆破落煤过程、排放瓦斯下游井巷、旧式采煤法冒高处、密闭区域、通风不良区（含隅角区）、停风与无风区（含独头巷道停风）、瓦斯喷出区域、瓦斯突然大量涌出区域以及煤与瓦斯突出等区域都是在时间上与空间上积存瓦斯概率最高的。由此可见，搞好通风、瓦斯抽放、瓦斯检查与管理是防止瓦斯积存最积极、最根本的措施。

二、引爆火源

引爆火源的主要参数是火源的点燃能量大小、温度的高低和作用时间的长短，只要它们同时达到引爆值即可引爆。煤矿井下的引火源多种多样，大体可分为：化学性火源，如明火、自然发火、炮火、雷管火；冲击性火源，如冲击、摩擦、绝热压缩高温；电气性火源，如电火花、电弧、静电火花；高温性火源，如高温表面、热辐射。现将一部分火源介绍如下。

1. 明火

明火引燃瓦斯不仅由于其高温，而且由于明火本身燃烧反应能生成链载体（自由原子或自由基），可引发链式反应。

明火有多种，例如火柴的明火焰温度高达1200 ℃；香烟明火，吸烟时中心部位温度为650～800 ℃，香烟点燃未吸时中心部位温度为450～500 ℃；气焊、喷灯明火；火灾明火等。

2. 炮火

使用不合格炸药、裸露爆破、炮孔封泥不足或不严、用可燃物做封炮眼填料，爆破火焰遇炽热气体与微粒都可引燃瓦斯。

3. 冲击、摩擦火源

该火源有金属器具冲击出火，坚硬顶板岩石垮落撞击出火；绞车闸皮铆钉摩擦出火，输送带摩擦出火；截齿切割黄铁矿结核出火，钻杆旋转中切断在断裂面之间摩擦出火。总之岩石与岩石、岩石与金属、金属与金属之间的强力撞击与摩擦都有可能引燃瓦斯。

4. 电火花、电弧

这类火源是常见的火源，如设备的隔爆性能丧失或带电作业、照明电灯泡破碎时、电焊作业、架线电机车运行、电缆与电路短路、蓄电池机车控制器防爆性能失效、发爆器不防爆、爆破母线短路或与其他带电体搭接、矿灯不合格或违章使用，以及杂散电流等都能产生足以引燃瓦斯的电火花与电弧。另外，雷电通过钢轨引入井下产生电弧曾发生过多起瓦斯爆炸事故。

5. 静电火花

高电阻物体或处于电绝缘状态的物体等，在互相紧密接触后分离或摩擦时，产生静电是常见的现象。例如近年来利用表面电阻很高的塑料管通风或喷射混凝土时，都发生过多起瓦斯爆炸事故。据一次静电引爆事故后测定，产生静电火花的塑料管表面电阻高达4×10^{13} Ω、静电电压高达9000 V。

静电火花引起的爆炸，必须满足4个条件：

（1）处于容易产生静电的状态。

（2）静电发生后泄漏难，处于能够蓄积静电的绝缘状态。

（3）蓄积的静电进行放电时，具有相当于电极的物体存在。

（4）放电的静电能大于可燃气体的最小点燃能。

6. 热辐射

有时热辐射可以成为引火源，如用大功率的白炽灯泡取暖烤焦了木板着火等。

三、思想麻痹、管理松懈及违章作业

国内外事故统计表明，思想麻痹、管理松懈、违章指挥、违章作业、违反劳动纪律、作业前后不检查瓦斯浓度或漏检等是发生事故的重要因素。如有的矿井，在瓦斯涌出量很小的区域甚至在平常几乎都检查不出瓦斯存在的地点却发生了爆炸，就是这种原因所致。

第五节　瓦斯爆炸的预防措施

矿井瓦斯爆炸的防治主要从3个方面进行考虑，即防止瓦斯超限与积聚、防止瓦斯引燃和防止瓦斯爆炸事故扩大。

一、瓦斯积聚的原因

煤矿井下瓦斯积聚是引起瓦斯爆炸的主要原因之一。因此，为了防止瓦斯爆炸，首先应当防止煤矿井下瓦斯积聚。实践表明，煤矿井下瓦斯积聚和超限的主要原因是：

(1) 在瓦斯缓慢、均匀涌出条件下，由于通风不良、停风或风量不足引起局部地区瓦斯积聚和超限。对于这种情况，主要是通过改善通风、增加风量等措施加以解决。

(2) 在瓦斯非正常涌出（如瓦斯喷出或突出）条件下，瞬间破坏了瓦斯在空间和时间上的分布，引起采掘空间中某些区域瓦斯积聚和超限。由于瓦斯喷出和突出的规律尚未被人们完全认识，不可能十分有效地进行预测预报，而瞬间改变通风系统，增加足够大的风量以冲淡瓦斯往往也是不现实的。因此，由于这种原因引起的瓦斯积聚具有很大的危害性。

(3) 由于人为的或外在的原因破坏了正常的通风条件（如掘进工作面停风、盲巷排放瓦斯、风流短路以及采空区善后处理等）而引起的瓦斯积聚和超限。这种情况也时常发生，而且有时还不易引起人们的注意，因此它具有更大的潜在危险性。

对于不同的矿井，瓦斯积聚的具体原因是千差万别的，故而应因地制宜，采取切实可行的方法加以处理。

二、盲巷积聚瓦斯及其处理

防止盲巷积聚瓦斯，主要从如下几个方面着手：

1. 防止产生盲巷

防止产生盲巷主要是要加强地质工作和掘进工作面的通风管理，保证掘进工作面的正常通风，不形成不通风的盲巷。

2. 盲巷积聚瓦斯的预防和处理

加强掘进工作面通风管理的主要目的是保证掘进工作面的正常通风和不因通风中断而引起瓦斯积聚，为此多采取以下措施：

(1) 掘进工作面使用的局部通风机要实行“四专”，即专用电源、专用开关、专用变压器和专人看管。

(2) 高瓦斯、煤与瓦斯突出工作面或瓦斯涌出异常的工作面要安装“双风机、双电源”及自动换机装置。

(3) 局部通风机，特别是用于高瓦斯、煤与瓦斯突出或瓦斯涌出异常的掘进工作面的局部通风机要安装风压遥讯自动检测装置。

(4) 局部通风必须编制专门的局部通风设计方案。局部通风设计由施工部门会同通风部门编制，报矿工程、生产、通风等科室审查，总工程师批准，并监督实施。

三、高冒顶积聚瓦斯及其处理

（一）防止高冒顶

在瓦斯矿井，几乎所有出现在煤层、半煤岩或有瓦斯涌出的岩石巷道中的高冒顶孔洞都积聚有瓦斯，如果不采取措施进行处理，不仅增加了矿井瓦斯管理工作的困难，而且也是矿井安全的一个隐患，因此许多煤矿都在设法防止冒顶事故发生。冒顶事故发生的原因主要有以下两点。

1. 自然因素影响

自然因素包括两点：一是煤质因素，二是地质因素。这两点是客观存在的，是无法改变的。

2. 生产因素影响

生产因素是人为决定的，是可以改变的。一般可采取以下几点措施防止冒顶：

（1）探清煤、岩层的赋存及煤、岩物理力学性质。

（2）根据生产要求，合理确定开拓方式和巷道布置，尽可能将巷道布置在坚硬煤、岩层内。

（3）合理确定巷道掘进顺序，避免应力集中。

（4）合理留设煤柱位置和尺寸。

（5）合理选择掘进工艺、支护形式与支护方法。

（6）合理确定爆破参数及其装药量。

（7）合理确定巷道维修方法和顺序。

尽管人们已对冒顶造成的危害有所认识，并采取了一些积极的措施防止冒顶；但是，想做到绝对不发生冒顶是不可能的。所以，日常处理高冒顶孔洞积聚瓦斯的工作是经常有的。

（二）高冒顶积聚瓦斯处理

高冒顶形成的孔洞容易积聚瓦斯的主要原因是通风不良。从煤层或岩层中渗出的瓦斯，由于本身密度小，容易积聚起来。因此，处理这部分积聚瓦斯的主要方法是加强通风，其次是充填置换和隔离抽放。

1. 加强通风

采用这种方法时，应根据冒顶高度和范围大小、积聚瓦斯量的多少、瓦斯涌出速度（或涌出量）及巷道通过的风流速度等的不同，采取不同的处理方法。

（1）导（顺、迎）风板法。导（顺、迎）风板法如图 3－10 所示。当冒顶高度不超过 2 m，冒落体积不超过 6 m^3，所在巷道风速大于 0.5 m/s 时，采用这种方法是有效的。导（顺、迎）风板法具有施工简单、经济等优点；但安设导（顺、迎）风板后，会使局部巷道高度变低，断面缩小，给通风、运输和行人带来不便。安设导（顺、迎）风板所用材料应根据服务时间的长短和积聚瓦斯量的大小、涌出速度的高低来决定。服务时间长，瓦斯涌出量大，应以木板建造为宜；否则，可用软质帆布、胶布或秫秸帘子。

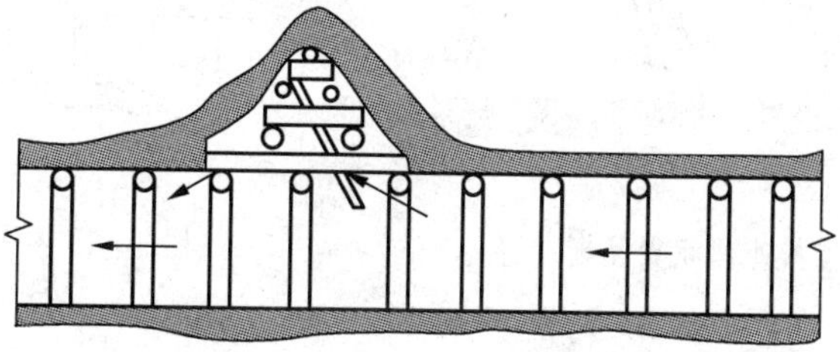

图 3－10　采用导风板法处理积聚瓦斯

（2）分歧导风管法。分歧导风管法如图 3 – 11 所示。这种方法适用于冒顶高度不超过 2 m，冒落体积大于 6 m^3，所在巷道风速小于 0.5 m/s 的情况。这种方法的优点是，不受巷道通风等因素的影响，风流稳定，处理效果可靠；不足之处是影响工作面的风量和增加局部通风成本，有时为了保证掘进工作面有足够的风量，往往要专设一台局部通风机处理高冒顶孔洞中积聚瓦斯。

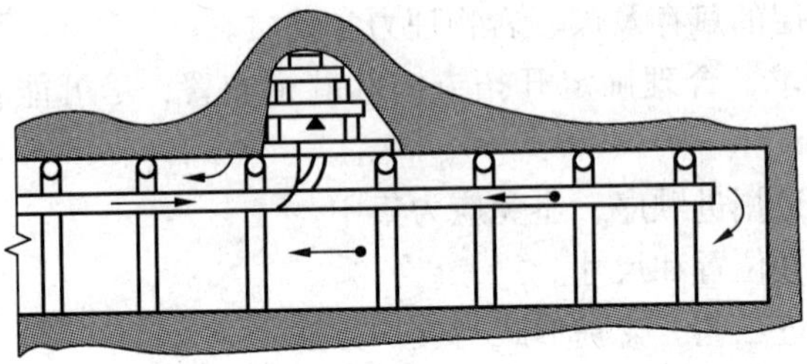

图 3 – 11　采用分歧导风管法处理积聚瓦斯

2. 充填置换

如图 3 – 12 所示，在冒顶范围较大，并有自然发火危险的条件下采用充填置换法。这种方法的实质是采用惰性物质（砂土、黄土等）将冒顶的空间充填起来，不给瓦斯积聚留有空间条件。充填置换法的优点是处理效果可靠，并同时起到了预防高冒顶浮煤自然发火的作用；它的不足是受条件的限制，不能在所有矿井使用。

3. 隔离抽放

如图 3 – 13 所示，一般在瓦斯涌出量较大、涌出速度快的高冒顶处采用隔离抽放法。隔离抽放法的实质是将冒落空间与巷道用木板隔离，并用专用的抽放瓦斯管路引入矿井抽放瓦斯系统中进行抽放。在没有抽放瓦斯系统的矿井中，也可以用压风或压力水作动力源，用引射器将积聚瓦斯引入总回风巷道或分区巷道中。隔离抽放法的优点是处理效果可靠，技术经济合理，易于实行；不足之处是受条件的限制，增加了矿井抽放和防火管理工作的困难，如稍有疏忽，有可能引起自然发火。

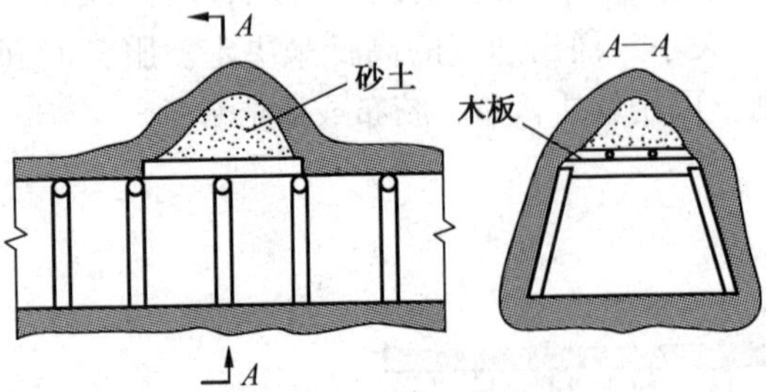

图 3 – 12　充填置换处理积聚瓦斯

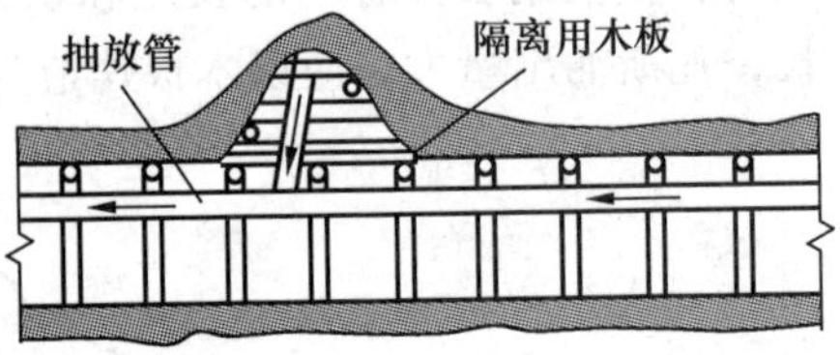

图 3 – 13　隔离抽放处理积聚瓦斯

四、采煤工作面积聚瓦斯的处理

瓦斯矿井采煤工作面出现的瓦斯超限、积聚甚至瓦斯灾害事故，大多数都与所采用的采煤方法、开采顺序、采区或工作面的通风方式、通风网络结构以及采取的防治瓦斯措施有关；但是，从瓦斯来源看，这些瓦斯主要来源于采空区。受通风动力作用，积聚在采空区内的具有一定压力的高浓度瓦斯从采煤工作面上隅角源源不断地涌出，往往形成一个危险积聚带，威胁安全、影响生产。虽然采煤工作面瓦斯积聚和超限现象经常发生，并对矿井安全生产构成了严重威胁，但至今国内外还没有找到一套比较合理可靠的处理措施。国内外一般按照瓦斯涌出量大小和分布规律，采取以下方法。

(一) 通风稀释法

前面已提到，瓦斯矿井的采区和采煤工作面出现瓦斯超限和积聚甚至瓦斯灾害事故，除与采煤方法等因素有关外，还与通风方式有关。为此，根据不同的煤层赋存条件、产状及瓦斯涌出量大小、涌出来源和不同的涌出形式，采取图 3－14 所示的几种通风方法就可以达到预防瓦斯积聚的效果。

从图 3－14 所示的 4 种通风方法可以清楚地看出，由于回风方向同进风风流方向同向，采空区涌出的瓦斯受矿井通风的作用只会向回风巷道方向流动，而不会朝着相反方向流向工作面，因而工作面上隅角不会积聚瓦斯。但上述几种通风方法同 U 形通风方法相比，都容易引起采空区漏风，开采有自然发火危险的矿井在采用时应特别慎重。

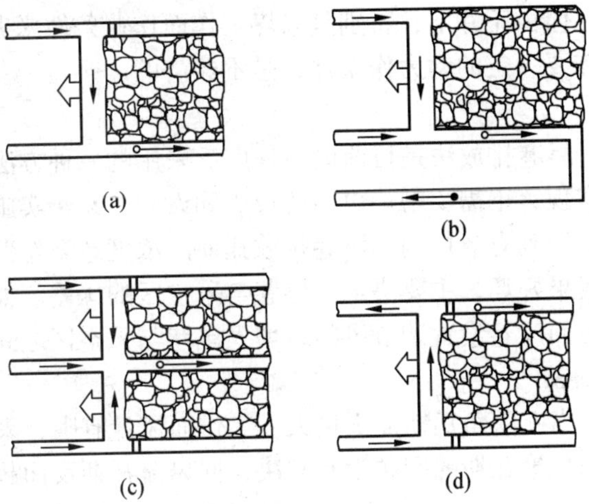

图 3－14　几种不同的通风方法

(二) 引导风流法

引导风流法的实质是将不混有瓦斯的风流引入瓦斯积聚的地点，把局部积聚的瓦斯或瓦斯涌出点涌出的瓦斯流加以稀释冲淡，并带走。

采用引导风流法处理局部积聚瓦斯，根据其瓦斯涌出来源、涌出形式和涌出量大小，以及巷道布置、通风方式等具体情况，可以采取以下几种措施。

1. 风障引导风流法

如图 3－15 所示，风障引导风流法是应用最为普遍的一种方法。它适用于上隅角瓦斯涌出量不超过 2 m^3/min、工作面风量大于 200 m^3/min、风障最大长度不超过20 m的条件。

风障引导风流法的优点是安设简单，无须任何动力设备，安全、经济；不足之处是引入风量有限、波动性大，同时会使作业空间变得狭窄，降低了作业环境的安全程度，增加了采区内的通风阻力，采空区漏风会有所加剧。

2. 风机排除法

风机排除法按其动力源不同可分为水力风机（图 3－16）、电动局部风机和引射器 3 种不同的方式，其原理和布置都是相同的。

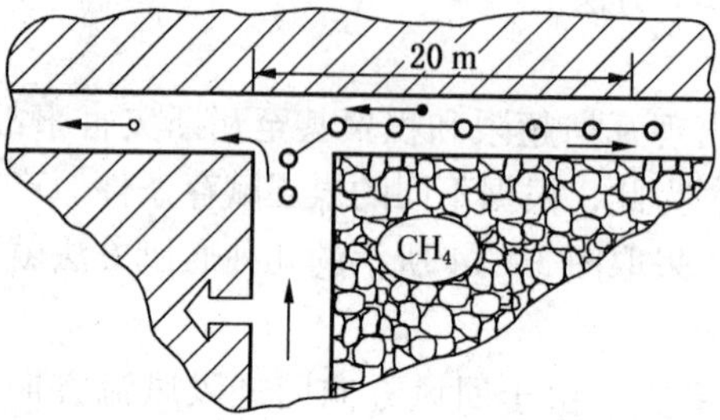

图 3－15　风障引导风流法处理上隅角瓦斯

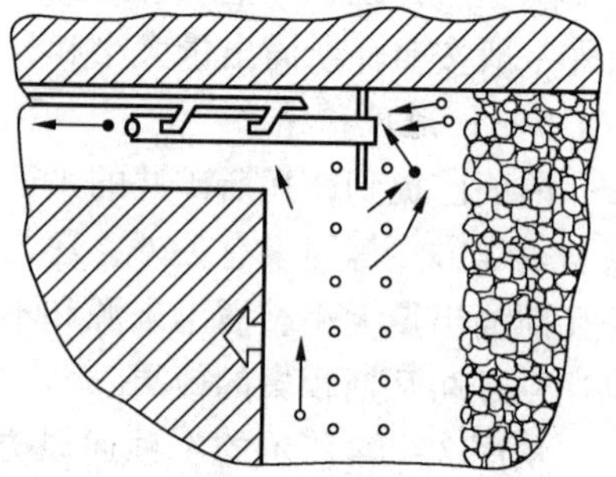

图 3－16　利用水力风机排除积聚瓦斯

这种方法的优点是处理能力大，适用范围广；缺点是都需配置设备，占据了一定的采掘空间，影响作业环境和条件。尤其是电动局部风机，虽然已具有较高的防爆性能和抗冲击、摩擦火花等性能，但由于井下，特别是采煤工作面作业条件恶劣，日常管理和维护需要特别注意，它们都需要一定的动力作条件，是不经济的。

3. 尾巷排放法

如图 3－17 所示，尾巷排放法是目前国内外广泛采用的一种方法。此种方法的优点是利用已有的巷道即可实现，不需要增加更多的投入和设施，易于实施且经济；不足之处是进入尾巷的瓦斯量难以做到有效控制，尾巷排放瓦斯的浓度忽高忽低。

尾巷排放瓦斯的效果好坏，主要决定于尾巷与采空区的压差。如果尾巷排放瓦斯的效果不显著，可在工作面回风巷设置调节风门以增大尾巷与采空区之间的压差。

4. 全风压巷道排放法

如图 3－18 所示，当上隅角瓦斯涌出量大，工作面风量有限，采用风障引导风流法处理时，不仅上隅角局部积聚瓦斯的问题没有解决，回风流瓦斯反而超限时可采用全风压巷道排放法。

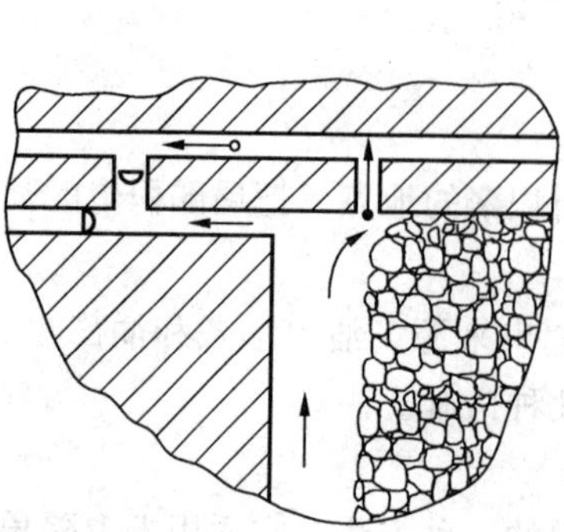

图 3－17　尾巷排放瓦斯

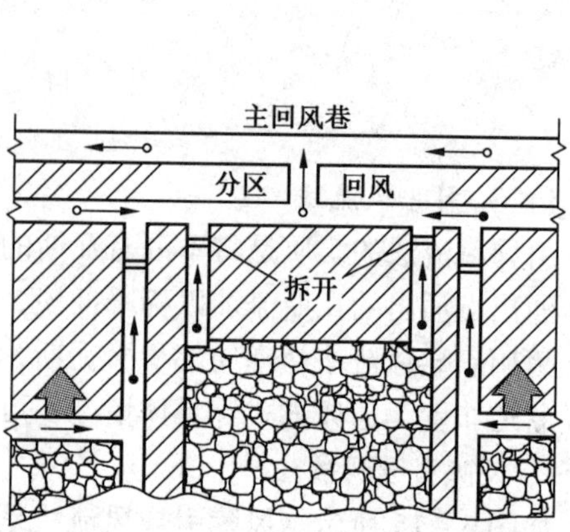

图 3－18　全风压巷道排放瓦斯

全风压巷道排放法是利用矿井全风压通风造成的压差作动力，以采区或分区回风巷作导体，将采空区积聚的瓦斯排放出去，以解决采煤工作面上隅角和回风巷风流中瓦斯积聚和超限问题的方法。这个方法虽然具有明显的技术、经济效果，但是排放瓦斯量难以控制，并且在有自然发火危险的煤层中是绝对不能采用的。

5. 钻孔抽放法

如图 3－19 所示，利用专门的抽放瓦斯钻孔抽放采空区瓦斯的方法是一种技术可行、效果显著、经济合理的方法，但它受使用条件的限制还未被广泛应用。

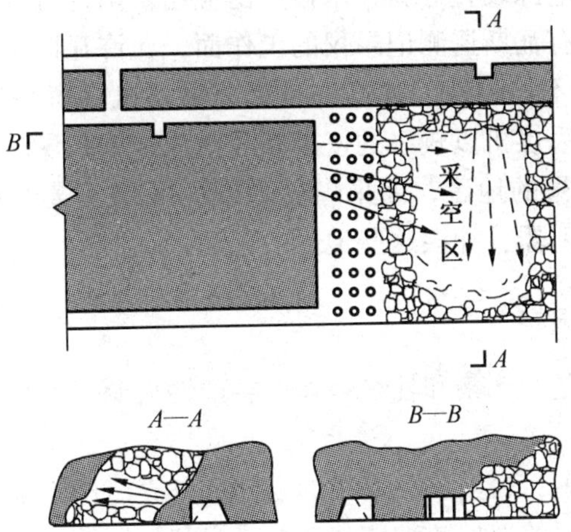

图 3－19　钻孔抽放瓦斯

钻孔抽放法具有效果显著的特点，但由于钻孔布置方式不同（迎巷钻孔和垂直钻孔），抽放效果和钻孔寿命有很大差异。图 3－19 中 *A—A* 剖面是垂直抽放钻孔，图 3－19 中 *B—B* 剖面是迎巷抽放钻孔。前者具有抽放量大、抽放瓦斯浓度高、稳定和钻孔寿命长等特点；后者虽然也可以抽出大量瓦斯，但抽出的瓦斯浓度较低，且不稳定，钻孔寿命短。

（三）风压调节法

当采空区瓦斯大量涌入工作面时，可采用风压调节法进行处理，如图 3－20 所示。风压调节法（也称均压通风法）的具体做法是在工作面进风巷安设 2 台局部通风机（局部通风机能力大小，根据工作面需风量大小来决定）向工作面送风，在局部通风机的出口接 15～20 m 导风筒，并在导风筒和局部通风机间设两道风门 S_1、S_2；在工作面回风巷设两道调节风门 S_3、S_4，以调节风压，同时在回风巷内设一趟硬质导风筒，一端伸向采空区 5～8 m，以排出采空区上部瓦斯。风量调节以上隅角瓦斯不超限为准。风压调节法的实质是利用局部通风机和调节风门 S_1、S_4 提高工作面的空气静压，平衡工作面与采空区的压差，或使工作面的压力略高于采空区，抑制采空区瓦斯向工作面涌出，从而解决工作面瓦斯超限和积聚问题。

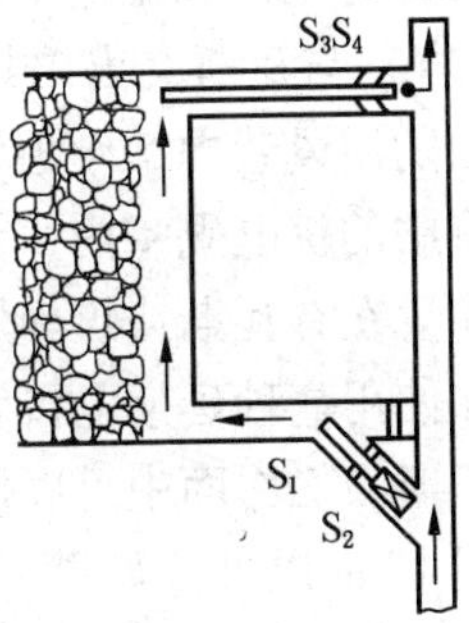

图 3－20　风压调节法排放瓦斯

采用此法时，要管理好风门。当局部通风机停风时，要立即将风门 S_1、S_2 和调节风

门 S_3、S_4 打开，以免造成事故。

（四）综合机械化采煤工作面瓦斯积聚的处理

目前国内外处理综合机械化采煤工作面大量瓦斯涌出与积聚瓦斯的措施有：

（1）加大工作面的进风量。有些工作面的风量高达1500～2000 m^3/min，但是在U形通风工作面，倘若采空区漏风未能有效解决，靠增大风量来减少回风巷中的瓦斯浓度往往收效甚微。而且增大风量，易使巷道中的风速超限，故而应慎重考虑。

（2）适当提高工作面回风流中的瓦斯允许浓度。随着采矿遥控技术的发展，瓦斯连续监测报警器与超限切断电源装置等新技术被广泛应用。国外有些国家提高了瓦斯的极限允许浓度，如法国，在配有瓦斯遥测记录仪的工作面，允许瓦斯浓度为1.5%～2.0%。

（3）降低瓦斯涌出的不均匀性。其方法是提高采煤机在每一班中的工作时间、增加一昼夜内的生产班次，使采煤机以较小的速度和浅截深连续割煤。

（4）对于局部瓦斯积聚的地区，如采煤机附近，可在采煤机的切割部或牵引部安装小型局部通风机或水力引射器，冲淡这些地区的瓦斯。

五、防止瓦斯引燃的措施

防止瓦斯引燃的原则是：严禁和杜绝一切非生产性火源，严格管理和限制生产中可能产生的火源和热源。

对电气设备的防爆措施，目前广泛采用的是隔爆外壳。即将电机、电器或变压器等能发生火花、电弧或炽热表面的部件或整体装在能隔爆和耐爆的外壳里，即使壳内发生瓦斯燃烧或爆炸，也不致引起壳外瓦斯事故。对煤矿的弱电设施，根据安全火花的原理，采用低电流、低电压，限制火花能量，使之不能点燃瓦斯。现代化矿井内，大量使用电气设备，使瓦斯爆炸的潜在危险增加，只有严格按照有关规定，正确选型、安装和使用煤矿井下电气设备，并经常检查与维修，使之处于完好状态，才能防止电气设备产生的高温引燃瓦斯。

供电闭锁装置和超前切断电源的控制设施，对于防止瓦斯爆炸具有重要作用。因此，局部通风机和掘进工作面内的电气设备必须装有延时的风电闭锁装置。高瓦斯矿井和煤（岩）与瓦斯突出矿井的煤层掘进工作面，串联通风进入串联工作面的风流中、综采工作面的回风巷内、倾角大于12°并装有机电设备的采煤工作面下行风流的回风流中以及回风流中的机电硐室内，都必须安装瓦斯自动检测报警断电装置。

在有瓦斯或煤尘爆炸危险的煤层中，采掘工作面只准使用煤矿安全炸药和瞬发雷管。如使用毫秒延期电雷管，最后一段的延期时间不得超过130 ms。在岩层中开凿井巷时，无瓦斯的工作面中可以使用非煤矿安全炸药和延期电雷管，但这些井巷必须距离有瓦斯的煤层10 m以外。如果工作面中发现瓦斯，应停止使用这类炸药和雷管。打眼、爆破和封泥都必须符合有关规程的规定。裸露爆破和一次装药分次爆破曾多次引起瓦斯或煤尘爆炸，必须严格禁止。

防止机械摩擦火花，如截齿与坚硬夹石（如黄铁矿）摩擦，金属支架梁与顶板岩石（如砂岩）摩擦，金属部件本身的摩擦或冲击等所产生的火花，随着煤矿机械化程度的提高，日益显得重要。国内外都在对这类问题进行广泛研究，主要采取的措施有：禁止使用磨钝的截齿，截槽内喷雾洒水，禁止使用铝或铝合金制作的部件和仪器设备（如果它们没有防碰撞的安全防护装置），在金属表面涂以各种涂料，如苯乙烯的醇酸或丙烯酸甲醛酯等，以防止摩擦火花产生。

高分子聚合物材料制品，如风筒、输送机输送带、井下用的塑料管等，由于其导电性能差，容易因摩擦而积聚静电。当其放电时，就有可能引燃瓦斯、煤尘或发生火灾。因此，煤矿井下应该采用抗静电阻燃的聚合物材料制品。

六、防止瓦斯爆炸事故发生及扩大

尽管在防止瓦斯爆炸方面采取了防止瓦斯积聚、引燃等措施，但是煤矿瓦斯爆炸事故依然时有发生，因此如何设法将瓦斯爆炸所造成的损失（包括人员伤亡以及资源、设备、财产损失等）缩小到最小范围和降低到最低限度，也是矿井瓦斯管理和矿井瓦斯爆炸防治的一个极为重要的内容。

总结和分析瓦斯爆炸事故的经验教训，可以清楚地看出：一是为了减轻瓦斯爆炸事故所造成的损失，采取一些防范措施是必要的；二是使灾害扩大的主要原因是矿井通风系统不合理，通风设施不可靠，矿井自救系统不健全、不完善，煤尘处理不彻底、参与了爆炸，隔爆设施失效等。为了防止瓦斯爆炸事故扩大，目前采取的主要措施有以下几方面。

（一）通风系统要稳定、可靠、合理

提高矿井通风系统的稳定性、可靠性，使其合理经济地运行对煤矿实现安全生产有着十分重要的意义。衡量通风系统可靠、稳定与否的标准有以下几点：

（1）矿井通风能力（特别是通风机能力）适应矿井安全生产需要，发生灾害后（特别是火灾），不因通风能力不足而出现风流逆转、回流和逆退。

（2）巷道布置合理，通风网络简单，不出现人为的角联巷道和串联通风，不因局部系统的变更、通风设施变动而出现风流紊乱。

（3）矿井发生灾害时，不因通风系统不合理、不可靠而使灾情扩大，也不因发生灾害而使正常通风系统遭到破坏，出现风流紊乱。

（4）通风设施（如风门、挡风墙等构筑物）质量坚固，动作灵敏可靠，不因外因作用而破坏，造成通风系统紊乱。

（5）在多台通风机联合运转的矿井中，当其中某一台或多台通风机停止运转时，受停风影响的区域内应仍能维持安全通风。当井下发生灾害需要反风时，利用其中任何一台通风机反风，都能达到反风目的和要求。

（6）局部区域发生灾害需要反风时，应能具备立即进行反风的条件。相反，如果没有一个合理、可靠的通风系统，从许多事故看，这正是加剧事故严重程度的重要原因之一。因此，建立合理可靠的通风系统，不仅是保证安全的需要，而且也是保证灾变时期风流稳定、缩小灾害损失、防止灾害事故扩大的必备条件。

（二）建立完善可靠的防（隔）、抑爆设施及自救系统

为了不使已经发生的瓦斯爆炸事故继续传播、扩大，把灾害范围和造成的损失降低到最小限度，可采取以下几项隔（防）爆措施。

1. 设置岩粉棚

岩粉是一种不燃性物质，它能吸收热量，可以起到抑制爆炸发生和传播的作用。由于岩粉是一种理想隔爆物质，被国内外许多煤矿所采用。但由于井下普遍较为潮湿，使用时

应定期更换，以免失效。

岩粉棚一般架设于工作面附近及其相邻或相连接的巷道顶板和两帮处。它由多块盛岩粉的木板组成，每块岩粉板都堆放一定数量的岩粉。当爆炸波传来时，岩粉板被爆炸冲击波吹翻，岩粉便散落下来，在巷道中形成浓厚的岩粉雾，爆炸火焰传来时被冷却熄灭，从而达到阻止爆炸火焰继续向前传播的隔爆作用。

岩粉棚所需的岩粉量在主要巷道不少于400 kg/m^2，一般巷道不少于200 kg/m^2。

2. 撒布岩粉

撒布岩粉的作用是使沉积在巷道底板和两帮的煤尘中增加不燃性物质，使其失去爆炸性和防止巷道中的落尘再度飞扬。

撒岩粉后，在煤岩的混合体中，不燃性物质的含量必须达到非瓦斯矿井不低于60%，瓦斯矿井不低于75%。

3. 挂水槽棚或水袋

水槽棚或水袋与岩粉的作用相同，只是它们所使用的隔爆物质不同。

由于水的比热较岩粉高，同时水在接触高温火焰时形成的水蒸气更有利于消灭火焰和在爆炸波作用下水飞散开的时间较岩粉更短，因此水比岩粉有更佳的隔爆效果。另外水不怕潮湿，可以长期使用而不用更换，管理、维护方便，且用水量仅为200 L/m^2，因而较为经济。正因为水同岩粉相比有许多优点，故大部分矿井都在采用。

矿井一旦发生灾害（特别是局部瓦斯爆炸事故），初期波及范围和危害都较小，此时是及时进行自救的极好时机。因此，沉着冷静地采取自救措施是减少伤亡的重要措施，但是这必须要有完善的装置和自救系统做保证才行。

4. 避难硐室

避难硐室是为当矿井发生灾害事故时，由于撤退路线或安全出口被堵塞无法通过或自救器失效、而有毒有害气体浓度较高或在自救器使用有效时间内不能撤退到安全地点时，而设置的避难场所。

避难硐室一般应设在撤退路线上，距事故灾区的距离不宜超过500 m，其容积以能容纳下灾区的全部人员为准。避难硐室应具有耐高温、抗冲击和不漏气的性能。硐室内应备有供避难人员呼吸用的供气设备或系统，以及通信设备、自救器、药品、水、食物等。

5. 自救器

自救器是供矿工进行自救的安全保护装备。井下发生灾害事故时，可用它从充满有毒有害气体的巷道中安全撤出灾区。

（三）加强管理，严格遵守各项规定

矿井一旦发生瓦斯爆炸，为了防止灾情扩大，使灾区局限在尽可能小的区域和防止二次灾害或小灾害转为重大灾害，事先必须做好以下工作：

（1）每一矿井，每年必须由矿总工程师组织编制《矿井灾害预防和处理计划》。每季度末，还应根据具体情况进行修改，制订补充措施。每年至少组织1次矿井救灾演习；每一入井人员必须随身携带自救器。

（2）每一矿井必须有反映当前实际情况的下列图纸：矿井地质和水文地质图；地面、井下对照图；巷道布置图；采掘工程图；通风系统图；井下运输系统图；安全监测控制装备布置图；管路系统（排水、防尘、防火、注浆、压风、充填、抽放瓦斯等）图；井下通信系统图；地面、井下配电系统图和井下电气设备布置图以及井下避灾路线图等图纸。

（3）矿井发生重大事故时,相关领导必须立即赶到现场组织抢救,负责指挥处理事故。

（4）实行分区通风。每一生产水平和每一采区都必须布置回风巷，实行分区通风；采煤工作面和掘进工作面应采用独立通风，开采有瓦斯喷出或有煤与瓦斯突出的煤层，严禁任何两个工作面之间串联通风。

（5）通风系统力求简单。进、回风井之间和主要进、回风巷之间的每个联络巷道中，必须砌筑永久挡风墙。需要使用的联络巷，必须安设两道正向和两道反向的风门，防止在反风时风流短路，采空区必须及时封闭。

（6）装有主要通风机的出风口应安装防爆门,生产矿井主要通风机必须装有反风设施。

（7）开采有煤尘爆炸危险的矿井、矿井两翼、相邻的采区、相邻的煤层和相邻的工作面，都必须用岩粉棚或水棚隔开。所有运输巷和回风巷中必须撒布岩粉或冲洗巷道。设有隔爆水幕、喷雾、洒水或有其他隔绝煤尘爆炸措施的地点以及潮湿巷道中，可以不设岩粉棚、不撒布岩粉。

（8）每一矿井必须在地面设置消防水池和井下消防管路系统。每季度需组织矿山救护队、消防队、通风部门和有关部门分别对井上下消防管道系统、防火门、消防材料库和消防器材的设置情况进行一次检查，发现问题，及时解决。

复习思考题

1. 简述瓦斯爆炸的危害和条件。
2. 简述甲烷的引火延迟性对煤矿的安全生产的意义。
3. 简述防止瓦斯爆炸事故的措施。
4. 简述采掘工作面防止瓦斯积聚的措施。
5. 简述井下防止瓦斯引燃的主要措施。
6. 简述井下停风盲巷积聚瓦斯的排放方法。
7. 简述防止采煤工作面上隅角瓦斯积聚的方法。
8. 简述矿井瓦斯爆炸事故的一般规律。
9. 根据近年来矿井瓦斯爆炸事故的特点，谈谈对加强安全生产工作和防治矿井瓦斯的看法。
10. 某矿井下密闭区的可燃性气体组分与浓度分别为：$\varphi(CH_4)=5.1\%$，$\varphi(CO)=3.2\%$，$\varphi(C_2H_6)=0.01\%$，$\varphi(H_2S)=0.6\%$，试求该密闭区内可燃性气体的爆炸界限。（答案：上限为22.5%；下限为6.3%）

教学活动

1. 组织观看瓦斯爆炸事故纪录视频。
2. 组织学生查阅整理近五年我国重大瓦斯爆炸事故相关资料，以分组形式对各案例进行分析。
3. 组织学生参加相关瓦斯爆炸模拟试验，研究不同影响因素对瓦斯爆炸强度及传播的影响趋势，进行瓦斯爆炸影响因素的敏感性分析。

第四章　瓦斯喷出机理及防治措施

第一节　瓦斯喷出分类及其危害

一、瓦斯喷出分类

瓦斯喷出是指大量承压状态的瓦斯从煤、岩裂缝中快速喷出的现象。瓦斯喷出主要取决于两个因素，即瓦斯压力和周围煤岩裂隙状态。根据瓦斯喷出的定义可知，瓦斯喷出的发生必须具备两个条件：一是存在承压状态的瓦斯为瓦斯喷出提供源泉；二是存在瓦斯喷出的通道，即周围煤岩裂隙的存在。由于煤岩裂隙的产生不仅和地质构造有关，而且还和矿井中的采掘地压有关，目前瓦斯喷出的形式及分类主要根据煤岩裂隙的显现原因来确定。根据瓦斯喷出裂隙显现的原因不同，基本上可以分为沿地质构造裂隙喷出和沿采掘地压形成裂隙喷出。

1. 瓦斯沿地质构造裂隙喷出

从目前来看，这类喷出大多数发生在地质破坏带，石灰岩溶洞裂缝区，背斜或向斜轴部储瓦斯区以及其他一些储瓦斯构造与原始裂缝相通的区域。这类瓦斯喷出的特点是：一般情况下喷出的瓦斯流量较大，持续时间较长（有时能达到数年之久），无明显的地压显现预兆；而且掘进巷道的瓦斯喷出一般位于掘进工作面周围。根据目前的研究情况来看，这类瓦斯喷出时的流动多数为紊流运动，这主要取决于喷出时的瓦斯流动速度。

2. 瓦斯沿采掘地压形成裂隙喷出

目前的观察研究表明，这类瓦斯喷出不仅与地质构造有关，而且还与采掘地压有关。在各种地质构造破坏区内，原来处于封闭状态的构造裂隙在采掘地压和瓦斯压力的联合作用下往往会突然张开，成为瓦斯喷出的通道。此外，在采掘地压的作用下，也往往会产生新的裂隙，构成瓦斯喷出的通道。这类瓦斯喷出的特点是：喷出濒临发生时，往往伴随地压显现效应，出现多种显著预兆，如巷道与工作面压力增大导致的支架响声、掉碴、煤岩开裂、支架折断等。一般情况下，喷出瓦斯持续的时间较短，喷出的瓦斯量则与卸压区面积及其瓦斯储量有关。目前看来，掘进巷道发生的这类喷出，一般都在距掘进工作面一定距离的已掘巷道处（该距离视不同矿井条件有所区别，一般在 20 m 左右）。采煤工作面发生的这类喷出，则一般均在工作面推进距开切眼 1 ~ 3 倍层间距，即卸压瓦斯源所在邻近层与开采层的层间距 1 ~ 3 倍处。其原因则在于这类瓦斯喷出要具有一定的采掘面积时才能显现卸压，故而一般要在基本顶来压后一段距离才能实现。因此，层间距、喷出源的瓦斯压力、层间岩石力学性质、采掘地压以及地质构造的破坏程度等都影响到这类瓦斯喷出量的大小和持续时间的长短，而这类瓦斯喷出时的流动状态则取决于喷出源的瓦斯压力、裂隙分布状态及其流动阻力。目前认为采掘地压产生的裂隙及导致构造裂隙的张开，是形成卸压瓦斯喷出的通道，也是导致这类瓦斯喷出的主要原因。

二、瓦斯喷出危害

由于矿井中煤岩裂隙分布状态复杂多变，同时承压状态的瓦斯也时常发生变化，从而导致了喷出时的瓦斯流动状态变化不定，增加了研究、测试工作的难度。鉴于瓦斯赋存的复杂性，导致瓦斯喷出在时间上往往表现为突然性，在空间上又表现为集中性，对矿井安全生产造成很大的威胁。研究表明：在 20 m 巷道范围内，瓦斯涌出量超过 10 m^3/min，且持续时间在 8 h 以上时，该采掘区即定为瓦斯喷出危险区域。从目前来看，瓦斯喷出的发生往往可能造成局部地区，甚至采区或矿井的一翼充满高浓度瓦斯，导致人员窒息；此外，高浓度瓦斯在流动过程中遇高温热源有可能发生爆炸，有时强大的喷出还可以产生动力效应并导致破坏作用，严重破坏巷道、支架、设备及通风系统。因此，瓦斯喷出是矿井瓦斯事故防治工作的重点之一。

另外，在钻探施工过程中发生瓦斯喷出还可能损坏设备或致伤人员。如抚顺煤矿发生的 33 次钻孔瓦斯喷出动力现象，不仅巷道充满高浓度瓦斯（最长 116 m 巷道瓦斯浓度 10% 以上，逆风 40 m 瓦斯浓度 2% 以上，喷出瓦斯总量 2500 m^3），而且大多将钻杆顶出（有 16 次将钻杆顶出 10 m 以外，有 5 次顶出 40 m 以外，有 3 次分别将 196 m、186 m、230 m 的钻杆全部顶出），钻杆弯曲（大多呈 120°环状弯曲）、折断（最多断为 13 段），有的钻杆插入岩帮或底板（一般 0. 3 ~0. 5 m，最深达 0. 85 m）；喷出的高压瓦斯气流将钻机推倒甚至推出数米远；喷出的煤粉等抛出物将钻机埋住。

第二节　瓦斯喷出预防与处理措施

预防与处理瓦斯喷出的措施，应根据瓦斯喷出类型、喷出瓦斯量的大小和瓦斯压力的高低来拟定。一般可采用“探、排、引、堵、风”的综合技术措施，也可根据瓦斯喷出的类型采取相应措施。

一、综合预防处理

一些发生过瓦斯喷出的矿井，在吸取深刻教训的基础上总结出了“探、排、引、堵、风”的综合技术措施。“探”就是探明地质构造与瓦斯储存情况；“排”则是排放或抽放瓦斯；“引”就是把瓦斯引至回风流或工作面后方 20 m 以外的区域；“堵”则是将裂缝、裂隙堵住而不让瓦斯喷出；“风”则是加大瓦斯喷出地点的供风量。

1. 探明地质构造

在掘进巷道前方和两侧打钻孔，探明是否存在含有瓦斯的断层、裂隙、溶洞等地质构造，以便了解它们的位置、范围以及储存瓦斯的多少等情况，为采取针对性措施提供参考。

2. 排（抽）放瓦斯

如果探明断层、裂隙、溶洞不大或瓦斯量不多时，则可让它自然排放；如果溶洞体积较大、范围较广、瓦斯量较多、瓦斯喷出强度较大和持续时间较长，则可打钻孔接设瓦斯管路进行抽放；而若掘进工作面及巷道有较多细小裂隙，且分布较广时，可暂时停止掘进，封闭巷道接管抽放。

3. 引导瓦斯

喷出瓦斯的裂隙范围较小且喷出瓦斯量不大时，可用金属罩或帆布罩将喷出瓦斯的裂隙盖住，然后在罩上接风筒或管路，将瓦斯引到回风巷道或引到距离工作面 20 m 以外的巷道中，以保证工作面安全爆破。

4. 封堵裂隙

喷出瓦斯的裂隙较广、喷出瓦斯量很小时，可用黄泥或水泥堵住裂隙，阻止瓦斯喷出，以保证掘进工作面安全。

5. 加强通风

对于有瓦斯喷出危险的工作面，要有独立的通风系统，实行独立通风，并应加大供风量。

二、分类处理

分析表明瓦斯喷出的主要规律表现为以下几方面：

(1) 与地质变化有密切关系。瓦斯喷出的统计资料表明，瓦斯喷出常发生在地质构造、溶洞、裂隙的位置，此外还与开采层与邻近层之间的岩石及厚度变化、邻近层瓦斯压力大小等密切相关。随着开采深度加大，煤矿煤层赋存条件日益复杂，地层矿压和煤层瓦斯压力造成瓦斯喷出，甚至突出升级。

(2) 喷出前往往出现征兆。如地压活动显著加剧、发生底板鼓起、支架来压破坏、煤层变软、煤层湿润、瓦斯涌出忽大忽小，有时还会出现“嘶嘶”的瓦斯流动声响等现象。

(3) 瓦斯喷出后一般有明显的喷出口或裂缝。

(4) 煤层顶底板岩层中有溶洞、裂隙发育，其中储有大量瓦斯时，则可能发生大规模的瓦斯喷出现象。

(5) 瓦斯喷出量有大有小，它与蓄积的瓦斯量和瓦斯来源的范围有密切关系，随开采深度加大，煤岩层封闭条件等造成瓦斯含量和瓦斯压力增加，采掘工程活动影响下瓦斯喷出量预计会增加。

因此，根据瓦斯喷出规律，对瓦斯沿地质构造裂隙喷出和采掘地压形成裂隙喷出可分别采取预防处理措施。

(一) 瓦斯沿地质构造裂隙喷出的预防处理

1. 加强地质工作

对于有第一类瓦斯喷出危险的区域内，必须加强地质工作，即在采掘施工前一定要设法探明地质情况。可通过打前探钻孔查明采掘区域与岩巷前方的地质构造、裂隙溶洞的位置分布及其瓦斯储量。

对于石灰岩溶洞裂隙和无吸附能力的断层带、砂岩层中的储瓦斯容积可用下式估算：

$$V=\frac{QP_a}{P_0-P_1} \tag{4-1}$$

式中 V——储瓦斯洞缝的容积，m^3；

Q——现场测试时，两次测压期间从洞缝排出的瓦斯量，m^3；

P_a——测试地点的大气压力，MPa；

P_0——排放瓦斯前，储瓦斯洞缝中的原始瓦斯压力，MPa；

P_1——排放瓦斯后测得的洞缝残余瓦斯压力，MPa。

对于有吸附能力的煤(岩) 层，按煤(岩)层的瓦斯含量与储瓦斯的煤(岩)层储量来预计。

2. 制订安全措施

根据瓦斯压力、储瓦斯容积和地质采掘条件制订防治瓦斯喷出的安全措施。

3. 综合治理喷出瓦斯

利用封堵喷出缝口、引排抽放瓦斯、加强通风等综合方法治理喷出瓦斯。当单纯用通风方法不能使井巷和工作面的瓦斯浓度降到规定的浓度时，应采用综合治理方法，即除加强通风外，还要采用隔离瓦斯喷出源并通过专门管路把瓦斯排至确保安全的回风巷风流中或地面大气中。当喷出量小、裂缝不大时，可用罩子或其他设施（铁风筒、金属溜槽或厚2 ~3 mm 的铁板等）将喷出裂缝封盖好，填严水泥砂浆密封，并通过管路把瓦斯引排到抽放瓦斯管路、回风巷或地面。如图4 -1 所示，如果喷缝较多、面积较大，可以安设数个引排罩。设置引排罩时，先在喷缝周围挖出 30 ~40 mm 的沟槽，然后盖好引排罩，四周用水泥砂浆或黄泥填实，利用管路借助喷出的瓦斯压力或在6 ~7 kPa 负压下抽出。

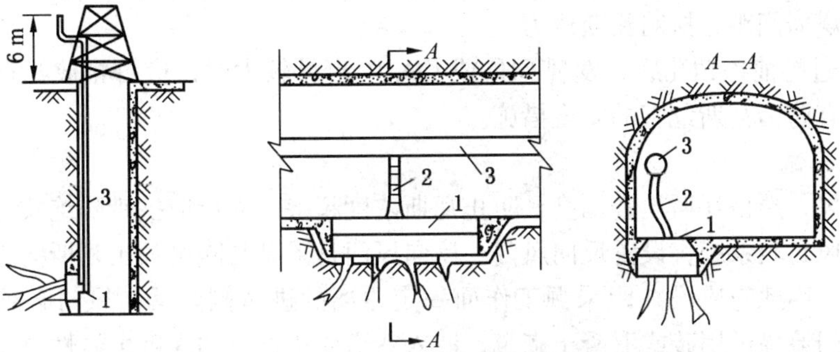

(a) 立井井壁瓦斯喷出治理　　(b) 平巷较大面积瓦斯喷出治理

1—引排罩；2—引排软管；3—瓦斯排放管路

图4 -1　两种治理瓦斯喷出源方法

不宜使用引排罩时，可采用钻孔抽放，钻孔直径为45 ~110 mm，也可先砌筑混凝土巷壁或碹壁，然后在碹壁外注水泥浆封固，壁后插管把瓦斯引至瓦斯管路。

当瓦斯喷出十分强烈不能采用上述方法时，可把喷出井巷密闭，通过密闭墙上设置的瓦斯管路把瓦斯引出排放到适宜地点。为了排水和取样检查密闭区气体情况，在密闭墙上应安设3 个直径为35 mm 以上的插管：一个引排瓦斯用，一个放水用（位于巷道下部，为了水封，应做成U 形），一个取样测温用（平时用塞子堵严）。

4. 前探钻孔措施

中梁山煤矿在储瓦斯的石灰岩溶洞区掘进时，为了探明巷道前方的地质构造和预防瓦斯喷出，采用超前探钻措施，钻孔布置如图4 -2 所示。根据相关规定，开采有 CH_4 或 CO_2 喷出的煤（岩）层，必须采取打前探钻孔或排放钻孔，加大危险区域风量和将喷出

的 CH_4 或 CO_2 直接引入回风巷或排放瓦斯管路措施。关于钻孔布置应遵守以下规定：

（1）岩石井巷前方有喷出瓦斯（CH_4、CO_2 等）危险时，应打前探钻孔。钻孔超前工作面距离不得小于 5 m，孔数至少 3 个。钻孔控制范围要超出井巷侧壁 2～3 m。钻孔直径不应小于 75 mm。

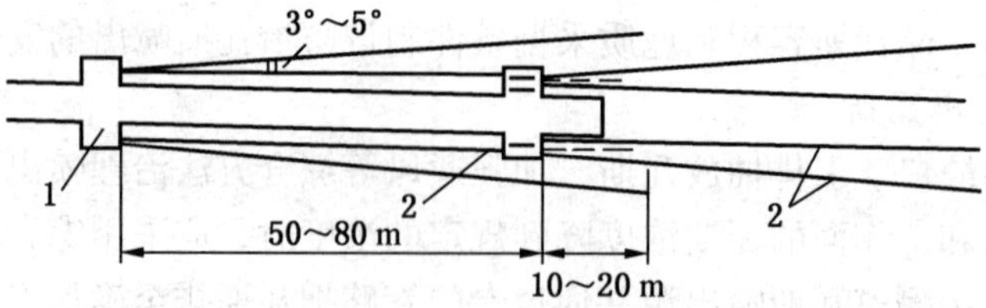

1—钻场；2—钻孔

图 4-2　巷侧前探钻孔布置示意图

（2）在有 CH_4 或 CO_2 喷出危险的煤层内掘进巷道时，可沿煤层边打超前钻孔边掘进，钻孔超前工作面的距离不得小于 5 m，孔数至少 3 个。

（3）煤层有 CH_4 或 CO_2 喷出危险，当沿其顶底板岩层掘进巷道时，可向煤层打前探钻孔，掌握煤岩间距、探明瓦斯压力。

（4）经过打前探钻孔后，发现 CH_4 或 CO_2 喷出量较大时，应打排放瓦斯钻孔。钻孔施工时，应有防治瓦斯危害的安全措施。

5. 安全措施

搞好通风，严格瓦斯检查制度，防止瓦斯浓度超限。人员应携带隔绝式自救器，巷道内应铺设压风自救系统，设置反向风门。反向风门是限制与隔绝喷出瓦斯向进风系统逆流的安全设施，因此它应设在距采掘工作面一定距离的进风侧。反向风门必须坚固，并设置两道。风门墙垛可用砖或混凝土砌筑，嵌入巷道周边岩石的深度由岩性决定，但不得小于 0.2 m，墙垛厚度不得小于 0.8 m。门框和门可采用坚实木质结构，门框厚度不得小于 100 mm，风门厚度不得小于 50 mm，两道风门之间的距离不得小于 4 m。独头巷道工作面爆破时反向风门必须关闭，通过门垛的风筒必须设隔挡装置以防瓦斯逆流。爆破后，有关人员进入检查时，必须把风门打开顶牢。爆破时，作业人员必须全部撤至反向风门外，风门内应切断电源。

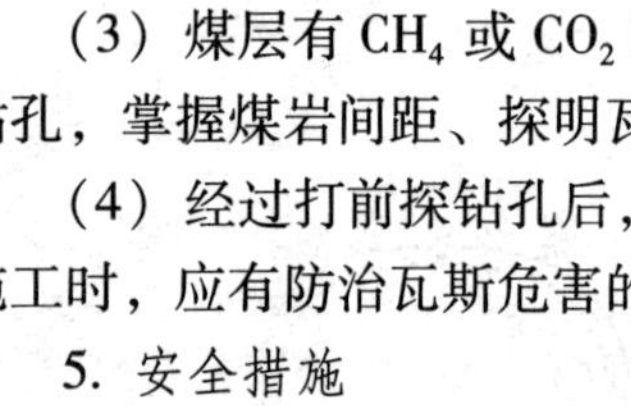

1—钻场；2—钻孔；3—采煤工作面；4—进风巷；5—回风巷；6—采空区；7—抽放瓦斯上山

图 4-3　回采初期邻近层卸压瓦斯的抽放钻孔布置示意图

（二）瓦斯沿采掘地压形成裂隙喷出的预防处理

（1）搞好地质工作。除查清地质构造外，还应掌握层间岩性与厚度的变化、邻近层的瓦斯压力与瓦斯含量、地压的大小与顶底板活动规律等，以便制订预防瓦斯喷出、瓦斯爆炸和窒息事故的措施。

（2）根据初期卸压面积估算卸压瓦斯量。按照瓦斯量、瓦斯喷出危险性以及层间距确定抽放卸压钻孔的数量及孔位。抽放钻孔可布置成扇形孔（以减少钻场工程量和钻机的运输安装费），孔数一般为 5～6 个，如图 4-3 所示。

(3) 加强职工业务培训，人人掌握瓦斯喷出预兆，配备自救器（隔绝式），安设压气自救系统，熟悉避灾路线与自救系统的器材使用方法。

(4) 搞好顶板控制，加强支架质量检查，悬顶过长而不卸压时应采取人工卸压措施，以防大面积突然卸压造成强烈瓦斯喷出。

(5) 搞好工作面通风，加强瓦斯检查，掌握瓦斯涌出动态与抽放瓦斯动态，以便做好瓦斯喷出的预报和预防工作。

复习思考题

1. 什么叫作瓦斯喷出？
2. 简述矿井瓦斯喷出的类型及特点。
3. 简述矿井瓦斯喷出主要危害。
4. 简述防止矿井瓦斯喷出的主要技术措施。
5. 简述引发矿井瓦斯喷出事故的主要因素。

教学活动

观看矿井瓦斯喷出教学录像及分析有关矿井瓦斯喷出案例。

第五章 煤与瓦斯突出理论

第一节 煤(岩)与瓦斯突出概况

煤矿地下采掘过程中，在很短时间（数分钟）内，从煤（岩）壁内部向采掘工作空间突然喷出煤（岩）和瓦斯的现象称为煤（岩）与瓦斯突出，简称瓦斯突出或突出。突出能摧毁井巷设施、破坏矿井通风系统使井巷充满瓦斯和煤（岩）抛出物，造成人员窒息、煤流埋人，甚至可能引起瓦斯爆炸与火灾事故，导致生产中断等，因此它是煤矿最严重的灾害之一。

迄今为止，世界各主要产煤国家都发生过煤与瓦斯突出事故。世界上最大的一次煤与瓦斯突出事故发生在 1969 年 7 月 13 日苏联加加林矿，在 -710 m 水平主石门揭穿厚仅 1.03 m 煤层时，发生了这次突出，突出煤 1.4×10^4 t、瓦斯 2.5×10^5 m^3。

我国是世界上煤与瓦斯突出严重的国家之一。我国第一次有记载的突出事故发生在 1950 年吉林省辽源富国西二矿，是在垂深 280 m 煤巷掘进时发生的。我国最大的一次突出事故发生于 1975 年 8 月 8 日，天府三汇坝一井 +280 m 主平硐震动爆破揭穿煤层时发生了突出，突出煤岩 12780 t（煤占 60%，岩石占 40%）、瓦斯 1.4×10^6 m^3。1975 年 6 月 13 日，吉林营城五井在 -439 m 处全岩掘进巷道爆破时发生我国第一次砂岩与二氧化碳突出，突出砂岩 1005 t、二氧化碳 1.1×10^4 m^3。

此外，随着开采深度增加，瓦斯压力与地应力增大，发生了岩石和瓦斯突出。苏联顿巴斯煤田 1955—1975 年，已有 14 个矿井发生了 3293 次砂岩和瓦斯突出，始突深度 704 m，最大突出强度 3500 t。各国突出的岩石大多数为砂岩，少数为砂质页岩（捷克塔瑞奇矿井）、粉岩等。德国发生过岩盐和二氧化碳突出，最大的一次钾盐和二氧化碳突出发生在韦拉地区门寸格拉本矿，于 1953 年 7 月 7 日突出钾盐 1×10^5 t。突出的煤种从褐煤到无烟煤都有，如南斯拉夫范轮契姆矿和劳科煤矿在地质破坏带发生过褐煤与瓦斯突出和砂岩与瓦斯突出。

我国煤与瓦斯突出发生的地点见表 5-1。

表 5-1 我国煤与瓦斯突出发生地点统计

巷道类别	突出次数	比例/%	最大强度/t	平均强度/(t·次$^{-1}$)
石门	567	5.8	12780	317.1
煤平巷	4652	47.3	5000	55.6
煤上山	2455	24.9	1267	50.0
煤下山	375	3.8	369	86.3
采煤工作面	1556	15.8	900	35.9
大直径钻孔及其他	240	2.4	420	31.5

第二节　煤与瓦斯突出种类及特征

煤与瓦斯突出本质上是一种动力现象，井下的动力现象分类如图 5－1 所示。人们把矿井中有瓦斯参与抛出煤岩的现象称为矿井瓦斯动力现象，它包括煤与瓦斯突出（简称突出），煤体压出并伴随大量瓦斯涌出（简称压出）；煤体倾出并伴有大量瓦斯涌出（简称倾出）。通常人们把这 3 类动力现象统称为煤与瓦斯突出，实质上是混淆了其本质的力学现象的不同。

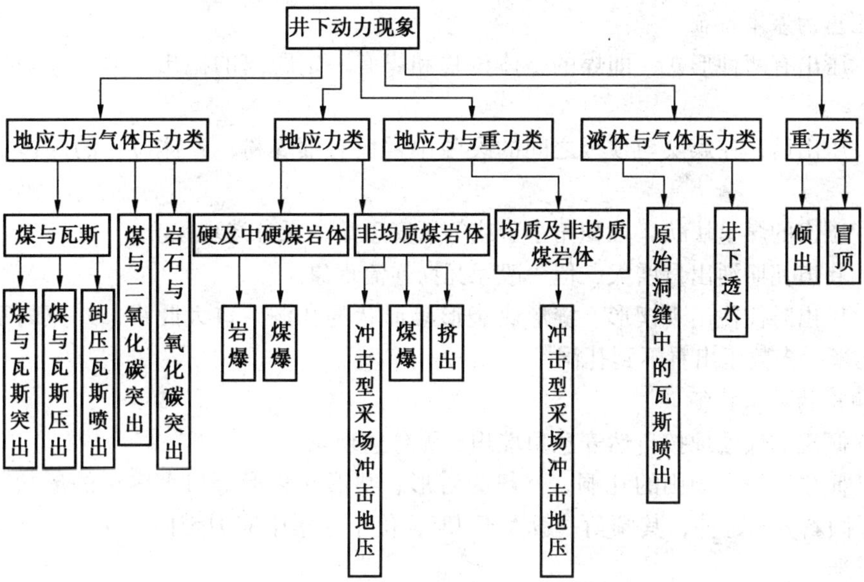

图 5－1　井下动力现象分类

煤与瓦斯突出的分类方法目前主要有 4 种：一是按动力现象的力学（能源）特征分类；二是按瓦斯动力在空间位置的来源分类；三是按动力现象的强度分类；四是按突出危险程度分类。下面分别对这 4 种分类方法进行介绍。

一、按动力现象的力学（能源）特征分类

1. 突出的基本特征

（1）突出的煤向外抛出距离较远，具有分选现象，由外向突出点的煤的颗粒度由粉末状到煤块逐渐增加（即先是煤粉，后是细颗粒的煤，再后是粗颗粒的煤或块煤）；煤（岩）被高瓦斯气流运至远处，随巷道而拐弯。

（2）抛出的煤堆积角小于煤的自然安息角（一般为 40°）。

（3）抛出的煤破碎程度较高，含有大量碎煤和一定数量手捻无颗粒感的煤粉。大量极细的煤炭粉的末是突出时煤炭被高压瓦斯膨胀粉碎的结果，有时突出固体物被捣固压实，需要用风镐或手镐来清理。

（4）有明显的动力效应，破坏支架、推倒矿车、损坏和抛出安装在巷道内的设施。

（5）有大量的瓦斯涌出，瓦斯涌出量远远超过突出煤的瓦斯含量，有时会使风流逆转。突出的强度越大，瓦斯逆流越远，100 t 以下的突出一般为几十米，1000 t 以下的大型突出的瓦斯逆流达几百米、甚至千米；超过 1000 t 的特大型突出的瓦斯逆流可达千米至数千米以上，严重破坏矿井通风系统。

（6）突出孔洞呈口小腔大的梨形、舌形、倒瓶形、分岔形以及其他形状。突出中心线沿煤层倾斜方向向上延伸或与煤层倾向线成不大的夹角，一般长度为几米到几十米，有时可能看到孔洞，主要是被突出时位移的煤或碎煤所充填。

2. 压出的基本特征

（1）压出有两种形式，即煤的整体位移和煤有一定距离的抛出，但位移和抛出的距离都较小。

（2）压出后，在煤层与顶板之间的裂隙中常留有细煤粉，整体位移的煤体上有大量的裂隙。

（3）压出的煤呈块状，堆积角小于或等于安息角，无分选现象。

（4）巷道瓦斯涌出量增大，但一般无瓦斯逆流现象。

（5）压出时往往出现楔形、缝形或袋形等形状的孔洞，口大肚小，外宽内窄，深度一般为几米，多数压出看不到孔洞。

3. 倾出的基本特征

（1）倾出的煤就地按自然安息角堆积，无分选现象。

（2）倾出一般有规则的孔洞，一般为舌形、梨形或袋形等口大内小的形状；孔洞轴线沿煤层倾斜方向延伸，其倾角一般大于 45°，位于原集中应力带内，孔洞深度一般为几米至数十米。

（3）无明显动力现象。

（4）倾出常发生在煤质松软的急倾斜煤层中。

（5）巷道瓦斯涌出量明显增加。

发动突出的主要作用力是地应力和瓦斯压力的联合作用，通常以地应力为主，瓦斯压力为辅，重力不起决定作用；实现突出的基本能源是煤内积蓄的高压瓦斯潜能，因此突出的各基本特征也缘于此。发动与实现压出的主要作用力是地应力，瓦斯压力与煤的自重是次要因素，压出的基本能源是煤岩所积蓄的弹性变形能，这就构成了压出的各主要特征。发动倾出的主要因素是地应力，即结构松软，含有瓦斯致使内聚力降低的煤，在较高地应力作用下突然破坏、失去平衡，为其位能的释放创造了条件；实现倾出的主要力是失稳煤的自重，因此呈现倾出各特征。

这 3 类动力现象的发动都以地应力为主，所以它们的预兆相似（如有声响预兆等），对震动以及引起应力集中的各因素都非常敏感，在应力集中地带、地质构造带、松软煤带等处都易发生这 3 类现象。反之凡能使地应力得到缓和和减少的措施（例如开采保护层等）都可以减弱甚至消除它们的发生。但是实现这 3 类现象的基本能源不同，一般情况下不难区分，从而可采取不同的措施加以防范。在突出危险煤层内，地应力、瓦斯压力和煤的重力是同时存在的，而且前两者又是相辅相成的（即地应力增大处，瓦斯压力与含量增高；而瓦斯含量高瓦斯压力大的地区，由于吸附瓦斯附加应力的增高使地应力也增大)，所以可能发生不同类型的动力现象，也可能由某一类导致另一类动力现象，可能会遇到不易准确划分的中间类型和混合类型。例如同时具有倾出和压出特征，通过仔细观察，抓住主要因素和特征来鉴别这种现象的类型。吨煤瓦斯涌出量大于煤的瓦斯含量，表明多余的瓦斯来自孔洞周围的卸压煤体。

二、按瓦斯动力在空间位置的来源划分

根据瓦斯动力在空间位置的来源，有时将煤与瓦斯突出分为层内突出和顶底板突出两种类型。这两种突出的机理不同，故在性质上存在很大差异。下面依次讨论这两种突出类型。

1. 层内突出

层内突出是指从当前开采煤层中气体和固体一起喷发出来的现象。导致层内突出的地质条件多种多样，其中一个普遍特征是，岩层内包含多孔性矿物和高压气体。煤矿的层内突出气体主要是瓦斯、二氧化碳或这两种物质的混合物，突出的固体主要是煤或煤和岩石，而钾矿内则主要是氮气和矿物。

人们对层内瓦斯突出的机理存在争议，当前的假说认为，突出洞穴中物质的结构已经被地质时期的构造应力所破坏。煤矿层内突出时，排放的煤量高达5000 t以上，而且其中大部分的直径小于10 m，并且伴随有几十万立方米的瓦斯喷出。有人认为煤的粉碎是受到巨大的切应力形成的，研究表明，对于普通的无烟煤试样，可以通过这种方式变成易碎的突出性无烟煤。如果煤矿处在易受构造运动冲击的断层地区，则较容易发生层内突出。突出性煤样的典型特征是光滑易碎，以至于可以用手捏成粉状。在突出口附近，煤层由于受到额外构造应力的作用，通常产生严重的扭曲变形。

在煤炭被粉碎以后，如果顶板岩层维持较低的透气性系数，则产生的瓦斯仍将停留在原处。但是，由于煤颗粒很细，煤层一旦卸压，瓦斯可以很快地解吸出来。

当平巷和采掘工作面接近包含高压煤粉和瓦斯的突出危险区域时，作用在处于自由采煤工作面和隐含突出洞穴之间狭窄煤层上的应力将增加。当到达某个临界状态，煤层开始出现裂缝，这时煤层中将发出轰鸣或者类似于发动机的声音。当瓦斯施加在喷发口的压力超过煤层的屈服应力时，迎面的煤层将向外突出，瓦斯的膨胀波可能冲击整个煤矿通风系统，压力降低的膨胀波还能返回粉碎的煤层。大量瓦斯的快速解吸加强了瓦斯的膨胀作用，把大量的煤尘推到巷道中。尽管突出可能只持续几秒钟，但是解吸的瓦斯促使煤尘充满巷道并向前冲击，将设备和人员抛出一段距离，有时甚至抛出一百多米。研究发现，发生突出后煤层中的孔腔是光滑的岩层。几个相互连通的孔腔可以在某一次突出中共同发生作用。突出发生之后，在巷道和采掘工作面清除的煤尘体积要远远超过突出孔腔的煤尘体积。

2. 顶底板突出

顶底板突出是指突出的动力源来自开采煤层的顶板或底板内积聚的瓦斯压力。这主要发生在长壁开采的采煤工作面中。开采煤层邻近的上部或下部的瓦斯将从源头向开采工作面运移。由于采动裂隙可以作为瓦斯流动的通道，卸压煤层的透气性系数通常大幅度增加，当上、下邻近层和开采煤层之间存在高强度、低透气性系数的岩石（顶底板）时，

将导致顶底板的一侧出现高压瓦斯积聚。一旦这个压力带突然破坏，大量瓦斯就会快速进入工作面区域。

图 5－2 反映了底板瓦斯突出的发展过程。图 5－2a 中，下邻近层卸压使底板的瓦斯向上运移，位于开采层与底板之间低透气性系数的岩层受采动压力的影响出现裂隙，并存在一定的瓦斯流动。而图 5－2b 则表示了低透气性系数的岩层没有破裂的情况。对于后者，这个区域积聚的瓦斯产生更高的压力梯度，成为潜在的突出地点。瓦斯在底板岩层积聚的速率，取决于下邻近层瓦斯的产生率和通过底板岩层的渗透率之比，这个比值越大，瓦斯突出的危险性就越高。

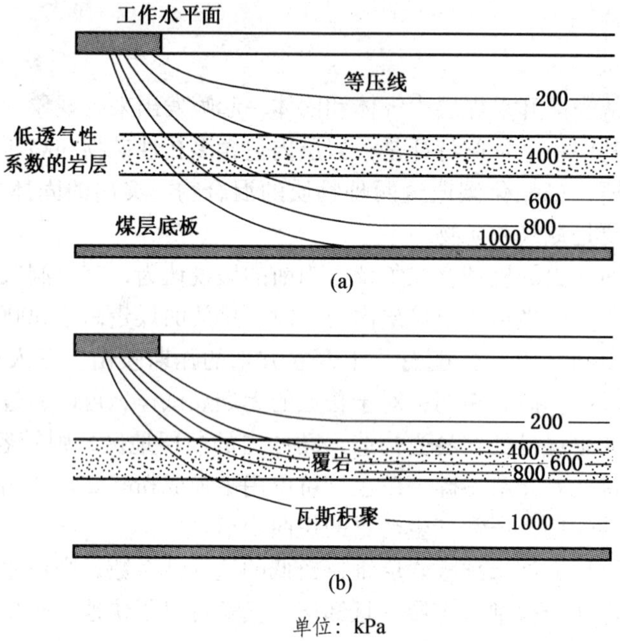

图 5－2　底板潜在突出的发展过程

底板岩层裂隙中瓦斯的流动阻力随其强度和厚度的增大而增长，即使像细砂岩这样的多孔岩层，如果被水浸润后，其相对透气性系数也可能锐减。

顶板突出则有很大不同。回采工作面上部的煤层顶板发生垮落和下沉，产生较大的垂直运动，这为瓦斯积聚提供了更大的空间。岩层分离也促进了平行于岩层的瓦斯流动。因此，上覆岩层附近可以储存大量瓦斯。低透气性系数的岩层容易产生裂缝，高压瓦斯在煤层积聚的可能性也比较小。由于这些原因，顶板瓦斯突出通常表现为持续几个小时到几个月的巨大瓦斯流，这时一般不会产生直接顶岩层的剧烈扰动。

相比之下，底板瓦斯突出通常持续时间很短，但更加猛烈，甚至使底板岩层破裂并向上喷射出大量固体物质。底板如果含有较少的构造带，则顶板岩层能够抑制由外部力量引起的裂隙扩大，这将导致高压瓦斯的聚集。但是，一般情况下，底板岩层比顶板岩层储存的瓦斯量要少得多。

在顶底板瓦斯突出发生几小时之前，瓦斯浓度通常有间歇地少量增加。这可能是由于在整体破裂之前，顶板岩层和层间孔隙带内渐增的应力而造成的，连续瓦斯监测器可以探测到这样的警报信号。在突出发生前的瞬间，顶板支柱上可能出现特别大的载荷和采空区塌陷。顶底板突出更可能发生在沿层内最大切应力的平面，例如瓦斯排放口、与采空区相邻的巷道或长壁工作面自身。顶板突出可能是由长壁工作面上覆岩层的初次断裂所诱发的。有时煤柱边缘的垮塌，也可能促使顶板岩层突然断裂。

防止顶板突出最有效的方法是定期在任何可能存在突出的地方打钻抽放瓦斯。钻孔应该和冒顶区域成一定角度，同时应穿透顶板岩层到达瓦斯源。钻孔间距应由现场情况决定，但至少不要小于 10 m。另外，钻孔应保持包围整个采掘工作面。所有钻孔都应该和瓦斯抽放系统连接。

正常情况下，底板钻孔瓦斯抽放量小。但是在容易发生底板突出的地区，作为预防措施，应当对这些钻孔持续进行抽放工作。

另外，应该对钻孔流速和钻孔压力进行测试，当它们比正常值高时，则突出很可能正处于发展过程中。如果有瓦斯储存在顶底板岩层中的任何迹象发生，则应增加瓦斯抽放钻孔，以降低瓦斯压力和排放瓦斯并使其进入抽放管道系统。

三、按动力现象的强度分类

突出强度是指每次发生突出现象所抛出的煤（岩）数量（一般以 t 为单位）和涌出的瓦斯（二氧化碳）量（以 m^3 为单位）。由于在突出时，统计和计算瓦斯（二氧化碳）的量比较困难，所以通常以煤（岩）数量作为划分突出的主要依据。以此为依据，可将煤与瓦斯突出分为：

（1）小型突出：突出的煤（岩）数量小于 100 t。

（2）中型突出：突出的煤（岩）数量为 100 ~ 499 t。

（3）大型突出：突出的煤（岩）数量为 500 ~ 999 t。

（4）特大型突出：突出的煤（岩）数量大于 1000 t。

四、按突出危险程度分类

根据相关规定对突出危险程度的划分规定如下：

（1）突出矿井：在矿井开拓、生产范围内有突出煤层的矿井。

（2）突出煤层：在矿井井田范围内发生过突出的煤层，经鉴定后有突出危险性的煤层或按突出煤层管理的煤层。

（3）突出危险区与无突出危险区：突出矿井应对突出煤层进行区域突出危险性预测，区域预测可分为新水平、新采区开拓前的区域预测和新采区开拓完成后的区域预测；突出煤层经区域预测后可划分为突出危险区和无突出危险区；未进行区域预测的区域视为突出危险区。

（4）突出危险工作面：位于突出危险区的工作面为突出危险工作面，其必须采取区域性瓦斯治理措施，并经论证区域性措施有效后进入采掘工作程序；在工作面采掘过程中，经工作面预测为有突出危险的工作面也是突出危险工作面，这时需采取局部综合防突措施，并经措施论证有效后转化为无突出危险工作面。

（5）无突出危险工作面：位于无突出危险区的工作面或由于采取措施丧失突出危险

的工作面。无突出危险工作面需在有安全防护措施保护下进行采掘工作。

第三节　煤与瓦斯突出假说、机理及突出过程

一、煤与瓦斯突出假说

煤与瓦斯突出是一种非常复杂的动力现象，影响因素众多，发生原因复杂。到目前为止，对各种地质、开采条件下突出发生的机理还没有完全掌握，大部分是根据现场统计资料及试验研究提出的各种假说。归纳起来，这些假说可分为4类，即以瓦斯为主导作用的假说（瓦斯作用说）、以地应力为主导作用的假说（地应力作用说）、化学本质说和综合作用假说。其中综合作用假说由于全面考虑了突出发生的作用力和介质两个方面的主要因素，得到了国内外大多数学者的认可。

1. 瓦斯作用说

瓦斯作用说认为煤内储存的高压瓦斯是突出中起主要作用的因素。这些假说主要包括瓦斯包说、粉煤带说、突出波说、煤透气性不均匀说、裂缝堵塞说、闭合孔隙瓦斯释放说、瓦斯膨胀说、火山瓦斯说、瓦斯解吸说等，其中瓦斯包说占重要地位。瓦斯包说认为煤层中存在瓦斯压力与瓦斯含量比邻近区域高得多的煤窝，即瓦斯包，其中煤松软、孔隙裂隙发育，具有较大的储存瓦斯的能力，它被透气性差的煤（岩）所包围，储存的高压瓦斯，其压力超过煤层强度减弱地区煤的强度极限。当工作面接近这种瓦斯包时，煤壁会发生破坏，瓦斯将松软的煤窝破碎并抛出煤炭形成突出。

关于煤窝的形成，有人认为它是地质构造过程或矿山技术因素作用形成的煤结构异常区，在该范围内煤被搓揉和破碎，形成构造煤。有人认为，受采掘爆破作用也能形成这种煤窝。

2. 地应力作用说

该假说认为突出主要是高地应力作用的结果。这类假说主要有岩石变形潜能说、应力集中说、剪应力说、振动波动说、冲击式移动说、顶板位移不均匀说、应力叠加说、拉应力波说等。对于高地应力的构成有不同的说法：一种说法认为除自重应力外，还存在地质构造应力，包括残余构造应力和现代构造应力，如岩石变形潜能说。当巷道接近储存构造应变能高的硬而厚的岩层时，后者将像弹簧一样伸长，将煤破坏和粉碎，引起瓦斯剧烈涌出而形成突出。另一种说法认为采掘工作面前方存在集中应力，当弹性厚顶板悬顶过长或突然垮落时，可能产生附加应力，如应力集中说。在集中应力作用下，煤发生破坏并破碎时会伴随大量瓦斯涌出而造成突出。

3. 化学本质说

这类假说主要有爆炸的煤说、地球化学说和硝基化学物说。爆炸的煤说认为突出是由于煤在地下深处变质时发生化学反应而引起的，即由于煤的变质，在爆炸性物质（爆炸的煤）转化的介稳区，能呈现连锁反应过程，并迅速形成大量的 CO_2 和 CH_4，从而引起煤与瓦斯突出。地球化学说认为瓦斯突出是煤层中不断进行的地球化学过程——煤层的氧化还原过程。由于活性氧及放射性气体的存在而加剧生成一些活性中间产物，导致瓦斯高速形成。中间产物和煤中有机物质的相互作用，使煤分子受到破坏。硝基化学物说认为突

出煤中积蓄有硝基化合物，只要有不大的活化能量（如岩石应力分布不均、瓦斯压力等）就能产生发热反应，当其热量超过分子间活性能时，反应将自发地加速进行，从而发生突出。但迄今为止在矿井中尚未发现瓦斯的水化物实物，因此硝基化学物说的支持者和拥护者较少。

4. 综合作用假说

综合作用假说认为突出是地应力、瓦斯、煤的力学性质等因素综合作用的结果。这一假说较全面地考虑了突出的动力与阻力两个方面的主要因素，因而得到了国内外学者的普遍承认。这类假说主要有振动说、分层分离说、破坏区说、动力效应说、游离瓦斯压力说、能量假说和应力分布不均匀说，其中苏联学者 B·B·霍多特提出的能量假说影响最为广泛。另外，我国学者还提出了发动中心说、流变说、球壳失稳说等。

二、突出的力能计算

1. 地应力

煤体内存在地应力（包括自重应力、地质构造应力和采动集中应力）、瓦斯压力和煤的重力。一般情况下这些力是不等的，有大有小，方向也不相同。自重应力和煤的重力是竖直方向，煤的自重应力所派生的侧向应力是水平的。地质构造应力通常是水平的，瓦斯压力属于流体压力，是各向均等的。巷道周围的瓦斯压力对煤体的作用力方向指向巷道。各应力的数值一般可用下列诸式来估算：

(1) 自重应力：

在竖直方向 $$\sigma_{x.q}=\rho gH=0.025H \tag{5-1}$$

在水平方向 $$\sigma_{z.p}=(0.25\sim1.0)\sigma_{x.q} \tag{5-2}$$

(2) 地质构造应力：

在水平方向 $$\sigma_{g.p}=(0\sim20)\sigma_{z.p} \tag{5-3}$$

(3) 采动集中应力：

在竖直方向 $$\sigma_{c.q}=(1.5\sim3.0)\sigma_{x.q} \tag{5-4}$$

(4) 煤的重力：

在竖直方向 $$\sigma_{t.z}=\rho_M gH_M=(0.013\sim0.016)H_M \tag{5-5}$$

式中 ρ——地层平均密度，t/m^3；

g——重力加速度，m/s^2；

H——煤层埋藏深度，m；

ρ_M——煤的密度，t/m^3；

H_M——突出孔垂直高度，m。

以上各应力的单位为 MPa。

一般情况下，煤层瓦斯压力不超过 $0.015H$(MPa)。通常地应力在数值上为瓦斯压力的几倍到几十倍，而在工作面前方的集中应力带内可以是瓦斯压力的 5 倍以上，因此一般情况下破碎煤体的主导力是地应力，特别是存在地质构造应力时尤其如此。但是当存在瓦斯压力梯度时，煤的破碎速度随着瓦斯压力梯度的增加而加快，见表 5－2。

2. 煤体的弹性变形潜能

单向应力状态 $$\omega_t=\frac{\sigma^2}{2E} \tag{5-6}$$

表5-2　煤的破碎速度与瓦斯压力梯度的关系

瓦斯(CO_2)压力梯度/($MPa\cdot cm^{-1}$)	0.0189	0.0180	0.0160	0.0159	0.0153	0.0129	0.0118	0.0117
平均破碎速度/($m\cdot s^{-1}$)	19.5	19.5	15.4	14.9	13.6	12.8	11.9	11.4

三向应力状态
$$\omega_t=\frac{1}{2E}[\sigma_1^2+\sigma_2^2+\sigma_3^2-2\mu(\sigma_1\sigma_2+\sigma_2\sigma_3+\sigma_1\sigma_3)] \tag{5-7}$$

式中　ω_t——煤的弹性变形潜能，MJ/m^3；

σ——煤的平均应力，MPa；

σ_1、σ_2、σ_3——三个方向的主应力，MPa；

μ——煤的泊松比；

E——煤的弹性模量，MPa。

由式（5-7）可知，煤的弹性模量小的分层，在同样地应力条件下其存储的弹性变形潜能大。一般煤分层越松软，E 越小，ω_1 越高，所以松软煤分层危险性越大。

3. 瓦斯内能

煤内可以存储较高的瓦斯压缩能，这个能量在突出过程中起破碎煤体、搬运突出物并使突出不断向煤体深部扩展的作用。突出瞬间瓦斯还处于煤体内，膨胀瓦斯所需的热量可以从煤体得到补偿（因为煤体的热容量与导热性都比较大，同时地应力破裂煤体时有一部分弹性能转化为热能，可以供给瓦斯作膨胀与解吸之用），这时膨胀瓦斯的内能可按等温过程计算，当破碎煤从煤体脱离后，膨胀瓦斯的内能属于多变过程。最后接近于绝热过程。由此可见，在突出全过程中，瓦斯的膨胀过程是比较复杂的，可用下式大致估算每吨煤的膨胀内能：

$$\omega_q=\frac{P_1v_1}{n-1}\left[\left(\frac{P_0}{P_1}\right)^{\frac{n-1}{n}}-1\right] \tag{5-8}$$

式中　ω_q——参与突出过程做功的吨煤瓦斯内能，MJ/t；

v_1——参与突出过程做功的吨煤瓦斯涌出量，该值大体接近于煤内游离瓦斯含量，m^3/t；

P_1——煤抛出后工作面中的瓦斯压力，可按大气压力计算，0.1 MPa；

P_0——突出前煤层的瓦斯压力，MPa；

n——过程指数，对于等温过程 $n=1$，对于绝热过程 $n=1.31$，对于多变过程 $n=1\sim1.31$。

从多数突出实例来看，突出的全过程接近于绝热过程，因此近似计算可取 $n=1.25$、$P_1=0.1$ MPa，则式（5-8）可简化为

$$\omega_q=\frac{0.1v_1}{1.25-1}\left[\left(\frac{P_0}{0.1}\right)^{\frac{1.25-1}{1.25}}-1\right]=0.4v_1(1.585P_0^{0.2}-1) \tag{5-9}$$

三、突出的条件

煤与瓦斯突出是地应力、瓦斯压力、煤结构及力学性质综合作用产生的动力现象。在突出过程中，地应力、瓦斯压力是发动与发展突出的动力，煤结构及力学性质是阻碍突出发生的因素。因此，在研究突出发生条件时，必须首先研究地应力、瓦斯压力与煤结构条

件。

1. 地应力条件

一般来说，地应力在突出中的作用有以下3点：

（1）围岩或煤层的弹性变形潜能做功使煤体产生突然破坏和位移。

（2）地应力场对瓦斯压力场起控制作用，围岩中的高地应力决定了煤层的高瓦斯压力，从而促进了瓦斯压力梯度在破坏煤体中的作用。

（3）煤层透气性也取决于地应力状态，当地应力增加时，煤层透气性按负指数规律降低。因此，围岩中增高的地应力也决定了煤层的低透气性，使巷道前方的煤体不易排放瓦斯，从而造成较高的瓦斯压力梯度。煤体一旦破坏，又有较高的瓦斯放散能力，这对突出是十分有利的。

从上述分析可以看出，较高的地应力是发生煤与瓦斯突出的必要条件。当应力状态突然改变时，围岩或煤层才能释放足够的弹性变形潜能，使煤体产生突然破坏而激发突出。

发生突出的充分条件是煤层和围岩具有较高的地应力和瓦斯压力，并且在近工作面地带煤层的应力状态发生突然变化，从而使得潜能有可能突然释放。

应力状态的突然变化一般有下述几个原因：巷道进入地质破坏区；石门揭开煤层时；工作面迅速推进时，如爆破、打钻等；巷道从硬煤带进入软煤带；煤层突然加载，如巷道顶板下沉等；煤层突然卸压，如悬臂梁突然断裂；煤的垮落。

2. 瓦斯压力条件

以游离状态和吸附状态存在于煤裂隙和孔隙中的瓦斯对于煤体有3方面的作用：

（1）全面压缩煤的骨架，促使煤体中产生潜能。

（2）吸附在微孔表面的瓦斯分子对微孔起楔子作用，因而降低了煤的强度。

（3）具有很大的瓦斯压力梯度，从而造成作用于压力降低方向的力。在这个方向上，压力不是作用于煤层全断面上，而只作用在部分断面上。该断面与脱离接触的面积和煤结构单元的表面积的比值成比例。

因此，无论游离瓦斯，还是吸附瓦斯，都参与突出的发展。

突出时，依靠潜能的释放，使煤体破碎并发生移动，瓦斯的解吸使破碎和移动进一步加强，并由瓦斯流不断地把碎煤抛出，使突出空洞壁始终保持一个较大的地应力梯度和瓦斯压力梯度，致使煤的破碎不断向深部发展。因此，突出过程的继续发展或终止，在某种程度上将决定于突出通道是否畅通，即碎煤被瓦斯搬走的程度。

煤与瓦斯突出发展的另一个充分条件是有足够的瓦斯流把碎煤抛出，并且突出孔道畅通，以便在空洞壁形成较大的地应力梯度和瓦斯压力梯度，从而使煤的破碎向深部扩展。

3. 煤结构和力学性质条件

煤结构和力学性质与发生突出的关系很大，因为煤体和煤的强度性质（抵抗破坏的能力）、瓦斯解吸和放散能力、透气性能等都对突出的发动与发展起着重要作用。一般来说，煤越硬、裂隙越小所需的破坏功越大，要求的地应力和瓦斯压力越高。因此，在地应力和瓦斯压力为一定值时，软煤分层易被破坏，突出往往只沿软煤分层发展。尽管在软煤分层中裂隙丛生，但裂隙的连通性差，因而煤体透气性差，易于在软煤分层引起大的瓦斯压力梯度，又促进了突出的发生。同时根据断裂力学的观点，煤层中薄弱地点（如裂隙交汇处、裂隙端部等）最易引起应力集中，所以煤体破坏将从这里开始，而后再沿整个软煤分层发展。

在成煤过程和历次地质构造运动中，造成了煤结构和力学性质沿煤层走向和倾斜方向的不均质性。这种不均质性不但给工作面附近煤体应力状态突然变化创造了有利条件，而且还影响着突出的发展速度和突出空洞的形状及尺寸。

四、煤与瓦斯突出过程

1. 突出过程及其特点

突出过程可划分为 4 个阶段，分述如下：

(1) 准备阶段。突出煤体经历着能量的积聚过程，使之逐渐发展到临界破坏甚至过载的脆弱平衡状态，在工作面附近的煤壁内形成高的地应力与瓦斯压力梯度。例如在有利的约束条件（石门岩柱、煤巷的硬煤包裹体）下，煤内地应力梯度急剧增高，能够叠加各种地应力，形成很高的应力集中，积聚很大的变形能，同时由于孔隙裂隙的压缩，使瓦斯压力增高，瓦斯内能增大。在这个阶段，会显现多种有声的与无声的突出预兆。准备阶段的时间可在很大范围内变化，在震动爆破或顶板动能冲击条件下，仅几秒钟即可完成。

(2) 激发阶段。该阶段的特点是地应力状态突然改变，即极限应力状态的部分煤体突然破坏，卸载（卸压）并发生巨响和冲击；向巷道方向作用的瓦斯压力的推力由于煤体破裂顿时增加几倍到十几倍，伴随裂隙的生成与扩张，膨胀瓦斯流开始形成，大量吸附瓦斯进入解吸过程而参与突出。大量突出实例表明，工作面的多种作业都可以引起应力状态的突变而激发突出。例如各种方式的落煤、打眼、刨柱窝、修整工作面煤壁等都可以人为激发突出，而且统计表明，应力状态变化越剧烈，突出强度越大，因此震动爆破一般是最易引发突出的工序。

(3) 发展阶段。该阶段具有两个互相关联的特点：一是突出从激发点起向内部连续剥离并破碎煤体；二是破碎的煤在不断膨胀的承压瓦斯风暴中边运送、边粉碎。前者是在地应力与瓦斯压力共同作用下完成的，后者主要是瓦斯内能做功的过程。煤的粉化程度、游离瓦斯含量、瓦斯放散初速度、解吸的瓦斯量以及突出孔周围的卸压瓦斯流对瓦斯风暴的形成与发展起着决定性作用。在该阶段中煤的剥离与破碎不仅具有脉冲特征，而且有时是多轮回过程。

(4) 终止阶段。突出终止有以下两种情况：一是在剥离与破碎煤体的扩展中遇到了较硬的煤体或地应力与瓦斯压力降低不足以破坏煤体；二是突出孔道被堵塞，其孔壁由突出物支撑建立起新的拱平衡或孔洞瓦斯压力因其被堵塞而升高，地应力与瓦斯压力梯度不足以剥离与破碎煤体，这时突出虽然停止了，但突出孔周围的卸压区与突出的煤涌出瓦斯的过程并没有停止，异常的瓦斯涌出还要持续相当长时间。

2. 地应力与瓦斯压力在突出过程中的作用

地应力、瓦斯压力和含量在突出过程的各个阶段所起的作用是不同的。通常情况下，突出激发阶段破碎煤体的主导力是地应力（包括重力应力、地质构造应力、采动引起的集中应力以及煤吸附瓦斯引起的附加应力等），因为地应力的大小通常比瓦斯压力高几倍，而在突出发展阶段，剥离煤体靠地应力与瓦斯压力的联合作用，运送与粉碎煤炭靠瓦斯内能。根据若干典型突出实例的统计数据，突出过程中瓦斯提供的能量比地应力弹性能高3～6倍以上。压出和倾出时煤体最初破碎的主导力也是地应力。在极少数突出实例中也可以看到瓦斯压力为主导力发动突出的现象，这时需要很大的瓦斯压力梯度与非常低的煤强度。突出煤的重要力学特征是强度低和具有揉皱破碎结构，即所谓的构造煤。这种煤处于约束状态时可以储存较高的能量，透气性锐减形成危险的瓦斯压力梯度；而当处于表面状态时，它极易破坏粉碎，放散瓦斯的初速度高、释放能量的功率大，因此当应力状态突然改变或者从约束状态突然变为表面状态时容易激发突出。

地应力在突出过程中的主要作用有3点：一是激发突出；二是在发展阶段中与瓦斯压力梯度联合作用对煤体进行剥离、破碎；三是影响煤体内部裂隙系统的闭合程度和生成新的裂隙，控制瓦斯流动、卸压瓦斯流和瓦斯解吸过程。当煤体突然破坏时，伴随卸压过程，新旧裂隙系统连通起来并处于开放状态，顿时显现卸压流动效应，形成可以携带破碎煤的有压头的膨胀瓦斯风暴。

瓦斯压力在突出过程中的主要作用有3点：一是在某些场合，当能形成高瓦斯压力梯度（例如2 MPa/cm）时，瓦斯可独立激发突出，在自然条件下，由于有地应力配合，不需要这样高的瓦斯压力梯度就可以激发突出；二是在突出的发展阶段，瓦斯压力与地应力配合连续剥离破碎煤体使突出向深部传播；三是膨胀着的具有压头的瓦斯风暴不断地把破碎的煤运走，加以粉碎，并使新暴露的突出孔壁附近保持较高的地应力梯度与瓦斯压力梯度，为连续剥离煤体准备好必要条件。从这个意义上说，突出的发展或终止将取决于破碎煤炭被运出突出孔的程度，及时而流畅地运走突出物会促进突出的发展；反之突出孔被堵塞时，突出孔壁的瓦斯压力梯度骤降，会阻止突出发展，甚致使突出停止。

第四节　突出的一般规律

突出是一种非常复杂的动力现象，关于它在各种情况下形成的原因、过程与实质，迄今还没有一个完整的学说能够阐明。但是通过大量突出资料的统计分析、长时期的生产实践和科学实验的总结，已经获得了一些突出的规律性，现简述如下。

一、突出与地质构造的关系

绝大多数突出发生在地质构造带内，如断层、褶曲、向斜、背斜、扭转和火成岩侵入区附近等。据南桐矿区统计，95%以上的突出（石门突出除外）发生在向斜轴部、扭转地带、断层和褶曲附近。据北票矿区统计，90%以上的突出发生在地质构造破坏区和火成岩侵入区。这种情况可能是由于煤系地层具有较大的弹性，随着地壳的不断运动，地应力在煤系地层中逐渐聚积。在同一应力场中各个部位的应力分布是不平衡的，有的部位如地质构造附近，应力分布比较集中，积蓄大量能量。同时，在这种应力作用下，煤体受到破坏，形成裂隙，促使瓦斯积聚，给突出创造了条件。当采煤工作接近这些区域时，在地压的激发下，煤岩中所积蓄的潜能有可能突然释放，引起煤与瓦斯突出。因此，在同一地区或同一矿井的同一煤层，有的区域突出严重，有的区域就不严重或者不突出。

二、突出与瓦斯的关系

煤层中的瓦斯压力和瓦斯含量大小是能否实现突出的重要因素之一。一般情况下，瓦斯压力和瓦斯含量越大，突出危险性越大。大多数煤与瓦斯突出发生在瓦斯压力大于1 MPa的情况下。但瓦斯压力不是绝对和唯一的指标，还需要有其他因素的综合作用。例如北票矿区无突出危险性煤层的瓦斯压力可达3.4 MPa。反之在瓦斯压力小于1 MPa的情况下也发生过突出。

煤层中的气体为二氧化碳时，突出危险性比瓦斯大。因为在相同条件下，煤对二氧化碳的吸附能力比瓦斯大8倍左右。吸附的二氧化碳解吸时，也能释放出更大的能量，所以煤和二氧化碳的突出次数多、强度大。我国只有吉林营城煤矿和甘肃窑街煤矿等极少数矿井发生过岩石和二氧化碳突出。

三、突出与地压的关系

地压越大，突出危险性越大。实践表明，煤层露头附近和浅部没有突出发生，一般在垂深100 ~ 200 m时才开始发生突出。深度增加，突出的次数和强度都可能增加。此外，在集中压力区内突出危险性增大。如巷道上隅角、巷道和回采的相向推进以及煤柱区内的采掘工作面都是应力集中或应力叠加区，往往具有突出危险性。北票三宝一井相向掘进造成应力叠加时，发生了一次大突出。

四、突出与煤层构造的关系

煤层构造主要是指煤的破坏类型和煤的强度。一般来说，煤的破坏类型越高，强度越小，突出危险性越大。故突出多发生在软煤层或软分层中。煤层结构的破坏类型是突出的重要标志之一，因此常把它作为预报突出的一项指标。

突出的次数和强度随煤层厚度特别是软分层厚度的增加而增多。突出最严重的煤层一般是最厚的主采煤层。因此突出对矿井的安全生产与经济效益有重大影响。南桐矿务局的统计资料表明，煤层的突出危险性随煤层厚度的增大而增大，见表5-3。

表5-3　南桐矿务局不同厚度煤层突出情况

煤　　层	3号煤层	4号煤层	5号煤层	6号煤层
煤层厚度/m	0.3 ~ 0.5	2.5 ~ 3.2	0.7 ~ 0.8	1.0 ~ 1.5
突出次数/次	9	325	86	97
占总次数百分比/%	1.7	63	15.6	18.7
突出总煤量/t	15.5	25801.4	3187	3287
占总煤量百分比/%	0.1	80	9.8	10.1
平均强度/(t·次$^{-1}$)	2	80	37	34
最大突出强度/t	5	6000	766	450
开始突出深度/m	350 ~ 400	80	180 ~ 190	180 ~ 190

五、突出与围岩性质的关系

在煤层顶底板为竖硬而致密的岩层、厚度又较大时，弹性能与集中应力都比较大，如果煤层瓦斯含量又比较大，突出的危险性也就比较大，反之则比较小。我国有些大型突出事故都是在煤层顶板为坚硬致密的砂岩，当石门揭煤时发生的。

六、突出与水文地质的关系

煤层比较湿润、矿井涌水量比较大，则突出的危险性较小，反之较大。如湖南斗笠山煤矿涌水量较大，瓦斯量较小，没有突出危险，而立新矿则相反，涌水量小，瓦斯量大，突出危险性就较大。这是由于地下水流动，带走瓦斯，溶解某些矿物，给瓦斯流动创造了条件。

七、突出具有延期性

突出的延期性是指震动爆破后没有立刻发生突出，而是延缓了一段时间，这一现象又叫延期突出。其延迟时间从几分钟到几小时，它对人员安全威胁很大，应特别予以注意。

八、突出与采掘工艺的关系

采掘工作往往可激发突出，特别是落煤与震动作业，不仅可引起应力状态的变化，而且可使动载荷作用在新暴露煤体上造成煤的突然破碎。

九、突出与巷道类型的关系

突出主要发生在巷道掘进工作面、回采工作面等井下最前方的作业区，极少发生在采空区、已建成的巷道或已采区域内的掘进巷道中。

绝大多数突出在突出前都有预兆，研究与掌握预兆的发生规律，及时发出突出警报，撤出人员，就能减轻突出危害。突出预兆主要有 3 个方面：

（1）煤层结构、构造方面的预兆，如层理紊乱，煤软硬不均或变软，煤暗淡无光，煤层受挤压，厚度变大，倾角变陡，煤层干燥等。

（2）地压增大的预兆，如来压声响，支架断折，煤炮声，煤岩开裂，煤壁外鼓，片帮，掉碴，底鼓，打钻时顶钻、夹钻等。

（3）瓦斯及其他方面的预兆，如瓦斯涌出异常，忽大忽小，闷人，煤尘增大，煤或气温变冷，打钻喷瓦斯、喷煤等。

上述许多预兆只有比较明显的显现时，才能为人们所察觉，而且往往难以判断是否将要发生突出。所以国内外都在研究、试验比较可靠的探测突出预兆的仪器，如探测煤、岩在受力破坏过程中发生破裂与震动时产生的各种物理信号（如震波、声波、电磁波等），以期作为预测煤与瓦斯突出新的技术手段。

复习思考题

1. 煤与瓦斯突出可造成哪些危害？
2. 煤与瓦斯突出的分类方法有哪几种？

3. 煤与瓦斯突出按动力现象的力学特征如何分类？现场如何判别突出的种类？
4. 煤与瓦斯突出假说有哪些？为什么综合作用假说仍称为假说？
5. 瓦斯突出的过程是什么？
6. 煤与瓦斯突出的一般规律有哪些？有哪些突出的预兆？

第六章　煤与瓦斯突出防治

第一节　煤与瓦斯突出预测与监控

突出危险性预测是防治煤与瓦斯突出综合措施的第一步。它的目的和意义在于确定煤层的突出危险性，为采取合理有效的防突措施提供科学依据，减少防突工程量，保证采掘生产正常进行，保障井下生命财产安全。

一、煤与瓦斯突出预测分类及危险性划分

我国把煤与瓦斯突出预测分为区域性预测和工作面预测两类：区域性预测又称长期预测，任务是确定井田、煤层和煤层区域的危险性，又分为新水平、新采区开拓前的区域性预测和新采区开拓完成后的区域性预测；工作面预测又称日常预测，是预测工作面煤体的突出危险性，即该工作面继续向前推进时有无突出危险，包括石门和立井、斜井揭煤工作面、煤巷掘进工作面和采煤工作面的突出危险性预测等。

根据突出煤层区域性预测结果，将突出危险性划分为突出危险区和无突出危险区。

根据采掘工作面预测的结果，将工作面突出危险性划分为突出危险工作面和无突出危险工作面。

二、煤与瓦斯突出区域性预测

（一）单项指标法

我国《煤矿瓦斯等级鉴定暂行办法》中规定采用煤的破坏类型、瓦斯放散初速度 Δp、煤的坚固性系数 f 和煤层瓦斯压力 P 作为预测指标，全部指标均处于表 6－1 所示临界值范围的，确定为突出煤层；打钻过程中发生喷孔、顶钻等突出预兆的，确定为突出煤层。煤层突出危险性指标未完全达到上述指标，但当 $f \leqslant 0.3$、$P \geqslant 0.74$ MPa，或 $0.3 < f \leqslant 0.5$、$P \geqslant 1.0$ MPa，或 $0.5 < f \leqslant 0.8$、$P \geqslant 1.50$ MPa，或 $P \geqslant 2.0$ MPa 的，一般确定为突出煤层。

表 6－1　煤层突出危险性预测单项指标法临界值

煤层突出危险性	煤的破坏类型	瓦斯放散初速度 Δp	煤的坚固性系数 f	煤的瓦斯压力 P/MPa
突出危险	Ⅲ、Ⅳ、Ⅴ	≥10	≤0.5	≥0.74
无突出危险	Ⅰ、Ⅱ	<10	>0.5	<0.74

采用单项指标法预测时要注意以下几点：

（1）突出危险性指标数据应当为实际测定数据。

（2）指标测定或者采样地点应当能有效代表待鉴定范围的突出危险性，测点应按照

不同的地质单元分别布置，测点分布和数量根据煤层范围大小、地质构造复杂程度等确定，但同一地质单元内沿煤层走向测点不应少于2个，沿倾向不应少于3个，并应在埋深最大的开拓工程部位布置有测点。

（3）各指标值取鉴定煤层各测点的最高煤层破坏类型、软分层煤的最小坚固性系数、最大瓦斯放散初速度和最大瓦斯压力值。

（4）所有指标测试应严格按照相关标准执行，测试仪器仪表应保证在其检定有效期内使用，相关材料的性能、型号和有效期等应符合要求。

（二）综合指标 D 与 K 法

由于煤与瓦斯突出原因的复杂性和影响因素的多样性，突出预测没有一种绝对敏感的指标，多种指标的综合应用往往有更好的预测效果，因而出现了突出预测综合指标法。综合指标法可以是对几种瓦斯突出预测指标不同的经验处理或数学计算，综合指标法克服了单项指标的片面性，能更好地反映发生突出的多因素特点，采用综合指标 D 与 K 法对煤层进行区域预测的方法是：

（1）在岩石工作面向突出煤层至少打两个测压钻孔，测定煤层瓦斯压力。

（2）在打测压孔过程中，每米煤孔采取一个煤样，测定煤的坚固性系数（f）。

（3）将两个测压孔所得的坚固性系数最小值加以平均作为煤层软分层的平均坚固性系数。

（4）将坚固性系数最小的两个煤样混合，测定煤的瓦斯放散初速度（Δp）。煤层区域性突出危险性按下列两个综合指标判断：

$$D=\left(\frac{0.0075H}{f}-3\right)\times(P-0.74) \tag{6-1}$$

$$K=\frac{\Delta p}{f} \tag{6-2}$$

式中 D——煤层的突出危险性 D 综合指标；

K——煤层的突出危险性 K 综合指标；

H——开采深度，m；

P——煤层瓦斯压力，取两个测压钻孔实测瓦斯压力的最大值，MPa；

Δp——软分层煤的瓦斯放散初速度；

f——软分层煤的坚固性系数，如打钻所取煤样的粒度达不到测试 f 值所要求的粒度时，可取粒度为1～3 mm的煤样进行 f 值测定，所得结果按下式进行换算：

当 $f_{1-3}\leqslant 0.25$ 时 $$f=f_{1-3} \tag{6-3}$$

当 $f_{1-3}>0.25$ 时 $$f=1.57f_{1-3}-0.14 \tag{6-4}$$

式中 f_{1-3}——用粒度为1～3 mm煤样测出的煤坚固性系数值。

综合指标 D 和 K 的区域突出危险性临界值，应根据本矿区实测数据确定。

（三）瓦斯地质统计法

瓦斯地质统计法的实质是根据已开采区域所发生突出点的分布与地质构造的关系，依据瓦斯地质统计、观测资料及瓦斯地质图等，结合未开采区域的地质构造条件，经过综合分析确定未开采区域煤层的突出危险性和突出危险等级。

采用瓦斯地质统计法预测煤层突出危险区域时，应符合下列基本要求：

（1）应根据已开采区域确切掌握的煤层赋存和地质构造条件与突出点分布的规律划分。

（2）在上水平发生过一次突出的区域，下水平的垂直对应区域应预测为突出危险区。

（3）根据上水平突出点分布与地质构造的关系，确定突出点距离地质构造两侧的最远距离线，并结合地质部门提供的下水平或下部采区的地质构造分布，按照上水平构造线两侧的最远距离线向下推测下水平或下部采区的突出危险区域（图6－1）。

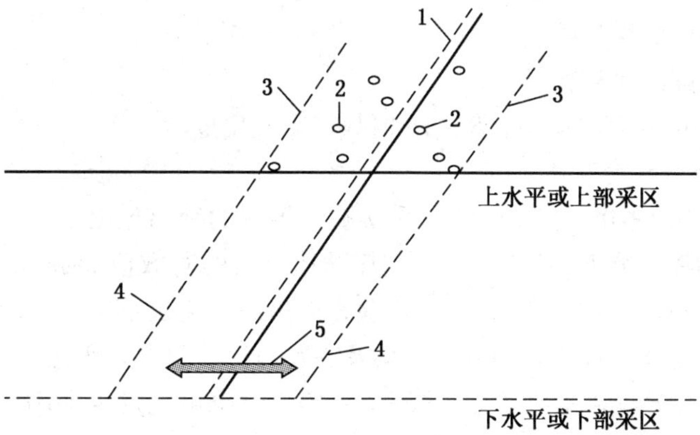

1—断层；2—突出点；3—上水平或上部采区突出点在断层两侧的最远距离线；4—推测下水平或下部采区突出点在断层两侧的最远距离线；5—推测下水平或下部采区突出危险区域

图6－1　用瓦斯地质统计法向下推测突出危险区示意图

（4）上水平已发生过突出，下水平未划定的其他区域为突出威胁区。

需要指出的是，不同矿区控制突出的构造因素是不同的，一些矿区突出主要发生在断层附近，突出明显受断层尤其是压扭性逆断层控制，而另一些矿区突出的发生主要受褶曲或煤层厚度变化控制，尤其是受软分层控制，在具体划分时应根据已采区域主要控制突出的地质构造因素来预测未采区域的突出威胁。另外，突出不仅取决于构造形态，而且与地质构造的演化历史有关，当瓦斯封闭条件得到保证时，开采过程中由于煤体破碎揉皱，煤体瓦斯放散速度快，也可能发生突出。因此，地质构造对突出的控制作用要具体问题具体分析，最可信的就是矿井生产实践所表明的情况。

（四）其他方法

1. 综合指标法

俄罗斯斯科钦斯基矿业研究院提出用综合指标 B 作为预测指标：

$$B=\frac{X-X_{\text{oct}}^{V_{\text{daf}}}}{X_{\text{cp}}}(R+2.2M+1.2C+0.002H+0.36f_{\text{n}}) \tag{6-5}$$

$$R=\frac{6}{\sum\limits_{i=1}^{\delta}P_{\text{i}}}\sum_{i=1}^{\delta}\frac{P}{d_{\text{i}}} \tag{6-6}$$

式中　X——煤层瓦斯含量，m^3/t；

X_{oct}——该种煤的残余瓦斯含量，m^3/t；

X_{cp}——该种煤的平均瓦斯含量，m^3/t；

V_{daf}——煤的挥发分，%；

R——通过煤的破坏性表示的煤层强度，mm；

M——煤层厚度，m；

C——以分层数目表示的煤层复杂程度；

H——煤层埋藏深度，m；

f_n——围岩特性，MPa；

P_i——i 粒度的煤粒质量；

d_i——i 粒度的煤粒直径。

当 $B \geqslant 15$ 时煤层有突出危险，$B < 15$ 时煤层无突出危险。

2. 按照煤的变质程度预测法

根据顿巴斯煤田1970—1978年的开采实践，煤层的突出危险程度与其挥发分之间密切相关：在烟煤的挥发分 $V_{daf} > 35\%$ 和无烟煤的比电阻的对数值 $\lg\rho < 3.3$ 时，无突出危险；而挥发分 $V_{daf} = 18\% \sim 22\%$ 时，突出危险程度最高。突出危险性之所以表现出这种分布形式，取决于煤变质过程中煤的分子结构及一系列物性的重大变化。

但是近几年的生产实践表明，$V_{daf} = 35\% \sim 40\%$ 时也可能发生突出，因此一些研究人员建议把突出危险的 V_{daf} 上限值改为40%。

3. 地质指标法

湖南省煤炭科学研究院提出用煤层围岩指标 R_*^5（5 m 含砂岩率）、地质构造指标 K_f、煤质指标 K_d（$K_d = 0.09\Delta p - 1.622f^2$）和瓦斯压力 P 进行综合判断，各指标的临界值见表6－2。

表6－2 地质指标临界值

R_*^5	K_f	K_d	P/MPa	危险性
>0.7	≤0.25	<1	≤0.4	无危险
0.45~0.7	0.25~0.75	1~1.5	0.4~1	过渡性
<0.45	≥0.75	≥1.5	≥1	危险

4. 无线电波坑透法

由于自然界各种岩、矿层的电阻率、介电常数等电性参数不同，造成它们对电磁波能量吸收的差异性。低阻岩层对电磁波具有较强的能量吸收作用。当波前进方向遇到电性不同的地质体界面时，电磁波就会发生反射、折射和二次辐射等作用，造成波能量的损耗。在煤矿井下巷道间进行坑透探测时，煤层与顶底板岩层的电阻率存在明显差异，电磁波被限制在煤层中传播，而垂向上的传播距离很小，煤层顶底板岩层实际上起屏蔽作用，使煤层延展方向上电磁场强度最大。电磁波穿过煤层途中遇到断层、陷落柱、含水裂隙带等地质异常体时，波能量被吸收或完全被屏蔽，造成接收巷道收到的信号减弱或收不到透射信号，形成坑透异常（或阴影异常）。无线电波坑透法探测就是要发现并圈出煤层中无线电波透视异常区的范围，结合地质背景资料综合分析造成异常的地质因素，从而做出合理的推断和解释，以此来预测煤与瓦斯突出。

5. 动力区划法

地质动力区划方法是近几年发展起来的集地形地貌学、板块学、地质动力学、地球物理学等多学科的研究成果，探讨研究范围内各种动力过程以及参与该过程的地球重力场。它是通过地形地貌分析、构造物理分析、河流水系分析，并同地质构造、地震、地球物理、航片、卫星照片等图纸资料进行分析对比，确定研究区域的各级断块图（活动性断裂图）及断块间的相互作用方式，以断块图为计算模型，进行原岩应力计算，确定应力场的大小、方向和比值，为各种工程提供科学依据。

通过对煤与瓦斯突出机理的研究，多数研究者都认为煤与瓦斯突出与地应力有很大关系。一般来说，地应力大的区域，瓦斯压力也大，并且在构造应力作用下煤的物理力学性质有明显改变，因此突出危险性也大。所以，可以采用动力区划法计算煤层的应力场，进而对煤与瓦斯突出进行预测。

三、煤与瓦斯突出工作面预测

工作面突出预测指标及方法主要有综合指标、钻屑指标、复合指标、R值指标、钻屑瓦斯解吸指标、钻孔瓦斯涌出初速度、钻孔瓦斯涌出初速度结合瓦斯涌出衰减系数、声发射、电磁辐射等。

（一）石门揭煤工作面突出预测

1. 综合指标法

1）综合指标Π_0

利用综合指标Π_0来预测煤层的突出危险性，是通过测量及整理计算得出综合指标Π_0，当Π_0不小于10.5时，揭煤处煤层有突出危险。

利用综合指标Π_0预测突出危险的核心技术在于软分层煤的坚固性系数、最大瓦斯压力的测定。利用测量数据通过下式可计算出综合指标Π_0：

$$\Pi_0 = 10P_{max} - 14f_{min}^2 \tag{6-7}$$

式中　P_{max}——该深度煤层最大瓦斯压力，MPa；

f_{min}——软分层煤的坚固性系数最小值。

2）综合指标Π_e

利用综合指标Π_e来预测煤层的突出危险性，是通过测量及整理计算得出综合指标Π_e，当Π_e不小于10.5时，揭煤处煤层有突出危险。

利用综合指标Π_e预测突出危险性，需要测定瓦斯放散初速度、软分层煤的自然水分、软分层煤的坚固性系数、煤层最大瓦斯压力。利用测量数据通过下式可计算出综合指标Π_e：

$$\Pi_e = \Delta p_w - \frac{194}{(P_{max})^{2/3}} + f_{min}^3 \tag{6-8}$$

$$\Delta p_w = (1.39 - 0.871g_w)\Delta p \tag{6-9}$$

式中　Δp——具有最小坚固性系数f_{min}处的考虑水分时煤的瓦斯放散初速度指标；

P_{max}——该深度煤层最大瓦斯压力，MPa；

f_{min}——软分层煤的坚固性系数最小值；

g_w——软分层煤的自然水分；

Δp——不考虑水分时煤的瓦斯放散初速度指标。

3）综合指标 D 与 K

用综合指标 D 与 K 预测石门揭煤处的突出危险性，各煤层石门揭煤工作面突出预测综合指标 D、K 的临界值应根据试验考察确定，在确定前可暂按表 6－3 所列的临界值进行预测。

表 6－3　判断突出危险性的综合指标临界值

综合指标 K		综合指标 D
无烟煤	其他煤种	
20	15	0.25

2. 钻屑指标法

采用钻屑指标法预测石门揭煤工作面突出危险性时，具体方法和要求如下：

（1）在石门揭煤工作面最小垂距 3～10 m 时，利用探明煤层赋存条件和瓦斯情况的钻孔或至少打两个直径 50～70 mm 的预测钻孔。

（2）在其钻进煤层时，每一钻孔钻进 2 m，用直径 1～3 mm 的筛子筛分钻屑采样，测定其钻屑瓦斯解吸指标 Δh_2 或 K_1 值。

（3）钻屑解吸指标的突出危险性临界值应根据本矿实测数据 K 确定。如无实测数据，可参照表 6－4 的指标临界值预测突出危险性。

（4）采用 Δh_2 或 K_1 值任一指标进行预测时，当预测指标超过临界值时，该工作面预测为突出危险工作面；反之预测为无突出危险工作面。

（5）采用钻屑指标法预测石门揭煤工作面突出危险性的记录应按表 6－4 填写。

表 6－4　钻屑瓦斯解吸指标临界值

煤　样	Δh_2/Pa	K_1/(mL · g^{-1} · min$^{-\frac{1}{2}}$)	突出危险性
干煤样	≥200	≥0.5	有突出危险
湿煤样	≥160	≥0.4	
干煤样	<200	<0.5	无突出危险
湿煤样	<160	<0.4	

3. 钻孔瓦斯涌出初速度结合瓦斯涌出衰减系数

1）技术原理

瓦斯涌出初速度综合反映了煤层的破坏程度、瓦斯压力和瓦斯含量、煤体的应力状态及透气性。当测试地点透气性较高时，瓦斯涌出初速度值也能达到较高的数值，但并无突出危险。为此引入瓦斯涌出衰减系数指标，瓦斯涌出衰减系数为第 5 分钟涌出速度与第 1 分钟涌出速度（即瓦斯涌出初速度 q_H）的比值（$\alpha = q_5/q_H$），比值小说明煤体透气性小，突出危险性高。

钻孔瓦斯涌出初速度 $q = f(t)$ 具有某个极大值（图 6－2），大多数情况下极大值位于开始测量后 0.5～5 min 时（从打钻结束时间 t_0 到开始测量时间 t_H 通常不超过 2～3 min）。

瓦斯涌出速度在初期增加的原因是游离瓦斯不断充填测量室和测量室中残余压力增大。

在炮眼刚密封时，煤体瓦斯压力 P_0 大于测量室内瓦斯压力 P_1，按照达西定律，在压差 $P_0—P_1$ 的作用下，瓦斯向测量室急剧流动，在测量室中建立起压力 P_1，P_2 可以按照 A. C. 列伊本森公式计算：

$$P_2 = \left(\frac{2}{\mu+1}\right)^{\frac{\mu}{\mu+1}} \cdot P_0 \qquad (6-10)$$

式中 μ——绝热指数。

瓦斯从测量室通过圆孔流量计的毛细管流出的流量 q 按下式计算：

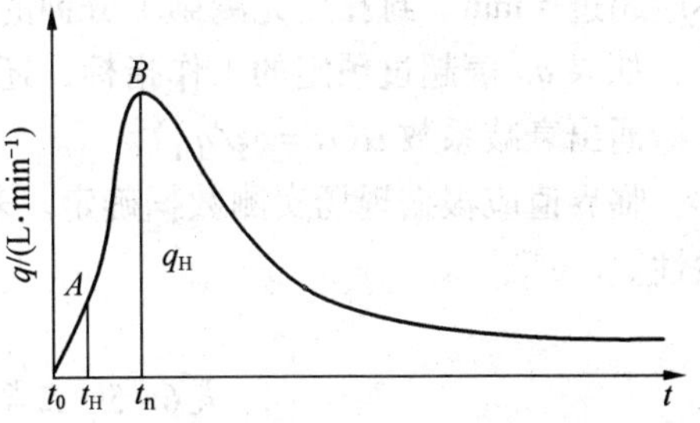

t_0—打钻结束时间；t_H—封孔结束并开始测量瓦斯涌出初速度的时间；t_n—达到最大瓦斯涌出初速度的时间；q_H—瓦斯涌出初速度

图 6-2 钻孔瓦斯涌出速度 q 与时间 t 的关系

$$q = \frac{4K(P_2 - P_3)}{\beta(n+1)}d \qquad (6-11)$$

式中 K——测量室中瓦斯浓度；

n——多变曲线的指数；

P_2——测量室瓦斯压力；

P_3——毛细管外端的压力；

d——圆孔直径；

β——常数，与测量室体积成反比。

封孔后单位时间内从测量室中涌出的最大瓦斯量称为钻孔瓦斯涌出初速度，以 q_H 表示。

在不同原始瓦斯压力下，钻孔瓦斯涌出速度随时间变化，且和原始瓦斯压力 P_0 有一定关系，P_0 越大，q_H 越大。

根据达西定律，在绝热过程中，单位时间内由煤层进入钻孔的瓦斯量 Q 与钻孔和煤层内的瓦斯压力差成正比：

$$Q = C_1(P_0 - P_1) \qquad (6-12)$$

式中 C_1——煤层特性常数，煤层破坏程度越低，C_1 越小；煤层破坏程度越高，C_1 越大。

同时，瓦斯涌出初速度与煤的坚固性系数之间存在下列关系：

$$q_H = 4.2f^{-1.86} \qquad (6-13)$$

煤的坚固性系数与煤的破坏程度之间存在如下关系：

$$f = 15.23R^{-2.66} \qquad (6-14)$$

式中 R——煤的揉皱性,% 。

2）工艺

当石门距煤层 3 m 以外时，至少打 2 个直径 50 mm 穿透煤层全厚的预测钻孔，预测钻孔见煤点应在石门周界外 1.5 m 处，然后用充气式胶囊封孔器封孔，胶囊前端部应刚好处在钻孔见煤点处，贯穿煤层全厚的这段钻孔即为测量室。对于复合煤层，当煤层间岩层厚度超过 1 m 时，对每层分别进行预测，当煤层间岩层厚度少于 1 m 时，预测全部分层。

封孔应在打钻结束后马上进行，充气压力为 0.5 MPa，从打钻结束到开始测量的时间不应超过 5 min。封孔后先测第 1 分钟的瓦斯涌出初速度 q_H，第 2 分钟测定解吸瓦斯压力 P_d，如果 q_H 值超过预定的工作指标，还需测定第 5 分钟的钻孔瓦斯涌出速度，以便算出瓦斯涌出衰减系数 $\alpha(\alpha = q_5/q_H)$。

临界值应根据现场实测数据确定。若无实测数据，可按表 6-5 及表 6-6 确定突出危险性。

表 6-5 正常带石门揭煤危险性临界值

$g_H/(L\cdot min^{-1}\cdot m^{-1})$	P_d/MPa	$\alpha = q_5/g_H$	突出危险性
<5	<0.07	>0.75	无危险
$20 > g_H \geqslant 5$	≥0.07		无危险
$20 > g_H \geqslant 5$	<0.25	≤0.75	有危险
≥20	≥0.25		有危险

表 6-6 地质构造带石门揭煤危险性临界值

$g_H/(L\cdot min^{-1}\cdot m^{-1})$	P_d/MPa	突出危险性
<2	<0.03	无危险
≥2	≥0.03	有危险

（二）煤巷采掘工作面突出预测

1. 钻屑指标法

钻屑指标法是依据测量钻孔最大钻屑量 S_{max}、钻屑瓦斯解吸指标 K_1 和 Δh_2 值，来预测判定煤巷掘进工作面突出危险性等级。

采用钻屑指标法预测煤巷掘进工作面突出危险性时，在近水平、缓倾斜煤层工作面应向前方煤体至少施工 3 个、倾斜或急倾斜煤层至少施工 2 个直径 42 mm、孔深 8～10 m 的钻孔，测定钻屑瓦斯解吸指标和钻屑量。

钻孔应尽可能布置在软分层中，一个钻孔位于掘进巷道断面中部，并平行于掘进方向，其他钻孔的终孔点应位于巷道断面两侧轮廓线外 2～4 m 处。倾斜、急倾斜煤层煤巷掘进工作面钻屑指标法预测钻孔布置如图 6-3 所示，近水平、缓倾斜煤层煤巷掘进工作面钻屑指标法预测钻孔布置示如图 6-4 所示。

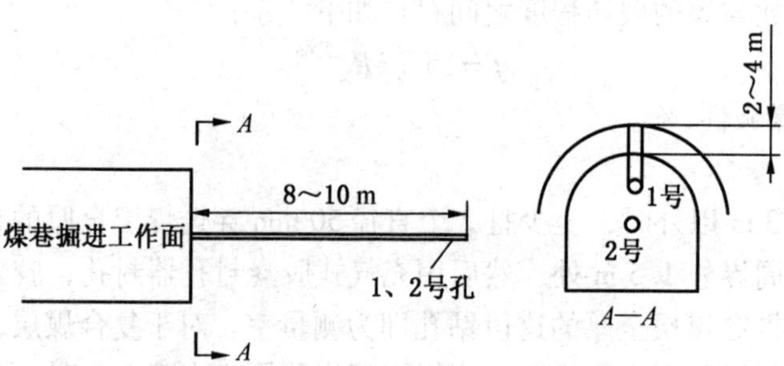

图 6-3 倾斜、急倾斜煤层煤巷掘进工作面钻屑指标法预测钻孔布置示意图

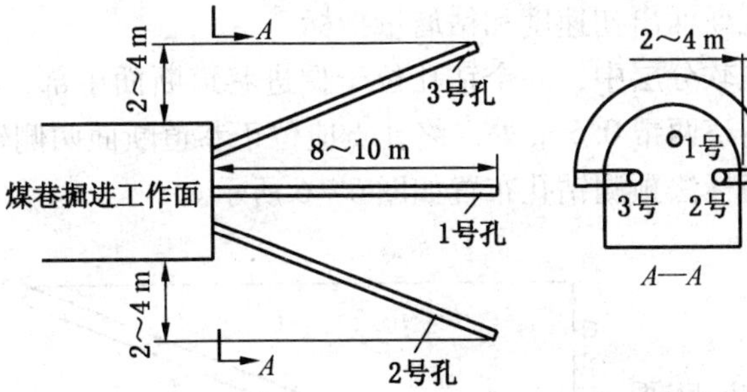

图 6-4　近水平、缓倾斜煤层煤巷掘进工作面钻屑指标法预测钻孔布置示意图

钻孔每钻进 1 m 测定该 1 m 段的全部钻屑量 S，每钻进 2 m 至少测定一次钻屑瓦斯解吸指标 K_1 或 Δh_2 值。

各煤层采用钻屑指标法预测煤巷掘进工作面突出危险性的指标临界值应根据试验考察确定，在确定前可暂按表 6-7 的临界值确定工作面的突出危险性。

表 6-7　用钻屑指标法预测煤巷掘进工作面突出危险性的参考临界值

Δh_2/Pa	最大钻屑量 S		K_1/	危险性
	$(kg \cdot m^{-1})$	$(L \cdot m^{-1})$	$(mL \cdot g^{-1} \cdot min^{-\frac{1}{2}})$	
≥200	≥6	≥5.4	≥0.5	突出危险工作面
<200	<6	<5.4	<0.5	无突出危险工作面

如果实测得到的 S、K_1 或 Δh_2 的所有测定值均小于临界值，并且未发现其他异常情况，则该工作面预测为无突出危险工作面，否则为突出危险工作面。

采用钻屑指标法预测煤巷掘进工作面突出危险性时，应按照下列步骤进行：

（1）在煤巷掘进工作面打 2 个（倾斜和急倾斜煤层）或 3 个（缓倾斜煤层）直径 42 mm、孔深 8～10 m 的钻孔，如图 6-5 所示。

（2）钻孔每打 1 m 测定钻屑量一次，每隔 2 m 测定一次钻屑瓦斯解吸指标。根据每个钻孔沿孔长每米的最大钻屑量 S_m 和钻屑瓦斯解吸指标 K_1 或 Δh_2 预测工作面的突出危险性。

（3）采用钻屑指标法预测突出危险性，当预测为无突出危险时，每预测循环应留有 2 m 的预测超前距。

（4）在软分层中，一个钻孔位于巷道工作面中部，并平行于巷道掘进方向，其他钻孔的终孔应位于巷道轮廓线外 2～4 m 处。

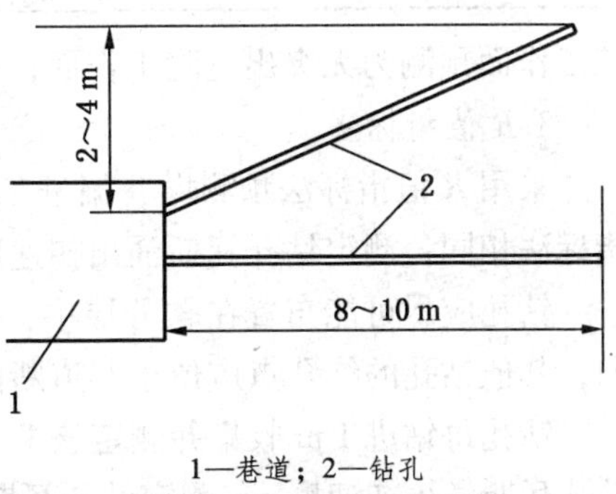

1—巷道；2—钻孔

图 6-5　钻屑解吸指标法钻孔布置图

一般来说，K_1 或 Δh_2 值属同一类指标，预测时任选一个，不需要同时测定 K_1 或 Δh_2。

2. 复合指标法

采用复合指标法预测煤巷掘进工作面突出危险性时，钻孔个数、孔径和孔深与钻屑指标法相同，测定钻孔瓦斯涌出初速度和钻屑量指标。

钻孔应尽量布置在软分层中，一个钻孔位于掘进巷道断面中部，并平行于掘进方向，其他钻孔开孔口靠近巷道两帮 0.5 m 处，终孔点应位于巷道断面两侧轮廓线外 2 ~4 m 处。煤巷掘进工作面复合指标法预测钻孔布置如图 6 -6 所示。

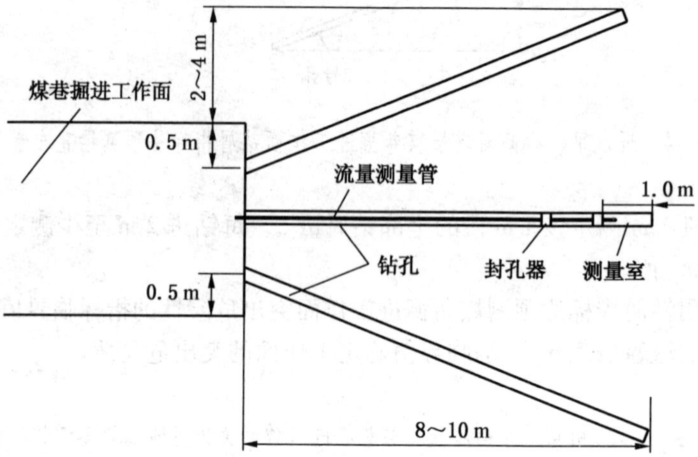

图 6 -6　煤巷掘进工作面复合指标法预测钻孔布置示意图

钻孔每钻进 1 m 测定该 1 m 段的全部钻屑量 S，并在暂停钻进后 2 min 内测定钻孔瓦斯涌出初速度 q。测定钻孔瓦斯涌出初速度时，测量室的长度为 1.0 m。

表 6 -8　复合指标法预测煤巷掘进工作面突出危险性的参考临界值

钻孔瓦斯涌出初速度 $q/(L\cdot min^{-1})$	钻屑量 S	
	$(kg\cdot m^{-1})$	$(L\cdot m^{-1})$
5	6	5.4

各煤层采用复合指标法预测煤巷掘进工作面突出危险性的指标临界值应根据试验考察确定，在确定前可暂按表 6 -8 的临界值进行预测。

如果实测得到的指标 q、S 的所有测定值均小于临界值，并且未发现其他异常情况，则该工作面预测为无突出危险工作面；否则为突出危险工作面。

3. R 值指标法

采用 R 值指标法预测煤巷掘进工作面突出危险性时，钻孔个数、孔径和孔深与钻屑指标法相同，测定钻孔瓦斯涌出初速度和钻屑量指标。

钻孔应尽可能布置在软分层中，一个钻孔位于掘进巷道断面中部，并平行于掘进方向，其他钻孔的终孔点应位于巷道断面两侧轮廓线外 2 ~4 m 处。

钻孔每钻进 1 m 收集并测定该 1 m 段的全部钻屑量 S，并在暂停钻进后 2 min 内测定钻孔瓦斯涌出初速度 q。测定钻孔瓦斯涌出初速度时，测量室的长度为 1.0 m。

根据每个钻孔的最大钻屑量 S_{max} 和最大钻孔瓦斯涌出初速度 q_{max} 按下式计算各孔的 R 值：

$$R=(S_{max}-1.8)(q_{max}-4) \tag{6-15}$$

式中　S_{max}——每个钻孔沿孔长的最大钻屑量，L/m；

q_{max}——每个钻孔的最大钻孔瓦斯涌出初速度，L/min；

1.8——钻头直径 42 mm 时，正常情况下的钻屑煤量（该值沿钻孔长度为常数）；

4——一般情况下，每米钻孔瓦斯涌出初速度的突出危险临界值。

判定各煤层煤巷掘进工作面突出危险性的临界值应根据试验考察确定，在确定前可暂按以下指标进行预测：

当至少有一个钻孔 R 值有 $R \geqslant 6$，或者至少有一个钻孔有 $R \leqslant 0$ 且 $S_{max} \geqslant 5.4$ L/m（或 6 kg/m），或者至少有一个钻孔有 $R \leqslant 0$ 且 $q_{max} \geqslant 6$ L/min，或者发现有异常情况时，该工作面预测为突出危险工作面；否则可判定为无突出危险工作面。

R 值指标法预测煤巷掘进工作面突出危险性的步骤与原则如下：

（1）在煤巷掘进工作面打 2 个（倾斜和急倾斜煤层）或 3 个（缓倾斜煤层）直径 42 mm、深 5.5 ~ 6.5 m 的预测钻孔。钻孔应布置在软分层中，一个钻孔位于巷道工作面中部，并平行于巷道掘进方向，其他钻孔的终孔应位于巷道轮廓线外 2 ~ 4 m 处（图 6 - 7）。

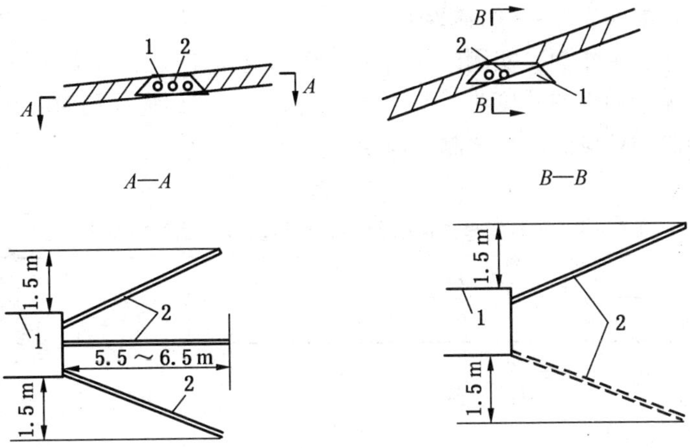

1—巷道；2—钻孔

图 6 - 7　R 值指标法钻孔示意图

（2）钻孔每打 1 m，测定一次钻屑量和钻孔瓦斯涌出初速度。

（3）判断煤巷掘进工作面突出危险性的临界指标 R_m 应根据实测资料分析确定；如无实测资料时，取 $R_m = 6$。

（4）任何一个钻孔中实测的 R 值等于或大于突出危险临界值 R_m 时，该工作面预测为突出危险工作面；实测的 R 值小于突出危险临界值 R_m 时，该工作面预测为无突出危险工作面。

（5）采用 R 值指标法预测煤巷掘进工作面突出危险性时，如预测为无突出危险工作面，每循环应留 2 m 预测超前距，采用安全防护措施进行掘进作业。

（6）当 R 值为负数时，应采用单项指标进行工作面突出危险性预测。

4. 钻孔瓦斯涌出初速度法

1）工艺

用该法进行煤巷突出危险性预测时，应在距巷道两帮 0.5 m 处各打 1 个平行于巷道掘进方向直径 42 mm、深 3.5 m 的钻孔。用充气式胶囊封孔器封孔，封孔后测量室长度为

0.5 m。用 TWY 型突出危险预报仪及瞬时流量计测定钻孔瓦斯涌出初速度，从打钻结束到开始测量的时间不应超过 2 min。

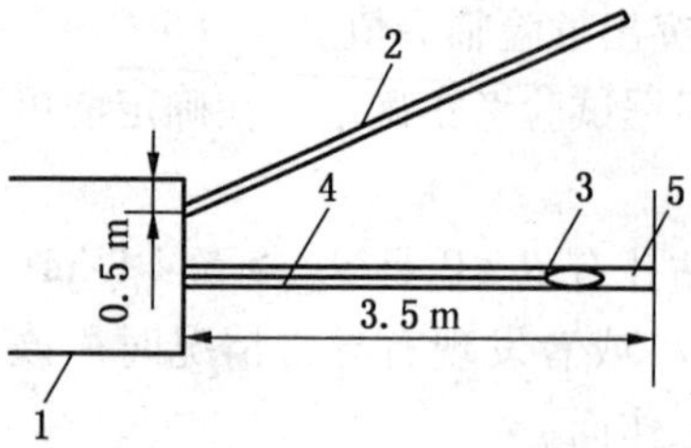

1—巷道；2—钻孔；3—封孔器；4—瓦斯排出管；5—测量管

图 6-8 钻孔瓦斯涌出初速度法钻孔布置图

2）测定方法与步骤

（1）在掘进工作面的软分层中，靠近巷道两帮 0.5 m 处各打一个平行于巷道掘进方向直径 42 mm、深 3.5 m 的预测孔（图 6-8）。

（2）当预测钻孔达到测定深度后，插入测试管专用封孔器封孔，封孔压力不小于 0.2 MPa，测量室长度为 0.5 m，接好流量计。

（3）钻孔瓦斯涌出初速度 q 值测定，必须在 2 min 内完成。

（4）判断突出危险性的钻孔瓦斯涌出初速度临界值 q_m 应根据实测资料分析确定。如无实测资料时，可参照表 6-9 的临界值 q_m。当实测的 q 值大于或等于临界值 q_m 时，该工作面预测为突出危险工作面；实测的 q 值小于临界值 q_m 时，该工作面预测为无突出危险工作面。用钻孔瓦斯涌出初速度法预测煤巷掘进工作面突出危险性时，如预测为无突出危险工作面，每预测循环应留 2 m 预测超前距。

表 6-9 判断突出危险性的钻孔瓦斯涌出初速度临界值(q_m)

煤的挥发分 V_{daf}/%	5～15	15～20	20～30	>30
q_m/(L·min^{-1})	5.0	4.5	4.0	4.5

5. 其他方法

1）煤体温度

该方法的原理是工作面前方煤体温度的变化特征决定于煤体应力变形形态和瓦斯动力状态。不但煤卸压降低煤体温度，煤体排放瓦斯（包括瓦斯解吸、绝热膨胀和渗透）同样降低煤体温度。从工作面向煤体深部温度变化的规律是从工作面向支承压力带上升，达到最大值后向煤体深部（弹性应力带）逐渐下降。通常随工作面突出危险性的减小，工作面煤体温度梯度变小。

采用钻孔内距工作面 1 m、2 m、3 m 的煤体温度梯度作为评价突出危险性的指标，其临界值规定为：

$\Delta t(2—1)$、$\Delta t(3—2)<2$ ℃　　无危险

2 ℃$<\Delta t(2—1)$、$\Delta t(3—2)<2.5$ ℃　　威胁

$\Delta t(2—1)$、$\Delta t(3—2)>2.5$ ℃　　突出危险

2）V_{30}特征值

V_{30}特征值预测法是利用矿井安装的检测系统监控的瓦斯数据和掘进工作面的进尺情况计算 V_{30}指标，以掌握掘进过程中的瓦斯动态，达到预测掘进工作面前方突出危险性的目的，其计算公式为

$$V_{30}=\frac{\Delta Q}{t} \tag{6-16}$$

式中　V_{30}——预测指标，m^3/t；

ΔQ——爆破后 30 min 内的瓦斯涌出量，m^3；

t——工作面爆破的煤量，t。

德国在打眼爆破掘进煤巷时，采用 V_{30} 值预测。所谓 V_{30} 值，是爆破后前 30 min 内的瓦斯涌出量与崩落煤量的比值，单位为 m^3/t。对不同煤层的 V_{30} 值统计分析表明，在无瓦斯突出危险的煤层，这些值的分布非常接近于正态分布，中值位于可解吸瓦斯含量的 10% ~ 17% 附近，一旦 V_{30} 值达到可解吸瓦斯含量的 40%，就有瓦斯突出的威胁；达到可解吸瓦斯含量的 60%，就存在瓦斯突出危险。

目前已采用电子计算机求 V_{30} 值，爆破后风流中瓦斯浓度曲线的下降段可用幂函数描述，如图 6－9 所示。根据爆破后前 10 min 的瓦斯浓度、风量及崩落煤量即可算出 V_{30} 值，偏差不超过 10%。

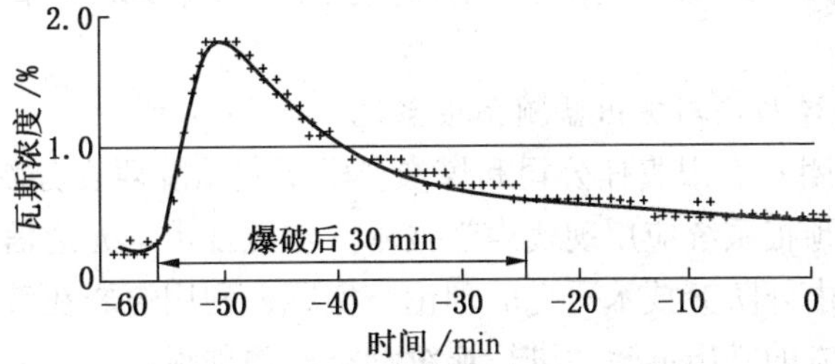

图 6－9　煤巷爆破后风流中瓦斯浓度曲线

3）电磁辐射法

煤岩层的破坏过程会发生电磁辐射，电磁辐射强弱和脉冲数据取决于外加负载的大小和煤岩层的破坏特征，所以可采用采掘工作面前方煤层受力破坏产生的电磁辐射强度和电磁辐射脉冲数预测突出危险性。

4）声发射法

煤与瓦斯突出是煤岩体在达到极限应力平衡状态后的一种突然破坏现象，伴有声发射活动。通过对煤岩体声发射频度和能率（单位时间内的能量总和）等参数的统计分析，可以了解声发射在突出前的活动规律及特征，并通过现场试验研究找到用声发射参数预测突出危险的指标及临界值。

5）周期来压预测法

采煤工作面的突出除了受煤层瓦斯含量、瓦斯压力和地应力控制外，还受采场支承压力影响，周期来压时支撑压力表现最强烈，增加了采煤工作面的突出危险性。因而用矿压观测方法预报周期来压的时间、基本顶断裂的距离，从而预测采煤工作面瓦斯突出危险是有效的。

6）巷道瓦斯涌出特征法

采掘工作面瓦斯涌出主要来自于落煤瓦斯涌出和新暴露煤壁瓦斯涌出，当采掘工作面前方瓦斯或者煤体结构出现异常时，势必导致瓦斯涌出异常，比如瓦斯涌出忽大忽小，这些异常可以通过瓦斯监控系统的监控数据和监控曲线反映出来。因此对瓦斯动力灾害前后监控系统所监控的数据及曲线进行分析，寻找瓦斯涌出动态特征指标或其动态变化与瓦斯动力灾害之间的关联来预测工作面前方的突出危险性。

四、煤与瓦斯突出监控

煤矿安全监控是一门综合技术，涉及计算机、电子技术、通信、物理、化学、电工等多种学科。我国从20世纪80年代开始，逐步研究应用煤矿生产监测监控系统，通过从法国、英国、德国和美国（如DAN6400、TF200、MINOS）引进一批煤矿安全监控系统，同时与我国煤矿企业生产实际情况相结合，又先后研制出现在普遍在我国各煤矿企业应用的KJ2、KJ4、KJ8、KJ10、KJ13、KJ19、KJ38、KJ69、KJ75、KJ80、KJ92等系统。实践表明，安全监控系统在煤矿的生产和管理上起到了非常重要的作用，有力减少了瓦斯与煤矿水灾、火灾、顶板等灾害事故的发生，保证了煤矿安全生产和矿工生命安全。随着技术的快速进步与更新，煤矿安全监控系统也在快速发展，其中煤与瓦斯突出监控近年来也取得了一定进步，比如MJY－1型煤与瓦斯突出监测预报系统、KBD5型电磁辐射监测预报系统。

（一）MJY－1型煤与瓦斯突出监测预报系统

平顶山煤业（集团）有限责任公司和煤炭科学研究总院西安分院合作研制的MJY－1型煤与瓦斯突出监测预报系统应用现代声学技术、监控技术、光通信技术、数字信号处理识别技术，并借鉴国内外防突技术研究的理论与实践，利用煤岩在破坏过程中发出的声信息，对掘进工作面前方的突出危险性进行连续动态监测预报。

1. 系统构成

该系统是集计算机技术、光纤通信技术、传感技术等高科技技术组成的主从式监测系统，由地面主站、井下分站、光缆、光端机、电源、传感器、业务电话等几大部分构成。

2. 系统工作原理

利用声发射技术进行煤与瓦斯突出监测预报。主站通过光纤机、光缆向分站发送各种初始值、指令，分站通过光端机、光缆向主站传送数据，主站对传送来的数据进行记录、分析、处理、统计，做出相应的波形显示、事件统计图、趋势图、能量图等；并根据有关参数，对掘进工作面的突出危险情况做出判断，对有突出危险的地点发出声、图报警，配合矿井根据大量生产实践所建立的临界指标，就可以有效地进行突出危险性预报。

3. 系统数据工作流程

当声发射信号到来时，传感器接收到信号后，送给放大、滤波电路，经过放大、滤波后产生触发信号，触发信号启动A/D转换进行数据采集，把采集到的数据送入相应的内存缓冲区，CPU进行预处理，处理结果送入数据通信缓冲区，通过光端机、光缆发送至地面主站。主站接收到数据后，进行记录、分析、计算等处理，并将处理结果以图、表显示，对有突出危险的情况在主站显示屏幕以声、图示发出报警。

4. 系统指令工作流程

当要给井下分站进行初始参数设置、增益调整时，主站主机发出指令，通过光端机、光缆传输给井下分站主机，井下分站主机接收到主站主机的指令后，进行有关设置、操作。

（二）KBD5型电磁辐射监测预报系统

中国矿业大学对受载煤体电磁辐射的特性进行了大量研究，并提出了利用电磁辐射法监测煤与瓦斯突出的技术方法，研制开发了KBD5型电磁辐射监测预报系统。

1. 系统组成及功能

KBD5 型电磁辐射监测预报系统由宽频带高灵敏度定向接收天线、主机和远程通信接口（MODEM）组成，主机由放大电路、数据采集电路、单片机、程序存储器、数据存储器、显示电路、RS232 近距离通信电路、远程通信电路、键盘控制电路和供电电路等组成，其结构及原理如图 6－10 所示。

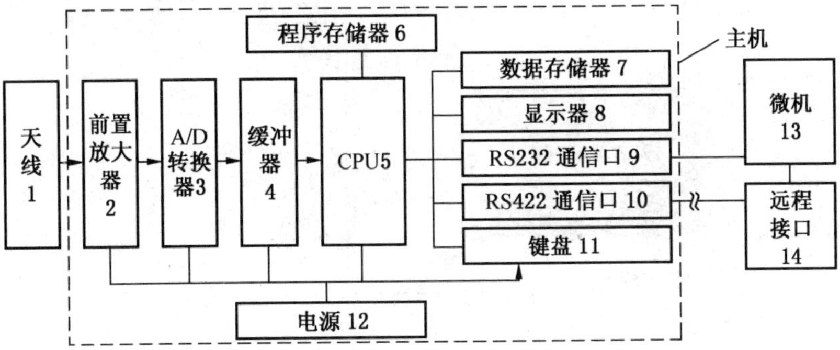

图 6－10　KBD5 型电磁辐射监测预报系统结构及原理

数据存储器采用大容量非易失性存储器，正常或意外停电、断电时存储数据不会丢失。本监测系统大幅度提高了存储容量，对于移动式监测来说，特别是在同一班对多个工作面进行煤岩动力灾害预测，或者对一个回采工作面进行煤岩动力灾害预测时，最大测点数达到了 230。这一方面提高了仪器的利用率，另一方面也降低了劳动强度。如图 6－11 所示，在回采工作面或巷道进行移动式监测，即在一个测点测试一定时间（可设定，也有缺省值）后，移动到下一测点进行测试。

开发了远程数据传输接口。对于固定的监测区域来说，如掘进工作面或断层带，可进行远程连续监测（图 6－11），在地面工控机上可实时查看测试数据及图形显示。

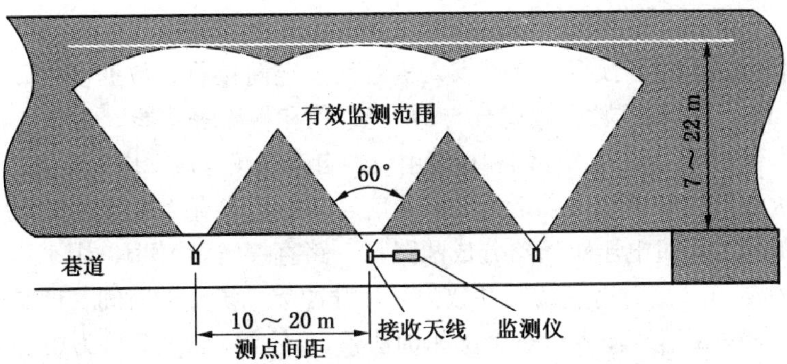

图 6－11　移动式监测

KBD5 型电磁辐射监测预报系统的电磁辐射强度指标 E 输出时以最大值的最大值 $E_{max-max}$、最大值的平均值 $E_{max-avg}$、最大值的最小值 $E_{max-min}$ 和平均值的最大值 $E_{avg-max}$、平

均值的平均值 $E_{avg-avg}$、平均值的最小值 $E_{avg-min}$ 6 个参数在监测仪上显示；脉冲数指标 N 输出时则以最大值 N_{max}、平均值 N_{avg} 和最小值 N_{min} 3 个参数在监测仪上显示，以便用户在井下更准确、更快捷地掌握工作面电磁辐射强度和脉冲数的大小及变化剧烈程度，并与其他常规测试结果及现场显现进行对比，确定敏感指标。其远程监控方式如图 6－12 所示。

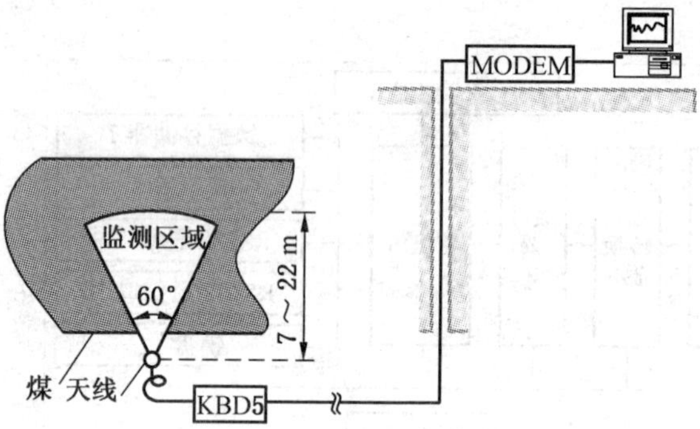

图 6－12　KBD5 型电磁辐射监测预报系统的远程监控方式

2. 系统工作原理

KBD5 型电磁辐射监测预报系统是通过监测含气煤岩或不含气煤岩变形破裂过程中电磁辐射信息来预测预报煤岩动力灾害现象的。

受载煤岩变形及破裂过程中有电磁辐射信号产生。电磁辐射信息能较准确地反映含气煤岩的变形破坏发展过程，用电磁辐射来预测煤岩材料的变形破裂过程是可靠的。煤岩体电磁辐射信号的幅值、脉冲数随载荷及变形破裂强度的增加而呈现增强趋势。电磁辐射是频谱很宽的脉冲信号，在煤岩体的变形及破裂过程中，电磁辐射的频谱并不是一成不变的，而是随着煤岩体载荷及变形破裂强度的增加而增高。

含孔隙气体煤变形及破裂过程中产生的电磁辐射不仅与煤体材料的性质有关，而且还和瓦斯气体及其压力有关。瓦斯气体使煤体的电磁辐射强度增高，而且瓦斯压力越高电磁辐射信号越强。

KBD5 型电磁辐射监测预报系统具有人机对话、定向接收、数据接收、数据处理、数据存储、数据或图形显示、数据查询、与 PC 机通信和报警等功能。

信号的采集、转换、处理、存储和报警由仪器自动连续完成。由天线接收到的电磁辐射信号经前置放大器放大后转化为含正负极性的信号，还不能直接进行 A/D 转换，需要进一步处理。输出的信号经过电压跟随器分成两路：一路直接送给 CPU，用来进行计数，从而得到信号的脉冲数 N，这时得到的脉冲数为累计脉冲数，统计的时间长度是设定的“E 采样时间间隔”；另一路信号输入给一个反相加法器，转换成以 1.5 V 为中心的信号，经同相放大器放大后，通过电压跟随器接到 CPU 的 A/D 转换接口上，由 CPU 进行 A/D 转换，确定采样时间间隔内的极大电磁辐射强度值 A，得到的数据存入数据库储器。当得到的极大电磁辐射强度值 A 或脉冲数 N 超过其相应的预警临界值时，仪器发出警报。采样及预报结束后，可通过通信口与计算机连接，将初始参数值及采样结果读入计算机。在计算机中可对得到的极大电磁辐射强度值 A 和脉冲数 N 时间序列做进一步的趋势分析。

第二节　煤与瓦斯突出区域防治技术

区域性防突措施主要有开采保护层、预抽煤层瓦斯以及煤层注水。迄今为止，开采保护层是防治煤与瓦斯突出最简单、最有效、最经济的区域性防突措施。自 1937 年法国使用这一措施以来，几乎所有可能发生煤与瓦斯突出的国家，只要有条件都采用了这种措施。

一、开采保护层

1. 开采保护层概念

开采保护层是指在突出矿井煤层群中，首先开采非突出煤层或突出强度较小的突出煤层。该煤层开采后，能使突出危险煤层丧失或降低突出危险性，从而达到防止煤与瓦斯突出的目的。首先开采的煤层称为保护层，突出危险煤层称为被保护层。

开采保护层是预防突出最有效、最经济的区域性措施，也是一种主要的预防突出技术措施，因此区域防突措施应当优先采用开采保护层。

根据保护层位置不同，分上、下保护层。保护层在突出危险煤层上部的叫上保护层，反之叫下保护层。

根据保护层与突出危险煤层之间的垂直距离可分为 3 类：近距离保护层（$h \leqslant 10$ m）、中距离保护层（10 m $< h <$ 60 m）、远距离保护层（$h >$ 60 m）。

2. 开采保护层作用机理

保护层开采后，被保护层的应力变形状态、煤结构和瓦斯动力参数都将发生显著变化。在时间上卸压作用最先出现，卸压过程甚至有时在保护层工作面前方 10 ~ 20 m 处开始。一般在工作面后方，膨胀变形速度加快时，瓦斯动力参数才发生变化，因此参数变化次序如图 6 – 13 所示。开采保护层防止煤与瓦斯突出的原理如图 6 – 14 所示。

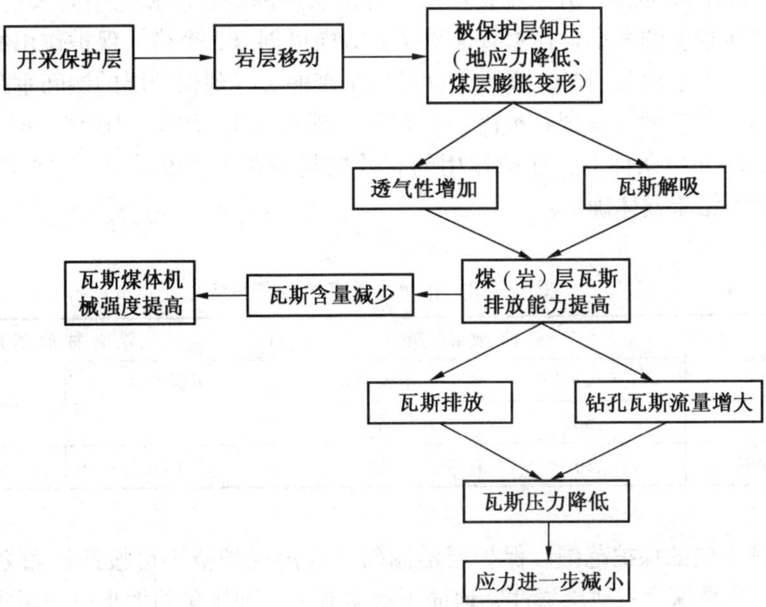

图 6 – 13　保护层防突参数变化次序

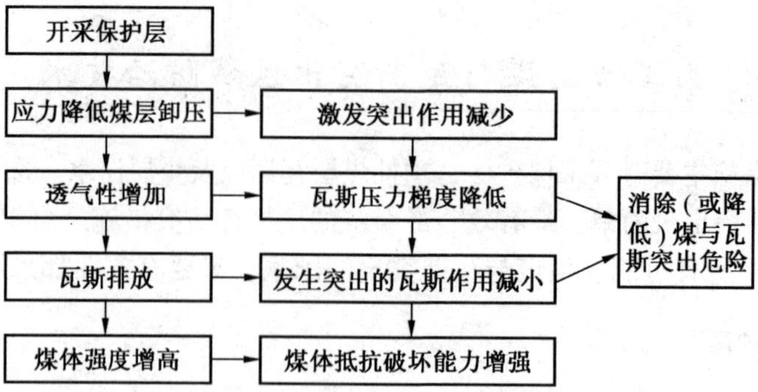

图 6-14　保护层防突原理

保护层开采后，在采空区上方形成自然冒落拱，被保护层上部无压力或压力大大减弱，地应力向两侧移动，如图 6-15 所示；由于地应力分布变化，围岩及煤层向采空区移动或变形，产生裂隙或裂隙加大，使围岩和煤层透气性加大，吸附瓦斯得到解放，游离瓦斯增大给自然排放瓦斯和抽放瓦斯创造了条件，使煤层瓦斯压力大幅下降；由于大量的吸附瓦斯释放，被自然排放或抽出，使煤质变硬，煤层机械强度增大。

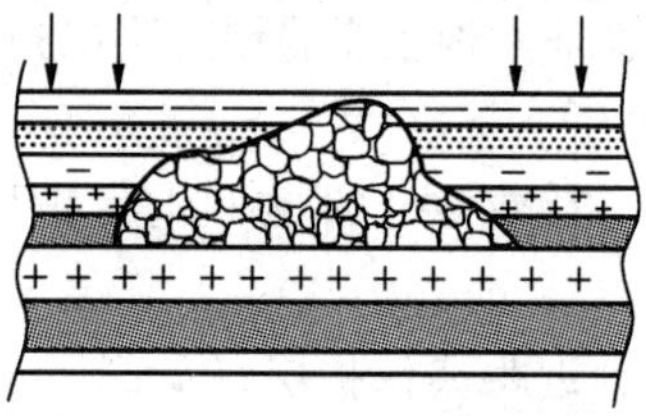

图 6-15　开采保护层

综上所述，由于被保护层地应力下降，瓦斯压力下降，煤层机械强度增大，煤层瓦斯含量降低，可使突出危险煤层不易发生或不发生煤与瓦斯突出。

3. 开采保护范围的确定及保护范围内煤柱的影响

关于保护范围的确定，应以实测为准，无实测资料时可参照如下规定执行：

(1) 层间的保护范围。开采保护层后，开采层周围的岩层和煤层向采空区方向移动、变形，根据卸压程度的大小，在垂直保护层面方向可划分 3 个带。保护作用的有效层间垂距，在不配合人工抽放瓦斯时，实际上就是第Ⅲ带的边界到保护层的层间垂距，在抽放瓦斯时有效层间垂距扩大。综合各种因素，在我国现有开采深度（$H \leqslant 550$ m）与采煤工作面长度（$a \leqslant 120$ m）条件下，保护作用的有效层间垂距见表 6-10，如果经过专门的考察，则根据考察结果具体确定。

表 6-10　保护作用有效层间垂距

m

煤层倾斜	未抽放瓦斯		结合抽放瓦斯	
	下保护层	上保护层	下保护层	上保护层
急倾斜	50	40	80	60
缓倾斜和倾斜	80	30	100	50

(2) 倾斜方向的保护范围。保护层沿倾斜方向的保护范围可按卸压角划定，其数值与煤层倾角、开采深度、地层岩性、地面下沉角有关。卸压角的大小应采用实测数据，无实测数据时可按图 6-16 所示方法确定。

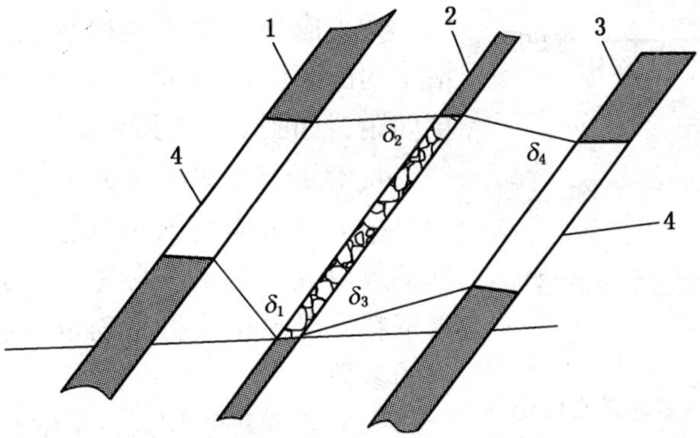

1、3—被保护层；2—保护层；4—被保护范围

图 6－16 保护层沿倾斜方向的保护范围

下保护层卸压角可按下式计算：

$$\delta_1 = 180° - (\alpha + Q_0 + 10°) \tag{6-17}$$

$$\delta_2 = \alpha + Q_0 - 10° \tag{6-18}$$

式中 α——煤层倾角；

Q_0——最大下沉角，可从地表移动站测得。

在没有最大下沉角资料的情况下，卸压角可按表 6－11 选取。

表 6－11 保护层沿倾斜方向的卸压角 （°）

煤层倾角 α	卸压角			
	δ_1	δ_2	δ_3	δ_4
0	80	80	75	75
10	77	83	75	75
20	73	87	75	75
30	69	90	77	70
40	65	90	80	70
50	70	90	80	70
60	72	90	80	70
70	72	90	80	70
80	73	90	78	75
90	75	80	75	80

（3）走向方向的保护范围。正在开采的保护层工作面超前于被保护层的掘进工作面，其超前距离不得小于保护层与被保护层层间垂距的 3 倍，并不得小于 100 m。

（4）保护层始采线和采止线处的超前距离。在保护层采止线处，工作面虽已停采，但岩层的移动过程并未随之结束，只是随着时间推移其强度逐渐减弱。因此，预计一定时间内保护带可得到部分扩展，工作面超前距离不必像正在推进工作面时的超前距离那样

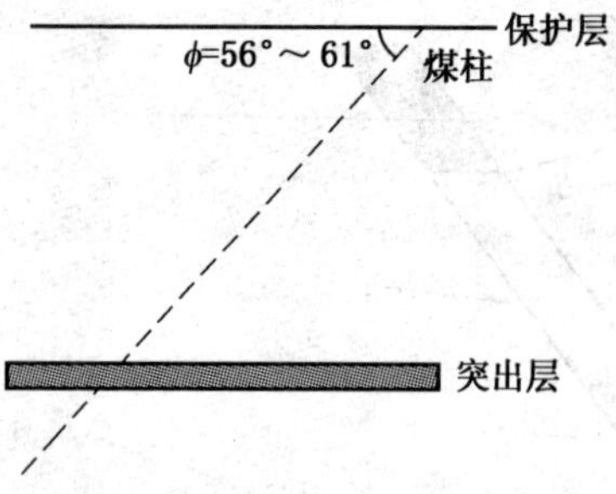

图6－17　划定始采线、采止线处走向卸压角示意图

大。如天府煤田经考察确定，急倾斜煤层采止线处沿走向的卸压角为56°～61°，相当于0.55～0.67倍层间距，如图6－17所示。

4. 保护层开采的有关规定

（1）矿井首次开采保护层时，必须进行保护层保护效果及范围的实际考察，并不断积累、补充完善资料，以便尽快得出确定本矿保护层有效作用范围的参数。

（2）开采保护层时，采空区内不得留有煤（岩）柱；特殊情况需留煤（岩）柱时，应经矿总工程师批准，并将煤（岩）柱的位置和尺寸准确地标在采掘平面图上。每个被保护层的瓦斯地质图上应标出煤（岩）柱的影响范围，在这个范围内进行采掘工作时必须采取防治突出的措施。

（3）保护层在特殊情况下非留煤柱不可时，必须按照表6－12填写煤柱记录。保护层留有不规则煤柱时，必须按照其最外缘的轮廓画出平直轮廓线，并根据保护层与被保护层之间的层间距变化确定其有效影响范围；在被保护层进行采掘工作时，还应根据采掘瓦斯动态及时修改。

表6－12　保护层采区中遗留煤柱记录表

采区名称	保护层名称	保护层遗留煤柱			煤柱影响突出煤层煤量	煤柱测绘人	矿总工程师
		遗留日期	尺寸/m				
			沿走向	沿倾斜			

（4）开采厚度等于或小于0.5 m的保护层时，必须检验保护层的实际保护效果。如果保护层的实际保护效果不好，在开采被保护层时，必须采取防治突出的补充措施。

（5）在有抽放瓦斯系统的矿井开采保护层时，应同时抽放被保护层的瓦斯。

（6）开采近距离保护层时，必须采取措施严防被保护层初期卸压的瓦斯突然涌入保护层采掘工作面或误穿突出煤层。

二、预抽煤层瓦斯

（一）工作原理

瓦斯预抽放是防止煤与瓦斯突出的一种非常有效的措施，在突出危险煤层进行采掘工作之前，预先进行大面积瓦斯抽放，以降低或消除煤层或采区突出危险性。根据其所使用的范围，既可以是区域性也可以用于煤层的局部区段。由于瓦斯抽放一般都要经过较长的抽放时间，所以常优先用于大面积区域性抽放。预抽瓦斯的主要作用在于降低突出危险煤层中的瓦斯含量及瓦斯压力，以达到防突目的。瓦斯预抽放方法众多，但不外乎地面钻孔及地下钻孔两大类，由于瓦斯气体是一种良好的能源，目前除突出危险性矿井，一些非突出矿井也采用了抽放瓦斯方法。表6－13为防突工作中瓦斯抽放的主要方法及其适用条件。

表6-13 瓦斯抽放方法及其适用条件

分 类	抽放瓦斯方法	适 用 条 件
按抽出瓦斯煤层分类	本煤层抽放（沿层）	当井下开采工作所遇到的瓦斯来自煤层本身时，只有抽放开采层本身的瓦斯才能解决问题
	邻近煤层抽放（穿层）	由于地压活动，开采层的上、下相邻煤层内的瓦斯涌入开采的采煤工作面而威胁生产时，采用此种方法可消除瓦斯突出威胁
按抽放工艺手段、方法分类	钻孔抽放方法	抽放本煤层、邻近煤层均可采用
	巷道抽放方法	煤层较厚，透气性好，采掘时有大量瓦斯涌出，可采用此方法
	钻孔、巷道混合抽放	在既能开巷又可打钻的条件下，两者可以兼用
	地面钻孔抽放方法	采区距地表较浅，地面有施工条件的地方可采用

如何准确阐述煤与瓦斯突出机理及其发生发展的过程一直是国内外有关学者致力探讨的课题。目前大多数学者认为：突出的发生是地应力、瓦斯压力和煤的物理力学性质综合作用的结果。其中地应力、瓦斯压力是突出的动力；煤的物理力学性质则是突出的阻力。突出现象的发生主要是由于地应力使煤体突然破碎并产生位移，导致大量裂隙的产生并使煤体内储存的瓦斯潜能得以突然释放，从而进一步破碎煤体并起到搬运煤体的作用。仅有地应力作用是不够的，因为如果没有大量瓦斯解吸与释放潜能，就不能进一步造成煤体破碎与搬运作用，最终也就无法造成突出。当地应力超过煤体的极限抗剪强度，也只能发生压出或倾出，现场一般不能见到大量煤粉与气体搬运现象。在瓦斯含量高、突出危险性大的煤层中，往往出现的特征是：地应力和瓦斯压力大，煤层透气性低，煤质松软易于流变，而这些都有利于煤与瓦斯突出的发生。钻孔抽放瓦斯能够防止突出的原因在于，通过瓦斯抽放能使煤体中的瓦斯压力降低，瓦斯潜能得到释放，地应力降低，煤体卸压导致煤体透气性增大，煤层强度增高，最终达到防止突出的目的。钻孔抽放煤层瓦斯作为最有效的区域性和局部性防突措施之一，其主要作用机理在于，通过抽放煤层瓦斯，首先可使具有突出危险的煤层或高瓦斯煤层中的瓦斯压力和瓦斯含量大幅度降低，使煤体内的瓦斯潜能得到释放；其次由于瓦斯排出可引起煤体收缩变形，使煤体所受应力降低，煤体透气性增大，同时又由于煤体应力降低，使煤体中的弹性潜能得到释放。此外，煤体内瓦斯的排放还会增大煤体的机械强度和煤体的稳定性，从而使煤与瓦斯突出阻力增大，进一步减弱或消除突出危险性，起到防突作用。其防突作用机理如图6-18所示。

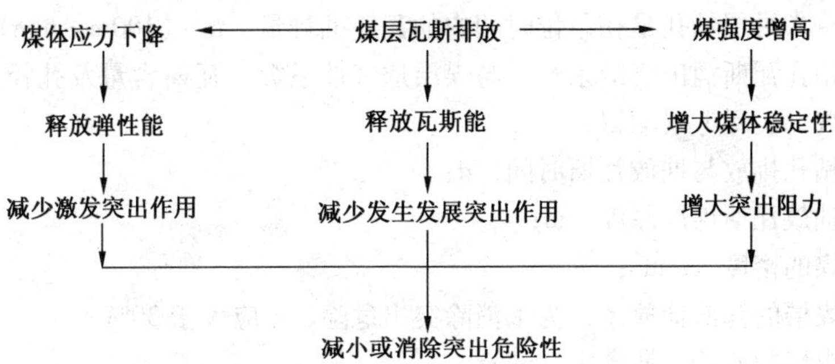

图6-18 防突作用机理

（二）适用条件

当突出煤层的实测透气性系数不小于 $4.0\times10^{-2}m^2/(MPa^2\cdot d)$ 时，应采用预抽煤层瓦斯措施。采用这项措施的有效性应根据矿井实际考察结果而定。若无实际考察数据，可参考下列指标：

（1）瓦斯抽出率应大于30%。瓦斯抽出率等于瓦斯抽出量，包括打钻时的瓦斯排放量、自然排放量与抽放量。

（2）预抽煤层瓦斯后，控制区内煤层残余瓦斯压力与残余瓦斯含量应分别小于该煤层始突深度处的瓦斯压力与瓦斯含量值的80%。

（3）预抽煤层瓦斯后，控制区内的煤厚收缩变形不小于2%。

（三）钻孔布置

预抽煤层瓦斯钻孔可采用穿层或沿煤层布置方式，钻孔间距应均匀，各相邻钻孔在抽放期内达到的有效控制范围应相接或稍有重叠，不留孤岛。

1. 钻孔数量 N

钻孔数量可按下述公式确定：

对于穿层钻孔
$$N=K\frac{LH}{\pi R^2}\tag{6-19}$$

对于沿层（平行）钻孔
$$N=K\frac{L}{2R}\tag{6-20}$$

式中 K——修正系数，根据地质构造复杂程度、突出危险程度、钻孔成孔与到位的程度以及煤层透气性的变化等综合确定，一般取1.2~1.3；

L——沿煤层走向钻孔群的控制范围，m；

H——沿煤层倾向钻孔群的控制范围，m；

R——钻孔有效排瓦斯半径，m。

2. 钻孔间距的确定

钻孔间距应根据实际考察来确定。当知道钻孔瓦斯涌出的参数时，可按下式确定钻孔间距：

（1）对于沿层上向或水平的平行钻孔：

$$d=\frac{24\times60q_0(1-e^{-\alpha t})}{100\times m\rho\eta x\alpha}\tag{6-21}$$

式中 d——钻孔间距，m；

q_0——百米沿层钻孔最初单位时间内的瓦斯抽排量，$m^3/(100m\cdot min)$；

α——钻孔瓦斯涌出衰减系数，与煤层透气性系数、瓦斯含量及孔径大小有关，由现场实际考察测得；

t——钻孔排放与抽放瓦斯时间，d；

m——抽放瓦斯煤层厚度，m；

ρ——煤的密度，t/m^3；

η——煤层的瓦斯抽放率，为了消除突出危险，η 应大于30%；

x——煤层的原始瓦斯含量，m^3/t。

（2）对于穿层钻孔：

$$d=\sqrt{\frac{24\times 60q_0(1-e^{-\alpha t})}{100\times\frac{\pi}{4}\rho\eta x\alpha}} \tag{6-22}$$

式中 q_0——百米穿层钻孔最初单位时间内的瓦斯抽排量，$m^3/(100m\cdot min)$；

α——穿层钻孔瓦斯涌出衰减系数。

（四）应用原则

（1）均匀布置的钻孔必须能控制整个预抽放瓦斯区域。

（2）应根据矿井实测资料确定预抽煤层瓦斯防突措施的有效性指标。无实际考察数据时，可参考以下指标确定：煤层瓦斯预抽率应大于25%。煤层瓦斯预抽率应按照钻孔控制范围内煤层瓦斯储量、抽出瓦斯量（包括钻孔喷出的瓦斯量、自然排放量与抽放量）来计算，即

$$\eta=\frac{Q_{喷}+Q_{源}+Q_{抽}}{Q_{储}}\times 100\%\geqslant 25\% \tag{6-23}$$

式中 $Q_{喷}$——打钻过程各钻孔喷出的瓦斯总量，m^3；

$Q_{源}$——各钻孔在与抽放系统连接前自然涌出的瓦斯总量，m^3；

$Q_{抽}$——各钻孔在与抽放系统连接后抽放瓦斯的累计总量，m^3；

$Q_{储}$——钻孔控制范围内煤层瓦斯储量，m^3。

$Q_{喷}$ 和 $Q_{储}$可根据巷道风流瓦斯增加量来计算确定。

（3）如防突区域与抽放瓦斯达不到有效预抽指标，在进行采掘工作时必须采取防治煤与瓦斯突出的补充措施。

（4）钻孔封闭质量很重要，应保证封孔质量和对于钻孔口抽放负压的要求。

三、煤层注水

1. 注水防突机理

作为区域性防突措施的煤层注水，应在大面积范围内均匀布置顺层长钻孔来实现。通过钻孔向煤体注水，使煤层湿润，增加煤的可塑性，在煤层随后开采时，可减小工作面前方的应力集中；当水进入煤层内部的裂缝和孔隙后，可使煤体瓦斯放散初速度减慢，因此煤层注水可以减缓煤体弹性潜能及瓦斯潜能的突然释放，降低或消除煤层的突出危险性。

被水湿润的煤体，其力学性能发生了很大变化，其塑性提高了，弹性模量减小了，从而使地应力分布均匀化，地应力和瓦斯压力梯度都减小，弹性潜能降低，其释放的速度变小，大大减小了突然释放弹性潜能的功率水平；水进入煤的孔隙，降低了瓦斯放散初速度（可减少90%），增加了瓦斯流动阻力，从而削弱了瓦斯在突出过程中的作用；钻孔排放或抽放瓦斯，降低了瓦斯压力和瓦斯含量，减小了瓦斯内能。

注水工艺实施顺序：①打钻，随后封孔；②钻孔抽放瓦斯（既可减少注水阻力，又可提高湿润效果）；③向煤层注水；④注水结束后，保持一定时间（一个月）以扩展湿润效果，使应力分布均匀化。

2. 钻孔参数及注水指标

一般采用单排平行沿层钻孔，当煤层倾角变化不大、阶段斜长不长时，从通风平巷打下向的全阶段长的钻孔。

孔径为 50 ~ 100 mm，孔长决定于阶段斜长与地质交化，打下向孔时，应使孔底位于运输巷或中间巷。钻孔间距应根据煤层的渗水性、影响半径、要求的注水量及允许的注水时间来确定，一般孔间距可选 5 ~ 15 m；钻孔的封孔长度应超过巷道卸压圈的影响范围，必须大于 5 m。

对于防突要求来说，注水后煤的水分应不小于 5%。因此注水湿润煤层时，所需的平均增加水分量 ΔM 应按下式计算：

$$\Delta M \geqslant (5 - M_0) \tag{6-24}$$

式中 M_0——煤的原始水分，%。

一般情况下，钻孔的注水量应为 0.02 ~ 0.04 m^3/t 煤，则每个钻孔的注水量及整个区域范围内的总注水量应为

$$M \geqslant (0.02 \sim 0.04)T \tag{6-25}$$

式中 M——一个钻孔或整个区域范围内的总注水量，m^3；

T——一个钻孔或整个区域范围内的煤炭储量，t。

（1）煤层注水压力。为使煤层注水时不产生煤层的水力压裂及串水，注水压力应小于钻孔所在水平的地层静压力，但又要大于煤层瓦斯压力，即

$$P < P_H < 0.75P_n \tag{6-26}$$

$$P_n = 0.01\gamma H \tag{6-27}$$

式中 P——煤层瓦斯压力，MPa；

P_H——注水压力，MPa；

0.75——防止煤层水力压裂的安全系数；

P_n——地层静压力，MPa；

γ——岩石平均密度，一般取 2.5 t/m^3；

H——距地面的垂深，m。

（2）煤层注水时间。煤层注水所需时间应在控制注水压力的前提下，根据要求的注水量及煤层吸水速度来决定。煤层吸水速度应根据井下试验结果来确定。当注水量达到要求后，为了使煤层能有效均匀湿润，必须在注水后关闭孔口并有一个注水湿润的保持时间，注水后的保持时间一般为一个月。

第三节 煤与瓦斯突出局部防治技术

大型突出往往发生于石门揭开突出危险煤层时，所以石门揭开突出危险煤层以及有突出倾向的建设矿井或突出矿井开拓新水平时，井巷揭开所有这类煤层都必须采取防治突出措施，并编制专门设计。除石门揭煤可能发生突出外，在采掘工作面也时有突出发生，所以在突出危险煤层内进行采掘工作时，必须采取有效的预防突出措施。

一、石门揭煤防突技术

石门自煤层底（顶）板岩柱穿过煤层进入顶（底）板 2 m 范围的全部作业过程称为石门揭煤阶段。石门揭穿煤层时，石门工作面前方的煤体因岩柱的隔离和阻挡而处于未卸压和无瓦斯排放的状态，所以是最危险的工序。石门揭煤常用的防突措施有预抽瓦斯、排

放钻孔、水力冲孔、水力冲刷、金属骨架及扩孔钻卸煤等。石门应尽可能布置在无地质构造破坏带。如果条件允许，石门应布置在被保护区，可先在石门揭煤地点掘出煤层巷道，然后再用石门贯通。

（一）预抽瓦斯

在石门工作面排放钻孔瓦斯基础上，密封钻孔，抽采瓦斯。实质上是加速瓦斯排放，缩短排放时间，减少钻孔工作量，预抽瓦斯技术描述如图6-19所示。

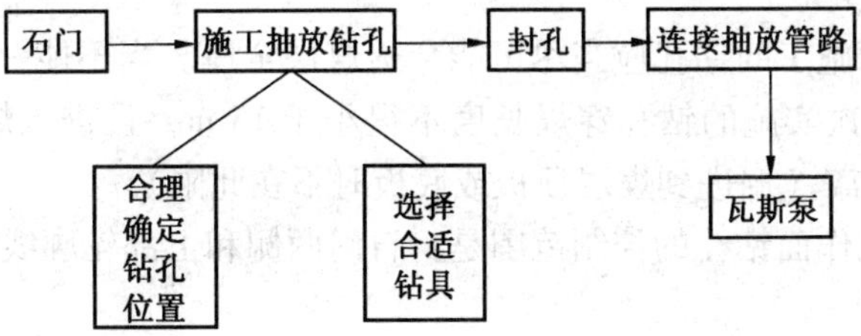

图6-19　预抽瓦斯技术描述

（1）使用条件。煤层透气性较好，有足够的抽采时间（一般不少于3个月）。

（2）钻孔布置。钻孔钻入煤层中的位置及范围一般在石门周界外8 m以上（煤层倾角大于8°时底部或下帮5 m）。钻孔必须穿透煤层顶（底）板0.5 m以上。若不能穿透煤层全厚，必须控制到工作面前方15 m以上。

（3）钻孔直径和间距。钻孔直径为75～100 mm，钻孔孔底间距可根据煤层透气性和允许抽采时间确定，一般为2～3 m均匀布孔。

（4）要求达到的效果及评价指标。在抽采钻孔控制范围内煤层瓦斯压力降到0.74 MPa以下，煤层瓦斯含量降到8 m^3/t以下或瓦斯含量低于始突标高的煤层瓦斯含量时，认为抽采效果有效。也可在抽采率不小于30%后，经效果检验，证明无突出危险后揭开煤层。

（二）排放钻孔

在石门范围内布置5～6排钻孔，控制石门周边外8 m（煤层倾角大于8°时底部或下帮5 m）的煤层，通过钻孔的作用，消除突出危险。在煤层面内钻孔间距要根据煤层透气性和允许的排放时间确定，一般为0.5～2 m，石门排放钻孔布置如图6-20所示。

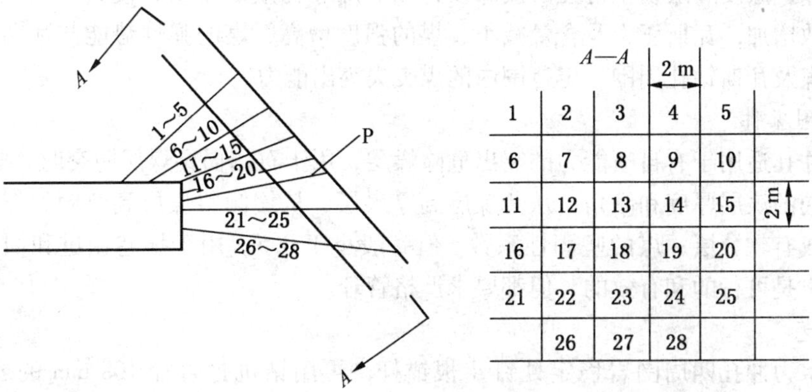

P—测压钻孔；1～28—排放钻孔

图6-20　石门排放钻孔布置

1. 防突机理

钻孔穿透煤层后，孔壁变形、坍塌，使钻孔四周煤（岩）体松动、变形、透气性增加，降低了煤体内的应力潜能。由于长时间的自然排放作用，使煤体内瓦斯压力降低，煤体内瓦斯含量减少，从而消除突出。要提高排放效果，一是增加孔数和扩大孔径，二是增加排放时间和改自然排放为高负压抽采。关键是对排放的瓦斯要计量而不是单纯在于排放时间的长短。

2. 钻孔布置

（1）揭煤工作面施工的钻孔应当尽可能穿透煤层全厚。当不能一次打穿煤层全厚时，可分段施工，但第一次实施的钻孔穿煤长度不得小于 15 m，且进入煤层掘进时，必须至少留有 5 m 的超前距离（掘进到煤层顶板或底板时不在此限）。

（2）石门揭煤工作面钻孔的控制范围是：石门两侧和上部轮廓线外至少 5 m，下部至少 3 m。

（3）排放钻孔的直径为 75 ~ 100 mm，钻孔的孔底间距应根据实际考察情况确定。

3. 孔数计算

测得钻孔有效排放半径 r 后，石门揭穿煤层的预排放瓦斯钻孔数 N 可按下式计算：

$$N = K\frac{(h+2a)(b+2a)}{\pi r^2} \tag{6-28}$$

式中 N——排放钻孔数，个；

K——系数，视煤层的突出危险程度而定，一般采用 1.2；

h——巷道高度，m；

a——巷道两帮排放瓦斯的宽度，石门揭煤时一般取 $a = 1.5$ m，煤层巷道两帮排放瓦斯带宽度 $a \geqslant 5$ m；

b——巷道宽度，m；

r——有效排放半径，m。

（三）水力冲孔

1. 防突机理

水力冲孔是以岩柱或煤柱作为安全屏障，利用钻机打孔，通过钻头的切割和高压水射流冲击煤体，激发煤层发生可控的喷煤及瓦斯。煤和瓦斯的排出，使其周围地应力降低，透气性系数增加，瓦斯压力及含量减小，煤的强度增高、煤的弹性势能与瓦斯潜能释放，从而使喷煤及瓦斯钻孔周围一定范围内的煤丧失突出能力。

2. 适用条件

水力冲孔适用于有自喷能力的突出危险煤层，用于石门揭穿煤层防突时，它是安全可靠的。不同的煤层厚度和倾角，从薄煤层到厚煤层，从缓倾斜煤层到急倾斜煤层均适用。煤质较软或有软分层，煤的坚固性系数 f 值一般小于 0.5。用于煤巷掘进和回采工作面，在技术上也是可行的和有效的，但都要求严格管理。

3. 工艺

先在水力冲孔四周围岩稳定处钉 4 根锚杆，再用钻机打直径 108 mm 的岩孔，钻到 2 m 处后换成直径 90 mm 穿透到煤体的喷孔点，然后退出岩心管，将外端有法兰盘的直径 108 mm 套管安装入孔内，并用直径 9.3 mm 钢绳将套管固定到锚杆上，连接三通管、排煤胶管、射流泵、输煤管至沉淀池，最后连接射流泵和钻机的高压水管。上述工作完成后，开启钻机注高压水，使水的射流以钻杆冲洗煤体，诱导突出。喷出的煤、水、瓦斯通过钻杆与岩孔之间的间隙流入三通管、排煤胶管、射流泵、输煤管，最后流入沉淀池。随着钻杆的钻进，反复冲洗，直到钻杆推进到设计深度（钻头遇顶板、底板岩石），并且孔内无动力显现，冲出清水，方可结束冲孔，拆除钻具。水力冲孔工艺流程如图6－21所示。

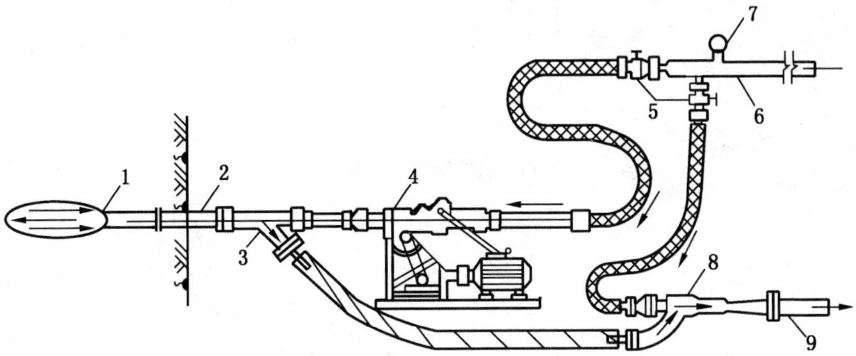

1—钻杆；2—套管；3—三通管；4—钻机；5—阀门；6—高压水管；7—压力表；8—射流泵；9—排煤胶管

图6－21　水力冲孔工艺流程

4. 钻孔布置

石门揭煤时，在石门巷道离煤层不小于5 m处停止掘进，保持这一岩柱作为安全屏障，钻冲孔的布置按钻孔见煤的层面考虑，在巷道周边外3 m左右处布置6～8个钻冲孔，石门中间打一个检查孔或钻冲孔。为避免各孔相互干扰，可先冲对角孔，后冲中间孔，再冲断面内的孔。钻孔布置如图6－22所示。

（四）金属骨架

1. 结构、作用及适用条件

金属骨架是将钢管或钢轨插入预先在工作面断面周边处布置的钻孔内，其前端伸入煤层的顶板或底板岩石中，后端支撑在工作面支架上。它是用于石门（井巷）工作面揭穿突出危险煤层的一种超前支架，金属骨架是一种辅助防突措施，因此必须与抽采瓦斯、排放钻孔或水力冲孔配合使用。

该防突措施的作用有两个：一是通过安装金属骨架的钻孔排放煤体中的一部分瓦斯，使一定范围内的煤体卸压；二是依靠金属骨架加强工作面前方煤体的稳定性。金属骨架防突措施适用于煤质松软的薄和中厚煤层，尤其适用于煤层倾角大于45°，钻孔穿煤时不堵钻、不喷孔的突出煤层。

2. 防突机理

金属骨架之所以能抵抗突出，主要是预先加固了煤体，增加了煤体的稳定性；骨架孔排放了一定数量的瓦斯，缓和了其周围应力的紧张状态，增加了煤的坚固性；在巷道揭穿煤层过程中，它支撑上方煤体的重力、阻止煤体的突然破坏与离层，即抑制突出发生。由于金属骨架加固与排放瓦斯的范围不大，所以其阻突能力有限。

3. 钻孔布置

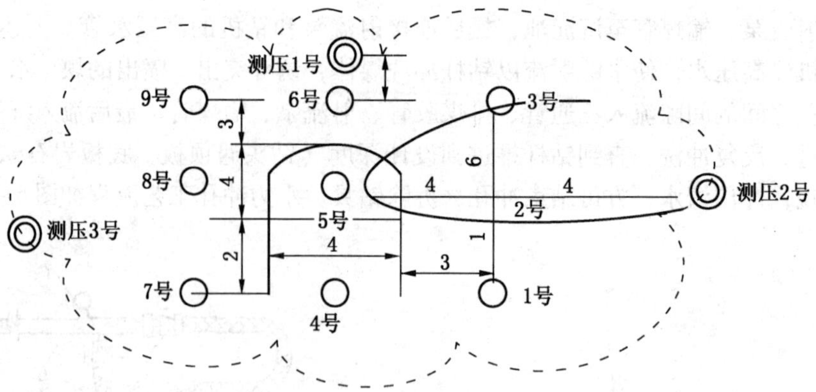

(a) 见煤层面孔位置图

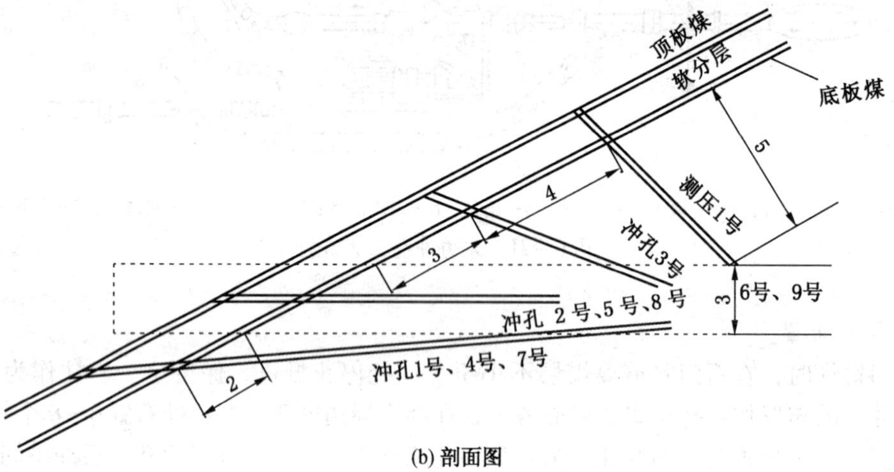

(b) 剖面图

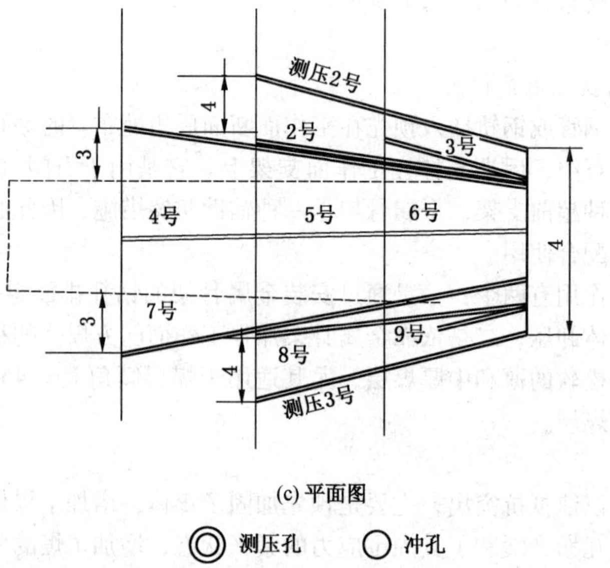

(c) 平面图

◎ 测压孔　○ 冲孔

（单位：m）

图 6－22　石门钻孔布置

在巷道上边和两侧周边外一定范围内布置金属骨架孔，钻孔向外倾斜 7° ~ 12°。对于一般突出煤层，在石门断面的顶部和两侧可采用单排骨架；对于严重突出煤层，可采用双排骨架。骨架间距一般不大于 0.2 m，骨架穿过煤层顶（底）板的深度一般为 0.5 m 以上。

4. 操作步骤

（1）在石门距工作面 3 m 范围内，将石门顶和两帮各超挖 0.6 ~ 1.2 m。

（2）在石门拱基线以上部位打直径 75 ~ 90 mm 的骨架钻孔，钻孔穿过煤层顶（底）板至少 0.5 m，钻孔间距 0.2 ~ 0.3 m。

（3）安装金属骨架。

（4）打完一个孔立即插入钢管骨架，安装完全部骨架后，用抬梁托起骨架，并与托梁（金属支架或钢筋拱形骨架）固定。

（5）用锚索吊起并固定托梁。

（6）喷射混凝土封闭金属骨架，使其与混凝土共同支护巷道。

揭穿煤层后，严禁撤除金属骨架。金属骨架钻孔布置如图 6 – 23 所示。

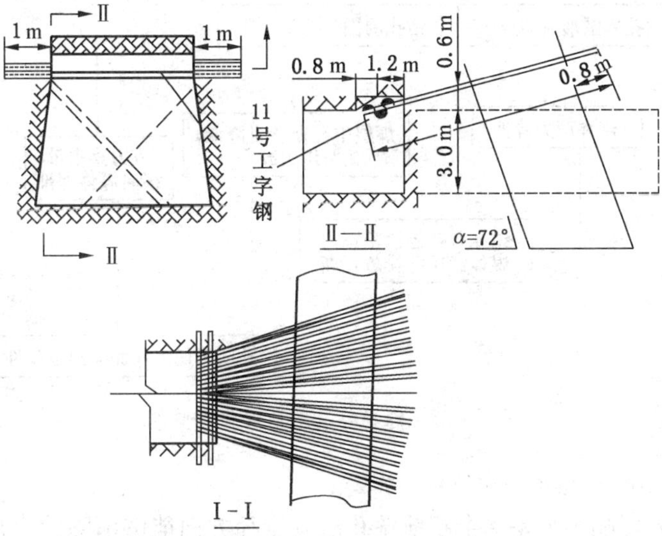

图 6 – 23　金属骨架钻孔布置

二、采掘工作面防突技术

（一）超前钻孔

1. 防突机理

掘进与回采工作面前方一般有 3 个应力带：卸压带、应力集中带和原始应力带。在卸压带内，地应力与瓦斯压力值都比它们的原始值大大降低，所以它是阻止突出的防护带；应力集中带的地应力比原始值高，煤层透气性急剧降低，阻止瓦斯的排放，所以保持着较高的瓦斯压力梯度与瓦斯压力值，这一带是发动突出的策源地，在某些情况下突出可深入到原始应力带内。

超前排放钻孔是指在工作面前方一定距离的煤体内，始终保持足够数量的钻孔，由于钻孔的卸压与排放瓦斯作用，引起煤体应力重新分布，使巷道应力集中带移向煤体深处，人为地造成并保持工作面前方有一个较长的卸压带，以防止突出发生。其作用机理如图6－24和图6－25所示。

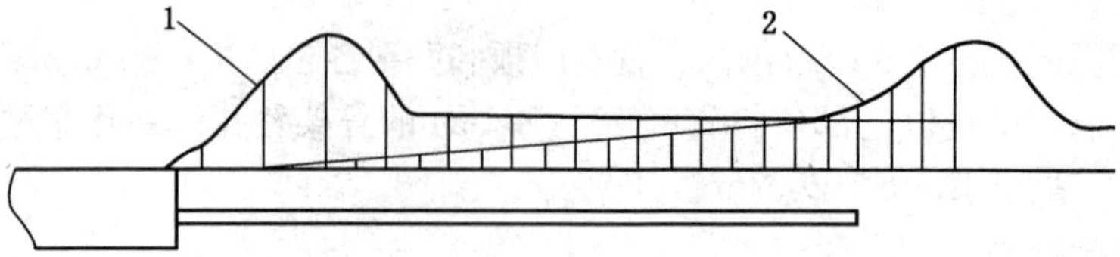

1—打超前钻孔前应力分布曲线；2—打超前钻孔后应力分布曲线

图6－24　超前钻孔作用原理

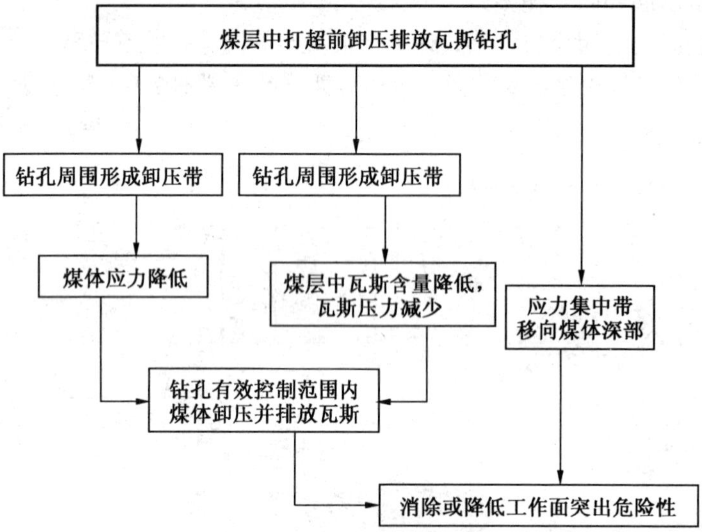

图6－25　超前钻孔的防突作用原理

2. 钻孔有效影响半径及保护范围

超前钻孔有效影响半径是单个超前钻孔沿其半径方向能够消除突出危险的最大范围。超前钻孔的有效影响半径不仅与突出危险性大小有关，而且还与措施的作用时间有密切关系。测定防突措施有效影响半径的原理是：在措施孔一侧或四周布置若干个测量孔，通过考察测量孔内瓦斯涌出量或其他突出预测指标的变化确定措施孔的影响范围。钻孔有效影响半径可以用钻孔流量法和防突效果检验法等测定。超前钻孔有效影响半径可按下述步骤确定：

（1）沿工作面软分层打3～5个相互平行的测流量钻孔，其孔径为42 mm、孔长5～7 m、孔间距0.3～0.5 m。

（2）对各测流量钻孔进行封孔，封孔长度不得小于2 m，瓦斯测量室长度为1 m，测流量金属导管的直径为6～8 mm。

（3）钻孔密封后，立即测量钻孔的瓦斯流量，并每隔10 min测定一次，每一测量孔测定次数不得少于5次。

（4）在距最近的测量孔边缘0.5 m处，打一个平行于测量孔的超前钻孔（孔径等于待考察的超前钻孔有效排放半径的钻孔直径），在打超前钻孔过程中记录其孔长、时间和各测流量孔的瓦斯流量。

（5）超前钻孔打完后，每隔10 min测定各测量孔的瓦斯流量。

（6）打完超前钻孔后约2 h内，测定并绘出各测量孔的瓦斯流量变化曲线。

（7）如果连续三次测定流量孔的瓦斯流量都比打超前钻孔前增大10%，即表明该测量孔处于超前钻孔的有效排放半径之内。

3. 超前钻孔的布置及参数

采用超前钻孔防突措施，如果煤层能明显分出硬软分层时，应在软分层中布置钻孔。超前钻孔的数量及布置方式应根据钻孔有效排放半径和所需控制范围确定。当煤层赋存条件变化时，超前钻孔数量应随之相应增减。超前钻孔实施后，应按规定的方法进行防突效果检验。

1）煤巷掘进工作面超前钻孔布置

煤巷掘进工作面超前钻孔布置如图6－26所示。超前钻孔的直径一般为75～120 mm，地质条件变化剧烈地带也可采用直径42 mm的钻孔。钻孔长度一般不得小于8 m，钻孔超前于掘进工作面的距离不得小于5 m，超前钻孔孔数应根据钻孔的有效排放半径确定。煤巷掘进采用超前钻孔防治突出时，应符合下列要求：

（1）超前钻孔应尽量布置在煤层的软分层中，超前钻孔的控制范围应控制到巷道断面轮廓线外2～3 m（包括巷道断面内的煤层）。

（2）必须对超前钻孔进行效果检验，若措施无效，必须补打钻孔或采取其他补充措施。

（3）超前钻孔施工前应加强工作面支护，打好迎面支架，背好工作面。

（4）超前钻孔所占面积应为掘进巷道断面的2.5%～3.0%。

超前钻孔数可按下式计算：

$$N=\frac{(2.5\%\sim3.0\%)S_{掘}}{S_{孔}} \tag{6-29}$$

式中　N——超前排放钻孔数，个；

$S_{掘}$——煤巷掘进毛断面积，m^2；

$S_{孔}$——排放钻孔的单孔面积，m^2。

上山工作面的超前钻孔防突措施工艺和要求与平巷工作面基本相同。但在急倾斜突出煤层掘进上山采用大直径钻孔时，应一次打透上部平巷；如果不能一次打透，应先将已经打好的部分刷大到规定的断面，架好支架，背好顶帮，然后继续打钻。当煤质较软或受设备限制时，可打直径75～120 mm的超前钻孔，超前钻孔布置如图6－26所示。

2）采煤工作面超前钻孔布置

沿采煤工作面倾斜方向每隔1.0～1.2 m布置1个钻孔，钻孔直径为90 mm，钻孔深度为6 m。当煤厚大于1.6 m时，布置双排钻孔。在距工作面运输巷和回风巷10 m的范围内，可不布置措施孔。实践证明，在采煤工作面内直接打超前钻孔，无论在时间上还是在空间上都有较大困难，而且打直径较大的钻孔还增加了诱发突出的可能性。为了避开上述问题，有些突出矿井在采煤工作面的运输巷及回风巷内打平行于工作面的超前钻孔。为了使工作面中部得到卸压和排放，通常这种钻孔的深度要在40～50 m。

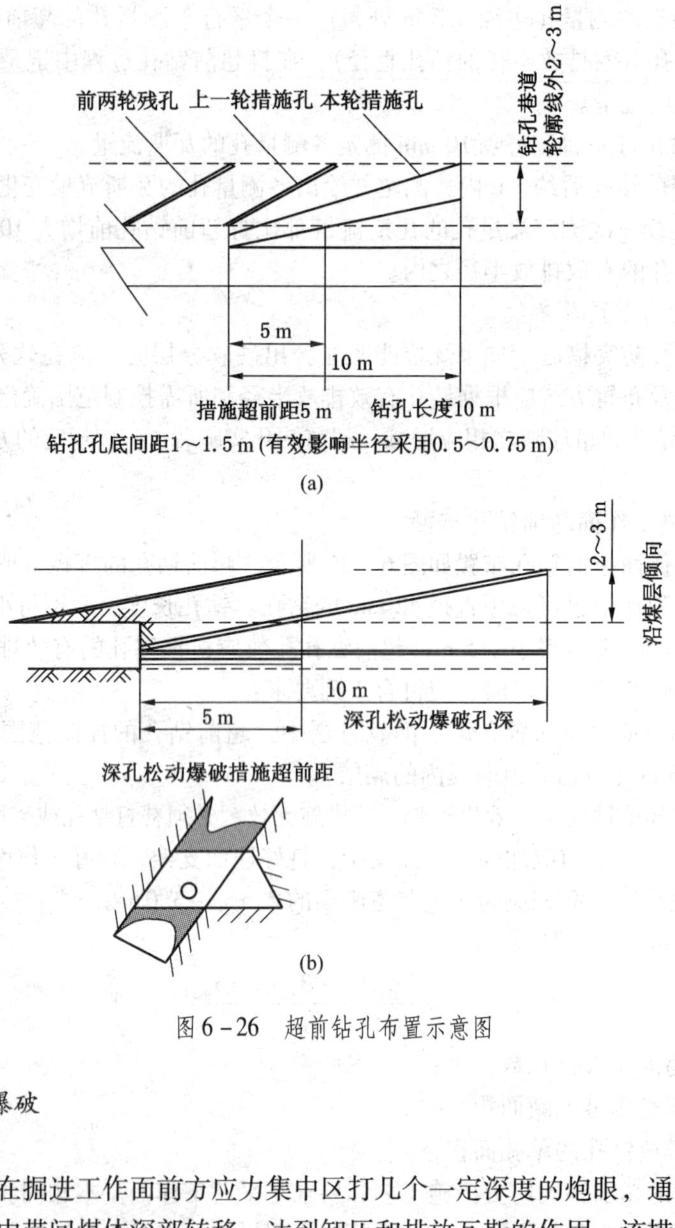

图 6-26　超前钻孔布置示意图

（二）松动爆破

1. 爆破特点

松动爆破是在掘进工作面前方应力集中区打几个一定深度的炮眼，通过爆破使周围煤体破碎、应力集中带向煤体深部转移，达到卸压和排放瓦斯的作用。该措施适用于煤质较硬、突出强度较小的煤层。

根据钻孔长短，松动爆破可分为浅孔松动爆破和深孔松动爆破。两者的不同之处是：浅孔松动爆破的钻孔长度一般在 8 ~ 10 m，深孔松动爆破的钻孔长度一般在 20 ~ 25 m；浅孔松动爆破的爆破孔附近不打控制孔，深孔松动爆破的爆破孔附近必须打控制孔；深孔松动爆破的消突范围比浅孔松动爆破更显著。

2. 布孔原则

使用深孔松动爆破时，必须有专门的施工设计，钻孔应布置在工作面上方与中部，能使巷道周边 2 m 以内处于深孔松动爆破影响范围内。钻孔数量视煤层厚度与巷道断面而定，通常爆破钻孔数应不少于 2 个，如果留有 5 m 的超前距离，应从第 6 m 开始装药直到孔底。为避开上次爆破在煤体所产生的裂隙区、防止爆破效果不佳，两次爆破之间要留有1 m的完好煤体，火药不能装在这1 m的完好煤体内，在完好煤体中的钻孔必须用炮泥堵严，其余的也必须用炮泥或河砂充填。起爆采用串并联方式，由于孔长，火药不易装入孔内，为防止拒爆或装药达不到设计位置，通常除要求钻孔打直、孔壁光滑外，还应用竹片或其他不易点燃物质将火药捆接成长1 m的特殊药包，以利装药。爆破应在反向风门之外，采取远距离爆破，以确保人身安全，钻孔布置如图6－27所示。

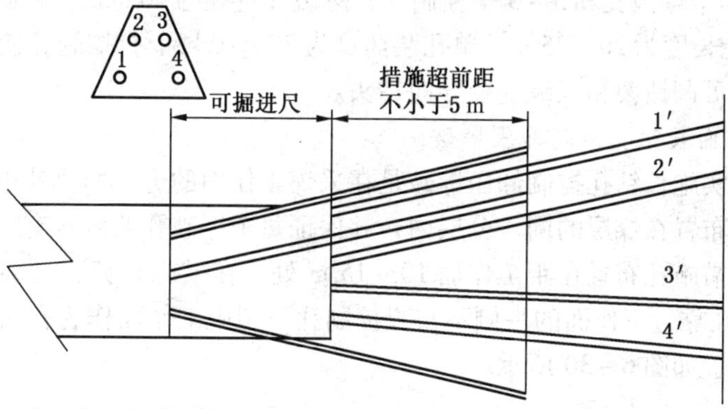

1、2、3、4—本次循环爆破孔；1′、2′、3′、4′—下次循环爆破孔

图6－27　松动爆破钻孔布置

松动爆破的孔径一般为42 mm，控制孔径为125 mm或150 mm。用于巷道掘进工作面防突时，中心孔沿巷道掘进方向，其他孔终位置应位于巷道轮廓线外1.5～2 m以上。松动爆破的孔数应根据松动爆破有效半径确定。

松动爆破的装药长度为孔长减去5.5～6 m，每个药卷长度为1～1.5 m，每个药卷装入一个雷管。装药必须装到孔底。

进行深孔松动爆破时，必须执行撤人、停电、设警戒、远距离爆破、关闭反向风门等安全措施，并且爆破后30 min才能进入工作面。

3. 装药封孔

采用正向装药，多雷管大串联一次起爆。深孔松动爆破的装药长度为孔长度减去6 m，一般为3～5 m。装药后应装入长度不小于0.4 m的水炮泥，水炮泥外应充填长度不小于2 m的炮泥。在装药和充填炮泥时，应防止折断电雷管脚线。通常用黄泥封孔，为提高爆破效果，必须将炮泥填好捣实，以避免爆破时炮泥冲出钻孔而造成高温高压气体泄漏。松动爆破装药和封孔结构如图6－28所示。

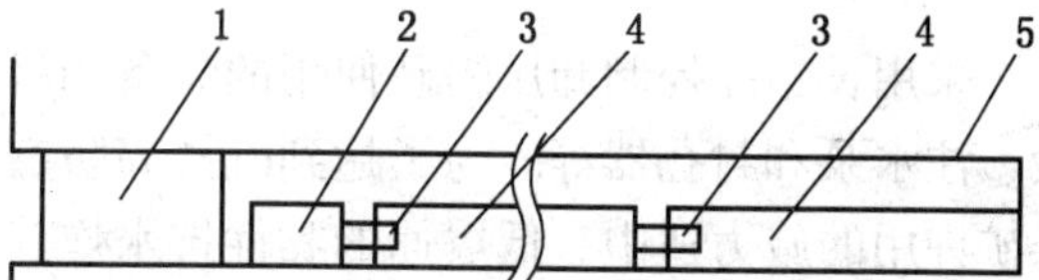

1—炮泥；2—水炮泥；3—雷管；4—炸药筒；5—钻孔

图6－28　松动爆破装药和封孔结构

（三）长钻孔控制卸压爆破

1. 防突机理

长钻孔控制卸压爆破的防突机理与常用的深孔松动爆破基本一致，都是通过药壶装药爆破使煤体卸压和排放瓦斯。与常见的深孔松动爆破相比，主要有3个不同特点：

（1）爆破孔长度增大。掘进工作面爆破孔长度增加到20～25 m，而采煤工作面爆破孔长度则增大到30 m以上。

(2) 爆破孔附近打了不装药的控制孔以扩大爆破自由面和增加瓦斯排放通道，提高松动爆破的卸压和瓦斯排放效果。

(3) 采用散装、含有黏性的低威力炸药，便于长钻孔装药，有利于提高爆破效果。

2. 掘进工作面长钻孔控制卸压爆破

在煤巷掘进工作面采用长钻孔控制卸压爆破防突措施，措施孔布置如图6-29所示。一般可布置3~5个爆破孔和3~5个控制孔，爆破孔直径为50 mm，控制孔直径为125 mm或150 mm，钻孔长度为20~25 m，单孔装药量为30~40 kg。打措施孔使用3 kW岩石电钻及配套的组合式可调钻架和三级变径导向钻头。

3. 采煤工作面长钻孔控制卸压爆破

采煤工作面实施长钻孔控制卸压爆破是在采煤工作面的进、回风巷中进行。爆破孔和控制孔可以交替布置在煤层的同一分层内，并保证每个爆破孔两侧各有一个控制孔。靠近工作面的地点，措施孔布置在距工作面10~15 m处，在措施孔旁边远离工作面一侧布置1个控制孔，而在靠近工作面的一侧不布置控制孔，利用工作面作为自由面以提高爆破效果。其措施孔布置如图6-30所示。

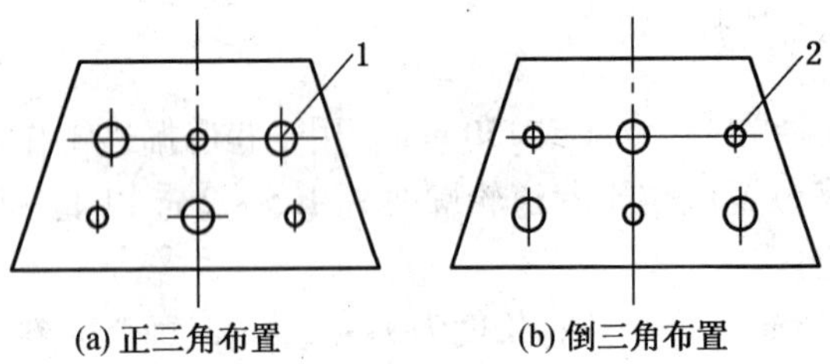

1—控制孔；2—爆破孔

图6-29 掘进工作面长钻孔控制卸压爆破措施孔布置

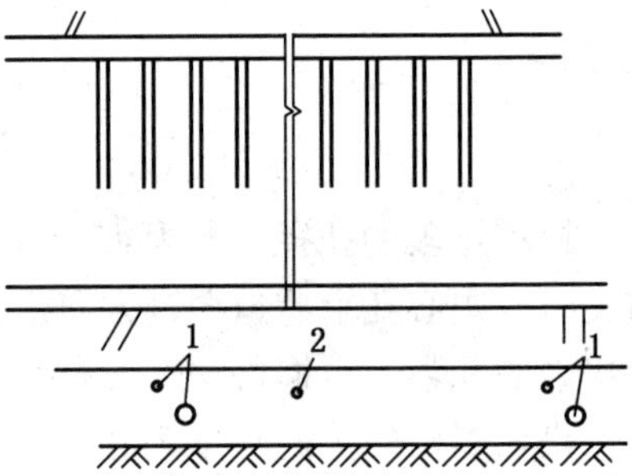

1—炮泥；2—雷管

图6-30 采煤工作面长钻孔控制卸压爆破措施孔布置

采用长钻孔控制卸压爆破使用的装备和材料有钻机具、装药机、装药管、炸药、导爆索、注水泵和封孔器等。为了达到既提高防突效果又不破坏煤层顶板的目的，不仅采用了煤矿许用的威力适中、低爆速的黏性抗水炸药，而且采用了沿钻孔轴向和径向都有一定空隙的不耦合装药，如图6-31所示。

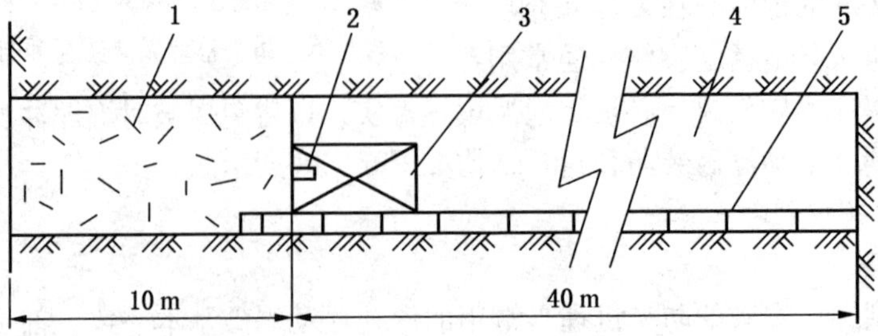

1—封孔段；2—雷管；3—药包；4—装药段；5—导爆索

图6-31 长钻孔控制卸压爆破装药示意图

(四) 水力冲刷

水力冲刷是在工作面煤体中形成超前孔洞，而使煤体得到卸压和排放瓦斯。这一措施可用于石门揭开突出危险煤层和巷道掘进。

1. 作用原理

通过在工作面前方煤体中一组钻孔的水力冲刷，在水射流和地应力及瓦斯的共同作用下，煤体破裂，并沿孔深和孔道周围扩展，破碎的煤不断排出孔外，形成孔洞网组，彼此连通或孔洞间煤柱受压破坏沟通，沿层面方向形成一定宽度和长度的槽缝，起到类似开采保护层的作用。冲刷过程中应力重新分布，应力集中方向向巷道前方及两侧推移，大量瓦斯迅速排出，在一定范围内得到较充分的卸压和排放瓦斯，从而达到揭煤或煤巷掘进时防止突出的作用。

2. 工艺参数

水力冲刷的设备布置系统由水泵、高压软管、回转机构、喷嘴等组成，如图 6 - 32 所示。

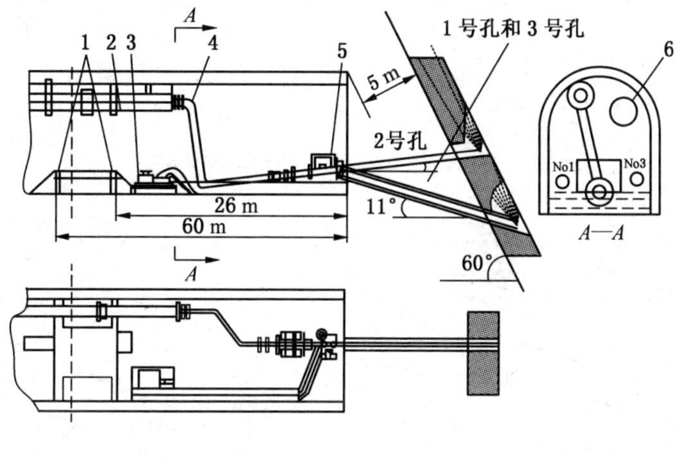

1—沉淀池隔墙；2—给水管道；3—水泵；4—高压软管；5—回转机构；6—通风管

图 6 - 32 巷道工作面水力冲刷设备布置系统

石门揭煤时，对薄及中厚煤层，在保持岩柱 2 m（煤层倾角小于 55°）和 3 m（煤层倾角大于 55°）垂距的条件下，通过穿透岩柱和煤层全厚，直径 105 ~ 200 m 的钻孔进行水力冲刷，使工作面前方形成煤层全厚或 1 个分层厚的孔洞，孔洞周边达到石门轮廓线外 1.5 m 处。冲刷钻孔数目取决于巷道断面和采用的水力冲刷工艺，一般为 3 ~ 9 个。下部钻孔的角度按穿入煤层 1 m 处刚好位于巷道底板位置确定，上部钻孔与水平呈 6° ~ 7°的仰角。

煤巷掘进时，在巷道断面内选择最软的、厚度不小于 5 cm 的分层内布置水力冲刷钻孔，开始先冲长 20 m 的中间（沿巷道中心线）探测孔洞，并根据孔洞宽度确定冲刷孔的布置和数目，然后按由下向上的顺序，冲刷出呈扇形布置的长 15 m 的槽形孔洞，孔洞处理的煤体要达到巷道轮廓线外的宽度为 4 m，如图 6 - 33 所示。每一循环冲刷的最小安全超前距为 5 m。

当煤层赋存有几个软分层时，最好沿厚度不大的分层（5 ~ 25 cm）冲刷，孔洞高度

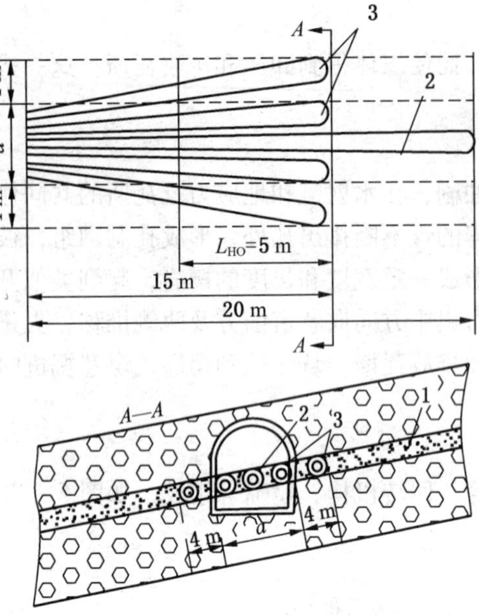

1—破坏的煤分层；2—勘探孔洞；
3—槽状空间；L_{HO}—最小超前距

图 6－33　水力冲刷超前孔洞

应等于分层厚度。当分层厚度较大时，冲刷孔洞的高度必须大于 25 cm，孔洞宽度应不小于 25 cm。孔洞布置的基本方式如图 6－34 所示。

冲刷孔洞数目的确定，主要取决于孔洞处理区沿煤层层理的宽度 L、孔洞宽度 L_1 及煤柱宽度 L_2。考虑到卸压带的两边应超出巷道轮廓线，故无论孔数目多少，其中 2 个孔洞应紧靠巷帮。所以孔洞数目 n 可按下式确定：

$$n=\frac{L}{L_1+L_2}+1 \tag{6-30}$$

孔洞宽度可根据试验确定，一般在水压 7～11 MPa 和煤的坚固性系数 0.2～0.6 时，冲刷孔洞宽度为 0.2～0.6 m。

为了取得水力冲刷的最佳效果，合理选择水力参数具有重要意义。水力参数包括水的压力、水的流量、工作喷嘴的形式和水力冲刷的速度等。

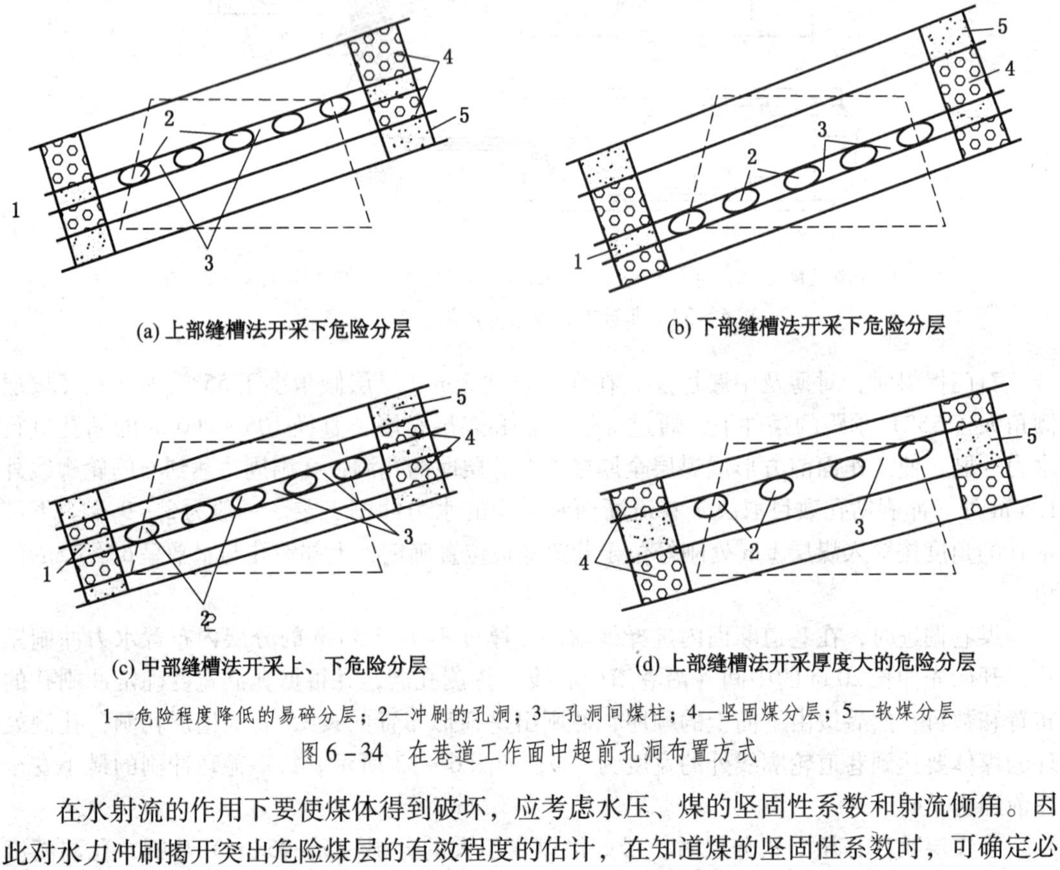

(a) 上部缝槽法开采下危险分层　　(b) 下部缝槽法开采下危险分层

(c) 中部缝槽法开采上、下危险分层　　(d) 上部缝槽法开采厚度大的危险分层

1—危险程度降低的易碎分层；2—冲刷的孔洞；3—孔洞间煤柱；4—坚固煤分层；5—软煤分层

图 6－34　在巷道工作面中超前孔洞布置方式

在水射流的作用下要使煤体得到破坏，应考虑水压、煤的坚固性系数和射流倾角。因此对水力冲刷揭开突出危险煤层的有效程度的估计，在知道煤的坚固性系数时，可确定必

要的压力和射流倾角。

水力冲刷应不断进行，直到造成必要尺寸的孔洞；在煤巷掘进时，采用直径3 mm的喷嘴，喷嘴前方水压不小于10 MPa，水量60 L/min左右，在最小超前距范围外，水力冲刷孔洞的速度应不大于0.5 m/min。

采用1个中心孔和2~4个侧孔的喷嘴时，水力冲刷可达到最佳效果。

石门冲刷时，钻孔开始用单向喷嘴沿长度方向冲刷，而后由双向喷嘴把孔洞扩大到要求的直径。用旋转喷嘴冲刷，由于水射流处在没有缓冲液体薄层条件下，可提高射流的工作能力。

（五）水力疏松

水力疏松的目的在于通过向工作面煤体注入高压水，使自然和生产形成的裂隙带进一步扩大。在移动的工作面前方，卸压的裂隙带深度一般为0.3~0.7 m，有时可达数米。进行水力疏松时，由于高压水渗入裂隙而使原有和生产形成的裂隙扩展，并形成新的裂隙，提高了煤层渗透能力，加速了瓦斯排放过程，并使支承压力带移向深处，消除了工作面附近地带的突出危险性。

掘进工作面采取水力疏松措施应当符合下列要求：

（1）沿工作面间隔一定距离打浅孔，钻孔与工作面推进方向一致，然后利用封孔器封孔，向钻孔内注入高压水。注水参数应根据煤层性质合理选择。如未实测确定，可参考如下参数：钻孔间距4.0 m、孔径42~50 mm、孔长6.0~10 m、封孔2~4 m、注水压力13~15 MPa，注水时煤壁已出水或注水压力下降30%后方可停止注水。

（2）水力疏松后的允许推进度一般不宜超过封孔深度，其孔间距不超过注水有效半径的两倍。

（3）单孔注水时间不低于9 min。若提前漏水，则在邻近钻孔2 m左右处补打注水钻孔。

（六）卸压槽

卸压槽的目的是使安全卸压带扩大到一定范围，安全地进行落煤作业，即不发生煤与瓦斯突出。它是沿巷道两帮预先切割出一定宽度的缝槽，保持一定的超前距，使巷道前方一段距离内的煤体与煤层母体部分脱离。

卸压槽如不进入工作面前方的高应力突出危险区就不可能扩大安全卸压带的范围。但正因为如此，首先应从措施安全实施的角度出发，研究卸压槽的参数。根据乌克兰顿涅茨克矿区突出危险煤层的开采经验，并考虑到安全性，卸压槽的深度应不超过2.5 m，宽度为60~80 mm。

（七）前探支架

前探支架可用于松软煤层的平巷工作面。一般是向工作面前方打钻孔，孔内插入钢管或钢轨，其长度可按两次掘进循环的长度再加0.5 m确定，每掘进一次打一排钻孔，形成两排钻孔交替前进，钻孔间距为0.2~0.3 m。

第四节　煤与瓦斯突出防治措施效果检验与安全防护

煤与瓦斯突出防治措施是否有效直接关系到煤矿生产的安全，因此必须对煤与瓦斯突出防治措施的效果进行检验。同时应采取一些安全防护措施防止煤与瓦斯突出预测不准确或防治措施失效，在最大限度上杜绝和减少煤与瓦斯突出发生时可能造成的损失和伤亡。

一、煤与瓦斯突出防治措施效果检验

（一）区域措施效果检验

我国《防治煤与瓦斯突出规定》中规定开采保护层的保护效果检验主要采用残余瓦斯压力、残余瓦斯含量、顶底板位移量及其他经试验证实有效的指标和方法，也可以结合煤层的透气性系数变化率等辅助指标。

当采用预抽煤层瓦斯区域防突措施时，应当以预抽区域的煤层残余瓦斯压力或者残余瓦斯含量为主要指标或其他经试验证实有效的指标和方法进行措施效果检验。其中，在采用残余瓦斯压力或者残余瓦斯含量指标对穿层钻孔、顺层钻孔预抽煤巷条带煤层瓦斯区域防突措施和穿层钻孔预抽石门（含立、斜井等）揭煤区域煤层瓦斯区域防突措施进行检验时，必须依据实际的直接测定值，其他方式的预抽煤层瓦斯区域防突措施可采用直接测定值或根据预抽前的瓦斯含量及抽、排瓦斯量等参数间接计算残余瓦斯含量值。

对预抽煤层瓦斯区域防突措施进行检验时，应当根据经试验考察确定的临界值进行评判。在确定前可以按照如下指标进行评判：采用残余瓦斯压力指标进行检验，如果没有或者缺少残余瓦斯压力资料，也可根据残余瓦斯含量进行检验，并且煤层残余瓦斯压力小于0.74 MPa或残余瓦斯含量小于8 m^3/t的预抽区域为无突出危险区，否则即为突出危险区，预抽防突效果无效；也可以采用钻屑瓦斯解吸指标对穿层钻孔预抽石门（含立井、斜井等）揭煤区域煤层瓦斯区域防突措施进行检验。

但若检验期间在煤层中进行钻孔等作业时发现了喷孔、顶钻及其他明显突出预兆时，发生明显突出预兆的位置周围半径100 m内的预抽区域判定为措施无效，所在区域煤层仍属突出危险区。

当采用煤层残余瓦斯压力或残余瓦斯含量的直接测定值进行检验时，若任何一个检验测试点的指标测定值达到或超过了有突出危险的临界值而判定为预抽防突效果无效时，则此检验测试点周围半径100 m内的预抽区域均判定为预抽防突效果无效，即为突出危险区。

（二）工作面措施效果检验

在实施钻孔法防突措施效果检验时，分布在工作面各部位的检验钻孔应当布置于所在部位防突措施钻孔密度相对较小、孔间距相对较大的位置，并远离周围的各防突措施钻孔或尽可能与周围各防突措施钻孔保持等距离。在地质构造复杂地带应根据情况适当增加检验钻孔。

工作面防突措施效果检验必须包括以下两部分内容。

1. 检查防突效果

检查所实施的工作面防突措施是否达到了设计要求和满足有关的规章、标准等，并了解、收集工作面及实施措施的相关情况、突出预兆等（包括喷孔、卡钻等），作为措施效果检验报告的内容之一，用于综合分析、判断。

2. 检查各检验指标的测定情况及主要数据

在对石门和其他揭煤工作面进行防突措施效果检验时，应当选择钻屑瓦斯解吸指标法或其他经试验证实有效的方法，但所有用钻孔方式检验的方法中检验孔数均不得少于5个，分别位于石门的上部、中部、下部和两侧。如检验结果的各项指标都在该煤层突出危险临界值以下，且未发现其他异常情况，则措施有效；反之，判定为措施无效。

对煤巷掘进工作面措施效果检验时检验孔应当不少于3个，深度应当小于或等于防突措施钻孔。如果煤巷掘进工作面措施效果检验指标均小于指标临界值，且未发现其他异常情况，则措施有效；否则判定为措施无效。当检验结果措施有效时，若检验孔与防突措施钻孔向巷道掘进方向的投影长度（简称投影孔深）相等，则可在留足防突措施超前距并采取安全防护措施的条件下掘进。当检验孔的投影孔深小于防突措施钻孔时，则应当在留足所需的防突措施超前距并同时保留至少2 m检验孔的投影孔深超前距的条件下，采取安全防护措施后实施掘进作业。

对采煤工作面防突措施效果的检验时应当沿采煤工作面每隔10～15 m布置一个检验钻孔，深度应当小于或等于防突措施钻孔。如果采煤工作面检验指标均小于指标临界值，且未发现其他异常情况，则措施有效；否则判定为措施无效。当检验结果措施有效时，若检验孔与防突措施钻孔深度相等，则可在留足防突措施超前距并采取安全防护措施的条件下回采。当检验孔的深度小于防突措施钻孔时，则应当在留足所需的防突措施超前距并同时保留2 m检验孔超前距的条件下，采取安全防护措施后实施回采作业。

二、安全防护

（一）震动爆破

采用比普通爆破多的炸药量和炮眼数，一次炸出巷道设计断面的爆破称为震动爆破。它是一种安全防护措施，是矿工不在爆破现场条件下完成最危险的揭穿煤层和落煤工序。爆破过程中，强大的震动力和深揭作用使煤内应力状态突然变化和深部煤体突然暴露，造成人为的最有利于地应力和瓦斯压力激发突出的条件，所以它是一种诱导突出的措施。

采取震动爆破措施时，应遵守下列规定：

（1）必须编制专门设计。爆破参数，爆破器材及起爆要求，爆破地点，反向风门位置，避灾路线及停电、撤人和警戒范围等，必须在设计中明确规定。

（2）震动爆破工作面必须具有独立、可靠、畅通的回风系统，爆破时回风系统内必须切断电源，严禁人员作业和通过。在其进风侧的巷道中，必须设置2道坚固的反向风门。与回风系统相连的风门、密闭、风桥等通风设施必须坚固可靠，防止突出后的瓦斯涌入其他区域。

（3）震动爆破必须由矿技术负责人统一指挥，并有矿山救护队在指定地点值班，爆破30 min后矿山救护队员方可进入工作面检查。应根据检查结果，确定采取恢复送电、通风、排除瓦斯等具体措施。

（4）震动爆破必须采用铜脚线的毫秒电雷管，电雷管总延期时间不得超过130 ms，严禁跳段使用。电雷管使用前必须进行导通试验。电雷管的连接必须使通过每一电雷管的电流达到其引爆电流的2倍。爆破母线必须采用专用电缆，并尽可能减少接头，有条件的可采用遥控发爆器。

（5）应采用挡栏设施降低震动爆破诱发突出的强度。

（6）震动爆破应一次全断面揭穿或揭开煤层。如果未能一次揭穿煤层，在掘进剩余部分时［包括掘进煤层和进入底（顶）板 2 m 范围内］，必须按震动爆破的安全要求进行爆破作业。

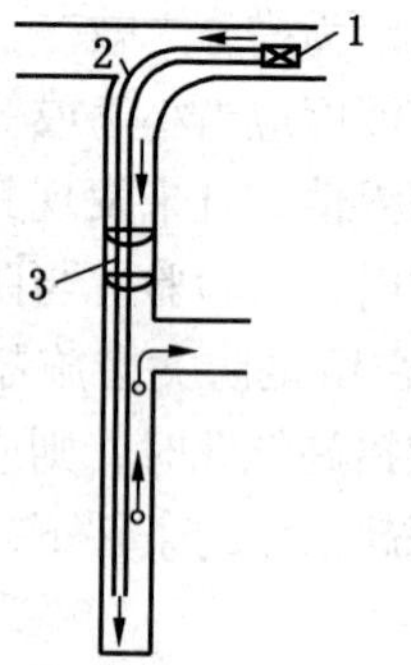

1—局部通风机；2—柔性风筒；3—铁风筒

图 6－35　反向风门设置示意图

（二）反向风门

在突出煤层的石门揭煤和煤巷掘进工作面进风侧，必须设置至少 2 道牢固可靠的反向风门（图 6－35）。风门之间的距离不得小于 4 m。

反向风门距工作面的距离和反向风门的组数，应当根据掘进工作面的通风系统和预计的突出强度确定，但反向风门距工作面回风巷不得小于 10 m，与工作面的最近距离一般不得小于 70 m，如小于 70 m 时应至少设置 3 道反向风门。

反向风门墙垛可用砖、料石或混凝土砌筑，嵌入巷道周边岩石的深度可根据岩石性质确定，但不得小于 0.2 m；墙垛厚度不得小于 0.8 m。在煤巷构筑反向风门时，风门墙体四周必须掏槽，掏槽深度见硬帮硬底后再进入实体煤不小于 0.5 m。通过反向风门墙垛的风筒、水沟、刮板输送机道等，必须设有逆向隔断装置。

人员进入工作面时必须把反向风门打开、顶牢。工作面爆破和无人时，反向风门必须关闭。

（三）避难所

有突出煤层的采区必须设置采区避难所。避难所的位置应当根据实际情况确定（图 6－36）。

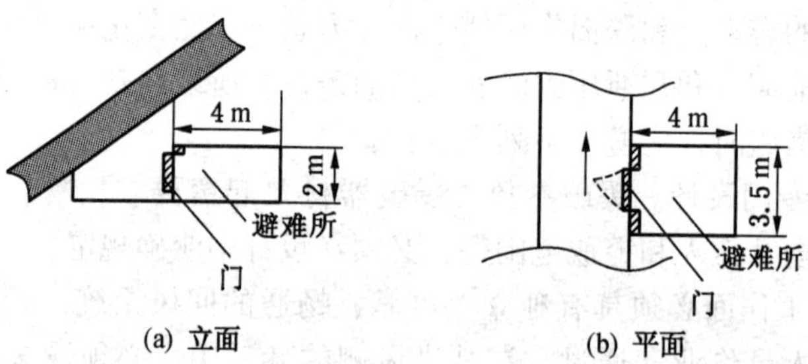

图 6－36　井下避难所布置示意图

煤与瓦斯突出矿井应建设采区避难所。突出煤层的掘进巷道长度及采煤工作面推进长度超过 500 m 时，应在距离工作面 500 m 范围内建设临时避难硐室或设置可移动式救生舱。其他矿井应在距离采掘工作面 1000 m 范围内建设避难硐室或设置可移动式救生舱。在安装救生舱的位置前后 20 m 范围内煤（岩）层稳定，采用不燃性材料支护，通风良好，无积水和杂物堆积，满足安全出口的要求，不得影响矿井正常生产和通风。

1. 避难硐室

避难硐室根据使用时间可以划分为临时避难硐室和永久避难硐室。临时避难硐室是指设置在采掘区或采区避灾路线上，具有紧急避险功能的井下专用巷道硐室，主要服务于采掘工作面及其附近区域，服务年限一般不大于 5 年，随着采矿活动的进行，不断拆迁、重建。永久避难硐室是指建设在井底车场、水平大巷、采区避灾路线上，具有紧急避险功能的井下专用巷道硐室，服务于整个矿井、水平或采区。

2. 移动式救生舱

与避难硐室相比，移动式救生舱可根据使用环境和场所灵活移动。一旦井下发生灾变事故，遇险人员可快速进入救生舱内避难以等待救援，为救援工作争取到了宝贵的时间，从而可以使救援工作科学、有序、有效地进行。

矿井可移动式救生舱是配置在井下工作面附近危险区域的相对密闭空间，其外部结构既要能够抵御足够的外力冲击，又要具有良好的气密性；其内部设施通常包括供氧系统、动力系统、空气净化系统、照明与指示系统及通信系统，同时还应备有充足的食物。事故发生后，可以为遇险人员提供适宜的生存环境，以便等待外界救援。

救生舱内室由过渡舱、生存舱、储物舱 3 个基本单元组成（图 6－37），救生舱内室也就是这 3 部分所围合起来的空间。过渡舱的一个重要作用是防止有毒有害气体进入，在过渡舱和生存舱之间有两道门，整个救生舱的动力系统安置在过渡舱内，包括一些应急矿灯、配电箱等。生存舱是整个救生舱中最为重要的部分，生存舱所要解决的问题是满足矿工 96 h 内维持生命最基本的需要（可能包括生理需要和心理需要，生理需要指食物、饮用水、氧气、药品等需要；心理需要指舒适、安全、可靠、友好等需要）。储物舱也可以称为辅助舱，主要是存放辅助设备，辅助设备可能是氧气瓶、洗脸盆、坐便器等。

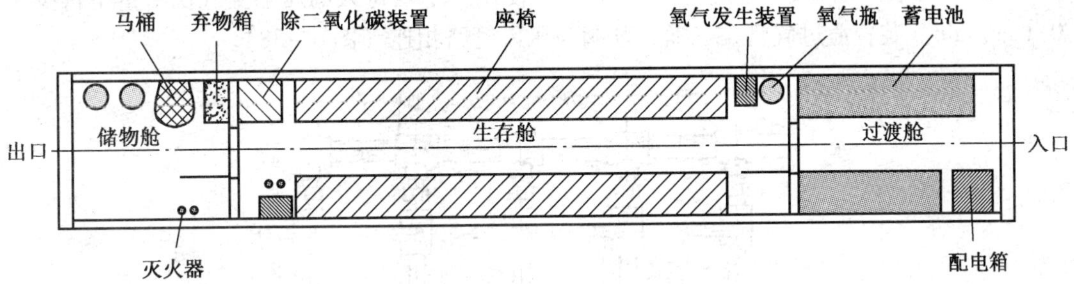

图 6－37 救生舱内室平面布局图

（四）远距离爆破

石门揭煤采用远距离爆破时，必须制定包括爆破地点、避灾路线及停电、撤人和警戒范围等的专项措施。

在矿井尚未构成全风压通风的建井初期，在石门揭穿有突出危险煤层的全部作业过程中，与此石门有关的其他工作面必须停止工作。在实施揭穿突出煤层的远距离爆破时，井下全部人员必须撤至地面，井下必须全部断电，立井口附近地面 20 m 范围内或斜井口前方 50 m、两侧 20 m 范围内严禁有任何火源。

煤巷掘进工作面采用远距离爆破时，爆破地点必须设在进风侧反向风门之外的全风压通风的新鲜风流中或避难所内，爆破地点距工作面的距离由矿技术负责人根据曾经发生的最大突出强度等具体情况确定，但不得小于 300 m；采煤工作面爆破地点到工作面的距离由矿技术负责人根据具体情况确定，但不得小于 100 m。

远距离爆破时，回风系统必须停电、撤人。爆破后进入工作面检查的时间由矿技术负责人根据情况确定，但不得少于 30 min。

（五）压风自救系统

压风自救装置是一种固定在生产场所附近的固定自救装置，它的气源来自于压缩管路系统，主要是保障现场工作人员遇到事故时供给空气，防止出现窒息事故。在煤与瓦斯突出过程中会涌出大量瓦斯，使人员窒息，建立压风自救系统能使工人在充满瓦斯的巷道中及时自救。

由于压缩空气具有较高的压力和流量，不能直接用于呼吸，必须经过减压、节流使其达到适宜人体呼吸的压力和流量值，并要解决消声和空气净化问题。所以，在压风自救系统上要安装调节式气流阀来调节节流面积，以适应不同供风压力下的流量要求。压风自救装置的供风量不小于 100 L/min。

压风自救系统应达到下列要求：

（1）压风自救装置安装在掘进工作面巷道和回采工作面巷道内的压缩空气管道上。

（2）为有效发挥压风自救装置的作用，保障现场工作人员安全，在以下每个地点都应至少设置一组压风自救装置：距采掘工作面 25 ~ 40 m 的巷道内、爆破地点、撤离人员与警戒人员所在的位置以及回风巷道有人作业处等。在长距离掘进巷道中，应根据实际情况增加设置，但必须满足工作面最多作业人数时的避难要求，一般可每隔 50 m 设置一组压风自救装置。

（3）每组压风自救装置应可供 5 ~ 8 个人使用，平均每人的压缩空气供给量不得少于 0.1 m^3/min。装置通过气管、三通、球阀与压风管路相连（图 6－38）。

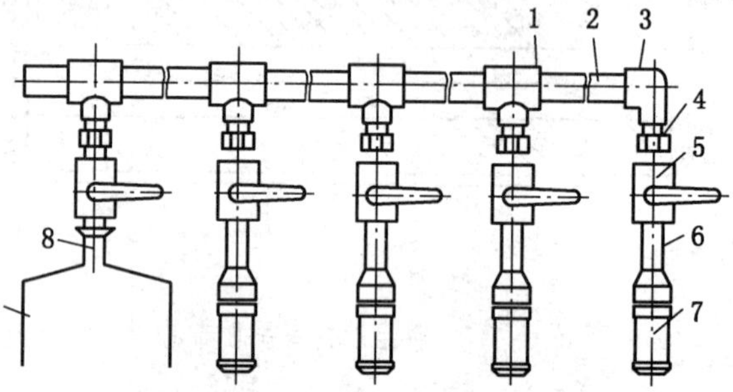

1—三通；2、6—气管；3—弯头；4—接头；5—球阀；7—自救器；8—卡子；9—防护袋

图 6－38　压风自救系统安装图

（六）自救器

突出矿井的入井人员必须携带隔离式自救器；采掘工作业时，隔离式自救器应当悬挂或存放在其 3 m 范围内。

目前，突出矿井使用的隔离式自救器，按其作用原理可分为化学结合氧型、压缩氧型和压缩空气型 3 种类型。

化学结合氧型隔离式自救器的空气是闭路循环的，呼出的气体经过吸气阀和呼吸软管进入再生罐中，再生罐中装有生氧剂，呼出的二氧化碳和水汽与生氧剂接触后，由于化学反应生成氧气进入气囊中，吸气时气囊中储存的氧气经由吸气阀、呼吸软管进入面具。一般采用粒状过氧化钾（KO_2）加 5% 的苛性钠作生氧剂，用钢作催化剂，生氧剂放在再生罐中，再生罐由里面镀铜的铁皮制成。为了预防生氧剂黏结，把它们用钢网分为几层，在罐的上部和下部放有玻璃纤维滤网，以防止生氧剂进入空气流动系统和人的呼吸器官。为了解决佩戴初期因生氧剂反应慢造成氧气不足问题，再生罐中还附有快速启动装置，打开外壳上盖，快速启动装置即起作用，使硫酸和起动药块反应，迅速放出大量氧气供人员呼吸用。

以压缩氧（或压缩空气）工作的隔离式自救器都带有高压气瓶，其中充有 20 MPa 以上的纯氧（或压缩空气）。自救器还带有二氧化碳吸收剂（一般采用石灰）与干燥剂的再生罐。

（七）挡栏

为降低爆破诱发突出的强度，可根据情况在炮掘工作面安设挡栏。挡栏可以用金属、矸石或木垛等构成。金属挡栏一般是由槽钢排列成的方格框架，框架中槽钢的间隔为 0.4 m，槽钢彼此用卡环固定，使用时在迎工作面的框架上再铺上金属网，然后用木支柱将框架撑成 45°的斜面（图 6－39）。一组挡栏通常由两架组成，间距为 6～8 m。可根据预计的突出强度在设计中确定挡栏距工作面的距离。矸石堆和木垛挡栏如图 6－40 所示。

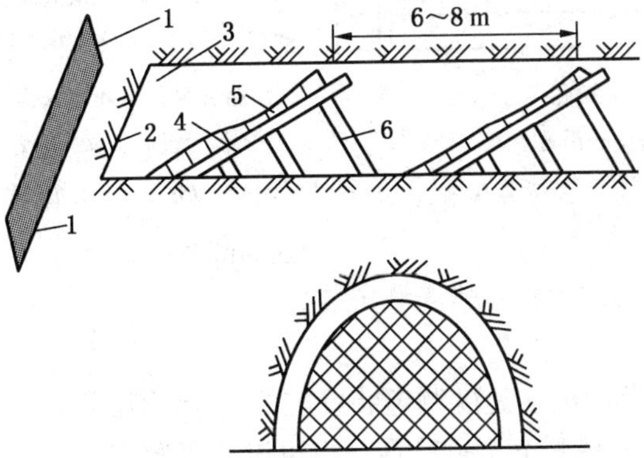

1—突出危险煤层；2—掘进工作面；3—石门；4—框架；5—金属网；6—斜撑木支柱

图 6－39　金属挡栏

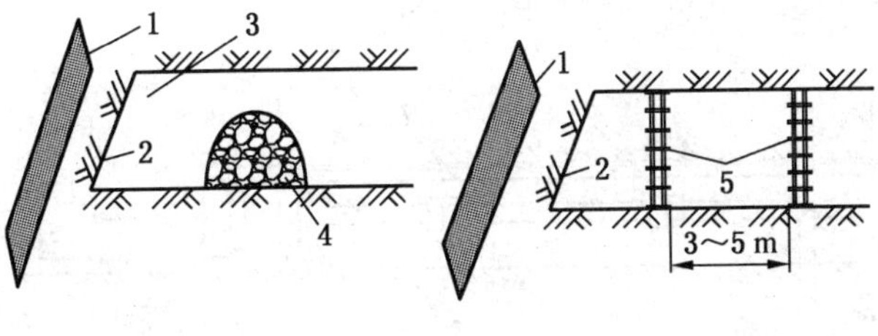

1—突出危险煤层；2—掘进工作面；3—石门；4—矸石堆；5—木垛

图 6－40　矸石堆和木垛挡栏

第五节　煤与瓦斯突出防治设备

在进行煤与瓦斯突出防治的预测与防治过程中，常用到一些仪器和设备。用于突出危险性预测的常用仪器有 MD－2 型煤钻屑瓦斯解吸仪、ZWC－2 型钻孔瓦斯涌出初速度测定装置和 WTC 型瓦斯突出参数仪等。在突出防治中常用到的一些设备有钻机等。

一、预测突出危险性的常用仪器

1. MD－2 型煤钻屑瓦斯解吸仪

1）用途

MD－2 型煤钻屑瓦斯解吸仪用于煤矿井下揭煤和采掘工作面突出危险性预测，以测定煤钻屑瓦斯解吸指标 Δh_2、K_1 和瓦斯解吸衰减系数 C，确定工作面煤与瓦斯突出危险性。

2）原理和构造

MD－2 型煤钻屑瓦斯解吸仪是在不对煤样进行脱气和充瓦斯的条件下，利用煤钻屑中残余瓦斯压力（瓦斯含量），向一密闭的空间释放（解吸）瓦斯，用该空间体积和压力（以水柱计压差表示）变化来表征煤样解吸出的瓦斯量。

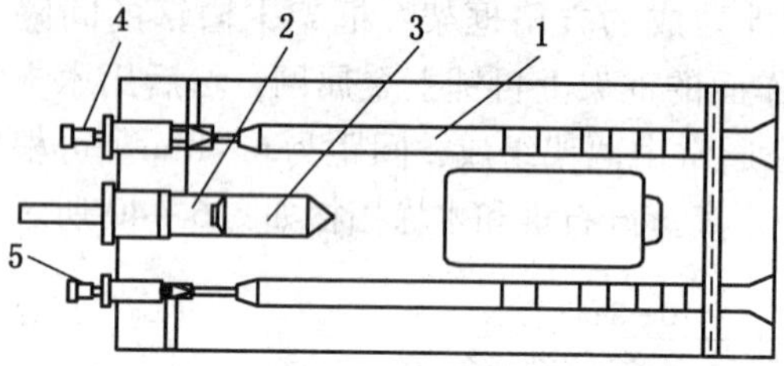

1—水柱计；2—解吸室；3—煤样瓶；4—三通旋塞；5—两通旋塞

图 6－41　MD－2 型煤钻屑瓦斯解吸仪构造

MD－2 型煤钻屑瓦斯解吸仪的主体由一整块有机玻璃加工而成。仪器外形尺寸为 270 mm × 120 mm × 34 mm，质量约为 0.8 kg。

仪器配备有孔径 1 mm 和 3 mm 分样筛一套，秒表一块和煤样瓶 10 只。该仪器构造如图 6－41 所示。

2. ZWC－2 型钻孔瓦斯涌出初速度测定装置

1）用途

ZWC－2 型钻孔瓦斯涌出初速度测定装置主要用于测定煤层巷道或回采工作面钻孔瓦斯涌出初速度指标，从而预测突出危险性，也可以用于测定钻孔自然瓦斯涌出量。

2）原理和构造

ZWC－2 型钻孔瓦斯涌出初速度测定装置构造如图 6－42 所示。测量管每节 1.5 m，一般用 6 节，胶管和测量管之间的密封由卡箍完成。

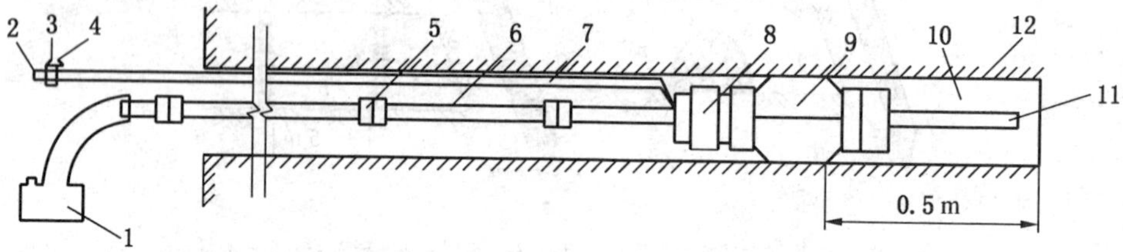

1—流量计；2—打气筒；3—低压三通；4—压力表；5—接头；6—测量管；7—充气胶囊；8—卡箍；9—封孔器；10—测量室；11—绪头；12—钻孔

图 6－42　ZWC－2 型钻孔瓦斯涌出初速度测定装置构造

该测定装置的基本原理为：通过给封孔器的胶囊充气，胶囊膨胀后紧贴煤壁，达到封孔的目的。封闭在测量室的钻孔瓦斯通过测量管流到流量计并计量，封孔深度在 10 m 内可自由调节。

3. WTC 型瓦斯突出参数仪

1）用途

该仪器用于测定煤与瓦斯突出预测预报参数，包括钻屑瓦斯解吸指标 K_1、最大钻屑量指标 S_{max}。

2）原理和构造

采用等容解吸法，通过连续自动测定煤样罐中瓦斯解吸压力，计算煤样的瓦斯解吸特征指标 K_1，结合弹簧秤测定的钻粉量指标，判定工作面突出危险性。

产品主要由主机、煤样罐、打印机、充电器、弹簧秤、秒表、组合分样筛等组成。

二、防突常用设备

1. ZYL－650 型煤矿用履带式全液压钻机

ZYL－650 型煤矿用履带式全液压钻机可独立行走，主要用于煤矿井下钻进瓦斯抽（排）放孔、注浆防灭火孔、煤层注水孔、防突卸压孔、地质勘探孔及其他工程孔，适用于岩石坚固性系数 f 不大于 10 的各种煤层、岩层，要求巷道或钻场断面大于 10.5 m^2、高度大于 3 m、宽度大于 3.5 m。

2. ZDJ－41/30 型矿用架柱式电动钻机

ZDJ－41/30 型矿用架柱式电动钻机是输出功率为 2.2 kW 的矿用隔爆型电动钻机，主要应用于采掘工作面实施防突措施钻孔，也可用于其他矿山或岩土工程。

复习思考题

1. 煤与瓦斯突出预测是如何分类的？
2. 煤与瓦斯突出区域预测主要有哪些方法？
3. 煤与瓦斯突出工作面预测主要有哪些方法？
4. 为什么开采保护层是最有效的预防突出的措施？
5. 预抽煤层瓦斯预防突出的机理是什么？
6. 简述煤层注水防治煤与瓦斯突出的机理。
7. 震动爆破预防突出的作用是什么？
8. 煤与瓦斯突出局部防突措施有哪些？
9. 煤与瓦斯突出防治措施效果如何检验？
10. 防治煤与瓦斯突出的安全防护措施有哪些？

第七章 矿井瓦斯抽采

第一节 煤矿瓦斯抽采可行性

我国煤层瓦斯含量高、瓦斯压力和矿井瓦斯涌出量大，如阳泉煤业集团综采工作面绝对瓦斯涌出量为 40 m^3/min，国外有些工作面绝对瓦斯涌出量高达 100 m^3/min。在瓦斯涌出量大的情况下，单纯采用通风方法难以把工作面的瓦斯浓度控制在许可范围内，因此必须采取瓦斯抽采措施才能有效解决开采区瓦斯浓度异常问题。目前，随着我国矿井瓦斯抽采技术迅速发展，很多矿井都建立有瓦斯抽采系统，瓦斯抽采量也有了大幅度提升。2012 年瓦斯抽采量达到 1.55×10^{10} m^3。淮南、阳泉、松藻、水城、宁煤等重点煤矿企业瓦斯抽采量年均超过 1×10^8 m^3。这也标志着我国在瓦斯抽采技术方面已经积累了比较丰富的经验，煤矿瓦斯抽采与防治技术在不断成熟。

一、瓦斯抽采的目的、条件及意义

（一）抽采瓦斯的目的

瓦斯抽采的目的是实现煤矿企业安全生产，并将瓦斯作为资源充分利用。

（二）抽采瓦斯的条件

根据相关规定，有下列情况之一的矿井，必须建立地面永久抽采系统或井下临时抽采系统：

（1）一个采煤工作面的瓦斯涌出量大于 5 m^3/min 或一个掘进工作面的瓦斯涌出量大于 3 m^3/min，用通风方法解决瓦斯问题不合理的，应该进行瓦斯抽采。

（2）矿井的绝对瓦斯涌出量达到以下条件，应该进行瓦斯抽采：瓦斯涌出量大于或等于 40 m^3/min；年产量 1.0 ~ 1.5 Mt 的矿井，瓦斯涌出量大于 30 m^3/min；年产量 0.6 ~ 1.0 Mt 的矿井，瓦斯涌出量大于 25 m^3/min；年产量 0.4 ~ 0.6 Mt 的矿井，瓦斯涌出量大于20 m^3/min；年产量小于或等于 0.4 Mt 的矿井，瓦斯涌出量大于 15 m^3/min。

（3）开采保护层时应考虑抽采被保护层瓦斯。

（4）开采有煤与瓦斯突出危险煤层，可以考虑用预抽瓦斯的方法防治煤与瓦斯突出。

凡符合建立抽采系统条件，并同时具备下列 2 个条件的矿井，应建立地面永久瓦斯抽采系统：瓦斯抽采系统的抽采量可稳定在 2 m^3/min 以上；瓦斯资源可靠、储量丰富，预计瓦斯抽采服务年限在 5 年以上。

（三）抽采瓦斯的意义

1. 瓦斯抽采是消除煤矿瓦斯灾害的治本措施

瓦斯事故严重制约矿井高产、高效和安全生产。瓦斯抽采能有效减少开采期间的瓦斯涌出，在很大程度上提高矿井生产安全性。同时，瓦斯抽采能够解决矿井仅靠通风难以解决的问题，可以有效降低矿井通风成本。

2. 瓦斯抽采可促进瓦斯资源的利用

瓦斯抽采有利于把煤炭开采过程中伴生的瓦斯资源加以开发利用。瓦斯本身就是一种优质资源，1 m^3 瓦斯的发热量相当于 1 ~2 kg 煤的发热量，对煤矿瓦斯进行抽采并加以利用，可以给煤矿带来可观的经济效益。当一个矿井的瓦斯储量及赋存条件符合开采所必需的经济和技术要求时，即可考虑用抽采方法开发利用瓦斯。

3. 增强环境保护的意义

环保问题越来越成为人们关注的问题，矿井生产所产生的瓦斯对周围环境会造成一定的影响。而煤矿瓦斯又是造成温室效应的主要气体之一，每摩尔 CH_4 引起气候变化的作用是每摩尔 CO_2 的二十多倍。瓦斯抽采并利用可以减少排向大气的瓦斯量，从而起到减少环境污染和减轻温室效应，进而起到保护环境的作用。

煤矿瓦斯抽采并加以利用可起到促进企业安全生产、达到开发能源效果和减少环境污染三重作用。

二、瓦斯抽采的可行性

瓦斯抽采的可行性是指煤层抽采瓦斯的难易程度。目前一般用煤层透气性系数和钻孔瓦斯流量衰减系数来衡量，而矿井瓦斯储量、矿井可抽瓦斯量和矿井瓦斯抽采率是直接影响矿井抽采瓦斯量的主控因素。

1. 煤层透气性系数

煤层透气性系数是反映煤层瓦斯流动与瓦斯抽采难易程度的标志，是指在 1 m^3 煤体的两侧，瓦斯压力平方差为 1 MPa^2 时，通过 1 m 长度的煤体，在 1 m^2 煤体上，每天流过的瓦斯量大小。煤层透气性系数测定及计算方法归纳起来可分为试验测定方法和现场实际测定方法两类，目前常用的是现场实际测定方法，煤层透气性系数的单位为 $m^2/(MPa^2 \cdot d)$。按等温气体（可压缩流体）层流运动规律，其瓦斯流速可用式（7－1）表示，煤层透气性用式（7－2）表示。

$$V_n = \frac{K \times dP^2}{2\mu P_n \times dl^2} = \lambda \frac{dP^2}{dl^2} \tag{7-1}$$

$$\lambda = \frac{K}{2\mu P_n} \tag{7-2}$$

式中　λ——煤层透气性系数，$m^2/(MPa^2 \cdot d)$；

P_n——标准状态下的大气压力，0.101 MPa；

V_n——标准压力状态下的瓦斯流速，m/d；

K——煤层的渗透率，mD；

μ——瓦斯绝对黏度，取 1.08×10^{-5} Pa·s；

dP^2——在 dl^2 煤体上的瓦斯压力平方差，MPa/cm^2；

dl——与瓦斯流动方向一致的某一极小长度，cm。

2. 钻孔瓦斯流量衰减系数

钻孔瓦斯流量衰减系数是表示煤层内钻孔的瓦斯流量随着时间的延续呈衰减变化的特性系数。它是评价煤层抽采瓦斯难易程度的一个指标。其测试方法为：选择具有代表性的地区打钻孔，先测其初始瓦斯流量 q_0，经过时间 t 后，再测其瓦斯流量 q_t，然后按照下式计算：

$$\beta = \frac{\ln q_0 - \ln q_t}{t} \tag{7-3}$$

式中 β——钻孔瓦斯流量衰减系数；

q_t——钻孔经 t 时排放时的瓦斯流量，m^3/min；

q_0——钻孔成孔初始时的瓦斯流量，m^3/min；

t——钻孔瓦斯涌出经历时间，d。

3. 矿井瓦斯储量

矿井瓦斯储量是指矿井开采过程中能够向矿井排放的煤（岩）所储存的瓦斯量。矿井瓦斯储量大小直接影响到瓦斯抽采的可行性。矿井瓦斯储量可按下式计算：

$$W = W_1 + W_2 + W_3 + W_4 \tag{7-4}$$

式中 W——矿井瓦斯储量，m^3；

W_1——可采层的瓦斯储量，m^3；

W_2——局部可采层的瓦斯储量，m^3；

W_3——采动影响范围内邻近层的瓦斯储量，m^3；

W_4——采动影响范围内围岩的瓦斯储量，m^3。

各煤（岩）层的瓦斯储量按下式计算：

$$W_i = A_i X_i \tag{7-5}$$

式中 W_i——含瓦斯煤层（围岩）i 的瓦斯储量，m^3；

A_i——含瓦斯煤层（围岩）i 的地质储量，t；

X_i——煤层（围岩）i 的瓦斯含量，m^3/t。

4. 矿井可抽瓦斯量

矿井可抽瓦斯量是指瓦斯储量中可能被抽采出来的瓦斯量。矿井可抽瓦斯量按下式计算：

$$W_k = \frac{W d_k}{100} \tag{7-6}$$

式中 W_k——矿井可抽瓦斯量，m^3；

W——矿井瓦斯储量，m^3；

d_k——矿井瓦斯抽采率,%。

5. 矿井瓦斯抽采率

矿井瓦斯抽采率是指矿井、采区或工作面的瓦斯抽采量占相应瓦斯涌出量或瓦斯储量的百分比，它是衡量矿井、采区或工作面瓦斯抽采效果的主要标志，是确定瓦斯抽采可行性的主要指标。矿井瓦斯抽采率按下式计算：

$$\eta_k = \frac{100 Q_k}{Q_k + Q_z} \tag{7-7}$$

式中 η_k——矿井（采区）瓦斯抽采率,%；

Q_k——矿井（采区）瓦斯抽采量，Mm^3/a；

Q_z——矿井（采区）总回风绝对瓦斯涌出量，Mm^3/a。

工作面瓦斯抽采率按下式计算：

$$\eta_d = \frac{100q_g}{q_g + q_f} \tag{7-8}$$

式中　η_d——工作面（本煤层或邻近层）瓦斯抽采率,%；

q_g——工作面瓦斯抽采量，m^3/min；

q_f——工作面回风巷回风流中瓦斯量，m^3/min。

三、瓦斯抽采难易程度分类

对未卸压的原始煤层，瓦斯抽采的难易程度分为容易抽采、可以抽采、较难抽采3类，具体见表7-1。

表7-1　抽采瓦斯难易程度分类

煤层抽采瓦斯难易程度	钻孔瓦斯流量衰减系数	煤层透气性系数/($m^2 \cdot MPa^{-2} \cdot d^{-1}$)
容易抽采	<0.003	>10
可以抽采	0.003~0.05	10~0.1
较难抽采	>0.05	<0.1

四、瓦斯抽采基本指标要求

矿井瓦斯抽采与煤炭开采作为一体化来部署，对采煤工作面瓦斯抽采率指标和矿井瓦斯抽采率指标做了明确规定。

1. 采煤工作面瓦斯抽采率指标

瓦斯涌出量主要来自于邻近层或围岩的采煤工作面瓦斯抽采率应满足表7-2指标。

表7-2　采煤工作面瓦斯抽采率指标

工作面绝对瓦斯涌出量 Q/($m^3 \cdot min^{-1}$)	工作面抽采率/%	风排瓦斯量/($m^3 \cdot min^{-1}$)
$5 \leqslant Q < 10$	≥20	4~8
$10 \leqslant Q < 20$	≥30	7~14
$20 \leqslant Q < 40$	≥40	12~24
$40 \leqslant Q < 70$	≥50	20~35
$70 \leqslant Q < 100$	≥60	28~40
$Q \geqslant 100$	≥70	≥30

瓦斯涌出量主要来自于开采层的采煤工作面前方20 m以上范围内煤的可解吸瓦斯量应满足表7-3指标。

表7-3　采煤工作面回采前煤的可解吸瓦斯量指标

工作面日产量/t	可解吸瓦斯量/($m^3 \cdot t^{-1}$)	对应的瓦斯涌出量/($m^3 \cdot min^{-1}$)
≤1000	≤8	≤5.6
1001~2500	≤7	4.9~12.3

表7-3（续）

工作面日产量/t	可解吸瓦斯量/($m^3 \cdot t^{-1}$)	对应的瓦斯涌出量/($m^3 \cdot min^{-1}$)
2501~4000	≤6	10.4~16.7
4001~6000	≤5.5	15.3~22.9
6001~8000	≤5	20.8~27.8
8001~10000	≤4.5	25.0~31.3
>10000	≤4	>27.8

2. 矿井瓦斯抽采率指标

矿井瓦斯抽采率应满足表7-4指标。

表7-4 矿井瓦斯抽采率指标

矿井绝对瓦斯涌出量 Q/($m^3 \cdot min^{-1}$)	矿井瓦斯抽采率/%	风排瓦斯量/($m^3 \cdot min^{-1}$)
$Q<20$	≥25	≤15
$20 \leqslant Q<40$	≥35	14~26
$40 \leqslant Q<80$	≥40	24~48
$80 \leqslant Q<160$	≥45	44~88
$160 \leqslant Q<300$	≥50	80~150
$300 \leqslant Q<500$	≥55	135~225
$Q \geqslant 500$	≥60	≥200

采掘工作面瓦斯抽采率达标指标为：同时满足风速不超过4 m/s和掘进工作面回风流中的瓦斯浓度小于1%。

第二节　瓦斯抽采设计基本要求和内容

瓦斯抽采系统的建设必须有抽采瓦斯工程初步设计和施工设计，瓦斯抽采工程初步设计是为了主管部门审批立项，而瓦斯抽采工程施工设计是工程施工的依据。

一、瓦斯抽采设计所需的基础资料

矿井瓦斯抽采设计所需的基础资料包括以下几方面：

（1）煤层赋存条件，包括煤层和岩层的性质、厚度、倾角、层间距和煤炭储量等。

（2）矿井地质构造、瓦斯赋存地质规律。

（3）煤层瓦斯基础参数，包括煤层瓦斯压力、煤层瓦斯含量、煤层透气性系数、钻孔瓦斯流量衰减系数、瓦斯抽采率等。

（4）矿井瓦斯储量及其分布、煤层瓦斯可抽采量、矿井及工作面瓦斯来源构成情况和瓦斯特殊涌出情况等。

（5）矿井开拓部署、采区布置、采煤方法、生产能力、通风系统设备及方式、煤尘爆炸指数和煤的自燃倾向性等。

二、瓦斯抽采设计内容

（1）矿井概况：煤层赋存条件、矿井煤炭储量、生产能力、巷道布置、采煤方法及瓦斯、通风状况。

（2）瓦斯基础参数：瓦斯压力、瓦斯含量及分布、煤层透气性系数及钻孔瓦斯流量衰减系数。

（3）瓦斯基础参数计算或预测：瓦斯含量、瓦斯涌出量、瓦斯储量、瓦斯可抽量及抽采年限。

（4）抽采方法及布置：抽采方法，钻场、钻孔布置方法及工艺参数。

（5）抽采设备：抽采泵、抽采管路、监测及安全装置。

（6）抽采泵站：泵房、供水、供电、采暖、避雷及其他。

（7）瓦斯利用：可利用量、利用方案、资金概算。

（8）技术经济：投资概算、完成工期、技术经济分析。

（9）设计文件：包括设计说明书、设备清册、资金概算和图纸。

（10）主要图纸：①抽采瓦斯方法平、剖面图；②抽采管路系统图；③抽采瓦斯泵房设备平面布置图；④抽采站场地平面布置图；⑤供电系统图。

三、瓦斯抽采设计原则

矿井瓦斯抽采设计遵循以下几方面原则：

（1）抽采规模与抽采能力应能适应矿井生产能力和服务年限的需要，并能满足矿井生产期间最大抽采瓦斯量的要求。

（2）设计抽采瓦斯系统与抽采方法时，要有利于多抽瓦斯、保障矿井安全生产；应根据矿井地质与开采条件、瓦斯来源以及瓦斯基础参数选择适宜的抽采方法；要有适宜的打抽采瓦斯钻孔的地点及充足的抽采瓦斯时间；要配备足够的抽采瓦斯专业人员和抽采瓦斯装备。

（3）抽采瓦斯钻孔的施工和瓦斯管道的敷设应尽量利用生产巷道，特殊需要时也可掘进专用抽采瓦斯巷道。

（4）瓦斯泵站的选址除应满足安全抽采瓦斯之外，尚需考虑瓦斯利用的方便。一般应设在居民集中区附近，并利于敷设地面瓦斯管道和建造储瓦斯罐等。

四、抽采瓦斯设计编制

抽采瓦斯设计编制包括设计说明书、机电设备与器材清册、投资概算和施工图纸四部分。

1. 设计说明书

（1）矿井概况。包括矿井地质与煤层赋存、煤炭储量、生产能力与服务年限、巷道布置与开拓系统、采煤与顶板控制方法、通风与瓦斯状况、煤尘爆炸指数、煤的自然发火期等。

（2）瓦斯基础资料。包括瓦斯等级鉴定数据、矿井瓦斯涌出量、煤层瓦斯压力及含量、矿井瓦斯储量及可抽量、煤层透气性系数、钻孔瓦斯流量及其衰减系数。

（3）抽采瓦斯。包括抽采方法选择、钻孔（巷道）布置、施工方法、抽采参数、抽采规模与抽采量预计。

(4) 抽采系统与设备。包括瓦斯管路的选择与阻力计算，管道路线与安装方法、瓦斯泵选型、监测装置等。

(5) 瓦斯泵站。包括瓦斯泵房建筑，设备安装、监测与安全装置，给排水系统，厂房采暖、通风、照明、通信、避雷、消防系统等。

(6) 供电系统与设备。包括井下和地面供电设备选型、供电方式及供电系统。

(7) 劳动组织与经济技术指标。包括抽采瓦斯人员编制、年抽采量、工作制度、建筑规模、用电最大负荷、劳动生产率、占地面积和投资额等。

2. 机电设备与器材清册

详细列出全部瓦斯抽采工程所需要的设备和主要器材的名称、型号、规格、数量等。

3. 投资概算书

详细列出项目名称与金额，包括土建工程、主要材料、设备和安装施工费，价差预备费，建设期贷款利息，国家或上级规定的其他费用以及总投资额。

4. 施工图纸

主要有泵房建筑、设备安装、供水、供电、采暖、照明、抽采瓦斯钻孔布置、钻孔施工与密封、瓦斯管路系统与安装、抽采瓦斯监控与安全设施安装等施工图纸。

第三节　瓦斯抽采方法及其参数

瓦斯抽采的目的是降低煤层瓦斯含量和减小瓦斯涌出量，对突出煤层能起到消除或者削弱瓦斯突出的作用。矿井瓦斯抽采方法的选定主要根据矿井瓦斯涌出来源、煤层地质条件、开采技术条件、瓦斯赋存条件、抽采方法所能达到的抽采率和抽采瓦斯目的等因素综合考虑。

瓦斯抽采方法分类、方式及适用条件见表7-5。

表7-5　瓦斯抽采方法分类、方式及适用条件

<table>
<tr><th colspan="3">抽采方法分类</th><th>抽采方式</th><th>适用条件</th><th>抽采率/%</th></tr>
<tr><td rowspan="9">本煤层瓦斯抽采</td><td rowspan="6">未卸压抽采</td><td>岩巷揭煤</td><td>岩巷向煤层打穿层钻孔</td><td>突出危险煤层</td><td>30~60</td></tr>
<tr><td>煤巷掘进预抽</td><td>煤巷工作面打超前钻孔</td><td>高瓦斯煤层</td><td>20~60</td></tr>
<tr><td rowspan="4">采区大面积预抽</td><td>由开采层机巷、风巷或煤门等打上向、下向顺层钻孔</td><td>有预抽时间的高瓦斯煤层、突出危险煤层</td><td>20~60</td></tr>
<tr><td>由石门、岩巷、邻近层煤巷等向开采层打穿层钻孔</td><td>属“勉强抽采煤层”</td><td>20，个别大于50</td></tr>
<tr><td>地面钻孔</td><td>高瓦斯“容易抽采”煤层，埋深较浅</td><td>20~30</td></tr>
<tr><td>密封开采层巷道</td><td>高瓦斯“容易抽采”厚煤层</td><td>20~30</td></tr>
<tr><td rowspan="3">卸压抽采</td><td>边掘边抽</td><td>由煤巷两侧或岩巷向煤层周围打钻孔</td><td>高瓦斯煤层、突出煤层</td><td>20~30</td></tr>
<tr><td rowspan="2">边采边抽</td><td>由开采层机巷、风巷等向工作面前方卸压区打钻孔</td><td rowspan="2">高瓦斯煤层</td><td>20~30</td></tr>
<tr><td>由岩巷、煤门等向开采分层的上部或下部未采分层打穿层或顺层钻孔</td><td>20~30</td></tr>
</table>

表7-5（续）

<table>
<tr><th colspan="3">抽采方法分类</th><th>抽采方式</th><th>适用条件</th><th>抽采率/%</th></tr>
<tr><td rowspan="2">本煤层瓦斯抽采</td><td rowspan="2">卸压抽采</td><td>水力割缝、松动爆破</td><td>由开采层机巷、风巷等打顺层钻孔</td><td rowspan="2">高瓦斯“难以抽采”煤层</td><td rowspan="2">20~30</td></tr>
<tr><td>水力压裂</td><td>由岩巷或地面打钻孔</td></tr>
<tr><td rowspan="5">邻近层瓦斯抽采</td><td rowspan="5">卸压抽采</td><td rowspan="5">开采层工作面推过后抽采上、下邻近层瓦斯</td><td>开采层机巷、风巷、中巷等向邻近层打钻</td><td rowspan="3">邻近层瓦斯涌出量大、影响开采层安全时</td><td>40~75</td></tr>
<tr><td>开采层机巷、风巷、中巷等向采空区方向打斜交钻孔</td><td>40~75</td></tr>
<tr><td>煤门打沿邻近层钻孔</td><td>40~75</td></tr>
<tr><td>在邻近层掘汇集瓦斯巷道</td><td>邻近层瓦斯涌出量大、钻孔的通过能力满足不了抽采要求时</td><td>40~75</td></tr>
<tr><td>从地面打钻孔</td><td>地面打钻优于井下时</td><td>30~70</td></tr>
<tr><td colspan="2" rowspan="2">采空区瓦斯抽采</td><td rowspan="2">开采层工作面推过后抽采采空区瓦斯</td><td>密封采空区插管抽采</td><td rowspan="2">无自燃危险或采取防火措施时</td><td rowspan="2">50~60</td></tr>
<tr><td>现采采空区设密闭墙或采空区打钻抽采</td></tr>
<tr><td colspan="2">综合瓦斯抽采</td><td></td><td>多种抽采方式相组合</td><td>采用单一的抽采方式效果较差时，应采用该种抽采方式</td><td>40~80</td></tr>
<tr><td colspan="2">围岩瓦斯抽采</td><td></td><td>岩巷两侧或正前方向溶洞或裂隙带打钻孔、密闭岩石巷道抽采、封堵岩巷喷瓦斯区并插管抽采</td><td>围岩有瓦斯喷出危险，瓦斯涌出量大或有溶洞，裂隙带储存高压瓦斯时</td><td></td></tr>
</table>

一、本煤层瓦斯抽采

本煤层瓦斯抽采目的是为了减少煤层中的瓦斯含量和降低回风流中的瓦斯浓度，以确保矿井安全生产。本煤层瓦斯抽采就是在煤层开采之前或采掘过程中，用抽采钻孔或抽采巷道对本煤层的瓦斯进行抽采。煤层回采前的抽采属于未卸压抽采；在受到采掘工作影响范围内的抽采，属于卸压抽采。本煤层瓦斯抽采按抽采机理分为未卸压抽采和卸压抽采；按汇集瓦斯的方法分为钻孔抽采、巷道抽采和巷道与钻孔综合抽采3类。

1. 本煤层未卸压抽采

在未受采动影响的煤层或区域施工钻孔进行原始瓦斯抽采，决定未卸压煤层抽采效果的关键性因素是煤层的原始透气性系数。本煤层未卸压抽采分类如下：

（1）岩巷揭煤时由岩巷向煤层施工穿层钻孔进行抽采。

（2）煤巷掘进预抽时在煤巷掘进工作面施工超前钻孔进行抽采。

（3）采区大面积预抽时由开采层机巷、风巷或煤门等施工上向、下向顺层钻孔，由石门、岩巷、邻近层煤巷等向开采层施工穿层钻孔，由地面施工地面穿层钻孔等进行抽采。

2. 本煤层卸压抽采

在受回采或掘进的采动影响下，引起煤层和围岩应力重新分布，形成卸压区和应力集中区，如图7－1所示。在卸压区内煤层膨胀变形，透气性系数增加，在这个区域内打钻抽采瓦斯可以提高抽采量，并阻截瓦斯流向工作空间。

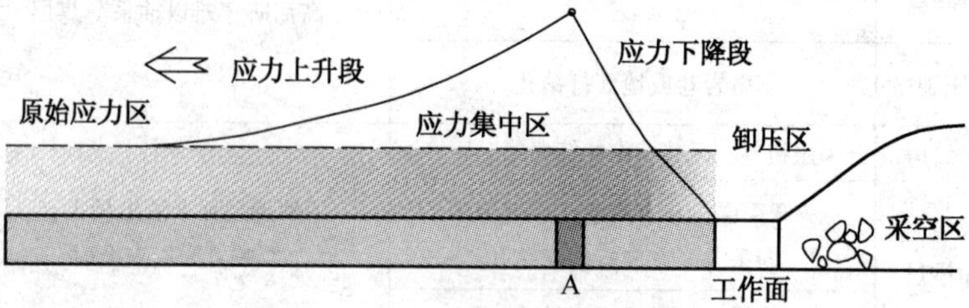

A—前方煤体参考单元

图7－1　工作面前方应力分布

本煤层卸压抽采分类如下：

（1）由煤巷两侧或岩巷向煤层周围施工钻孔进行边掘边抽。

（2）由开采层机巷、风巷等向工作面前方卸压区施工钻孔进行边采边抽。

（3）由岩巷、煤门等向开采分层的上部或下部未采分层施工穿层或顺层钻孔进行边采边抽。

3. 本煤层瓦斯抽采的布置形式及特点

1）本煤层未卸压抽采瓦斯钻孔布置形式及特点

本煤层未卸压钻孔预抽瓦斯是钻孔打入未卸压的原始煤体进行抽采瓦斯。其抽采效果与原始煤体透气性和瓦斯压力有关。煤层透气性越小，瓦斯压力越低越难抽出瓦斯。按钻孔与煤层的关系分为穿层钻孔和顺层钻孔。

（1）穿层钻孔抽采。穿层钻孔抽采是在开采煤层的顶、底板岩石巷道（或煤巷）或邻近煤层巷道中，掘进一条专门用于抽采瓦斯的巷道，从巷道向开采煤层施工穿透煤层全厚的钻孔，封孔后与抽采系统联网进行抽采瓦斯。底板抽采巷穿层钻孔抽采开采煤层瓦斯如图7－2所示。该抽采方法的特点是预抽时间长，抽采效果明显。如果是煤层群开采，该方法主要适用于煤层的透气性系数较低、有较长预抽时间的近距离煤层群或厚煤层。

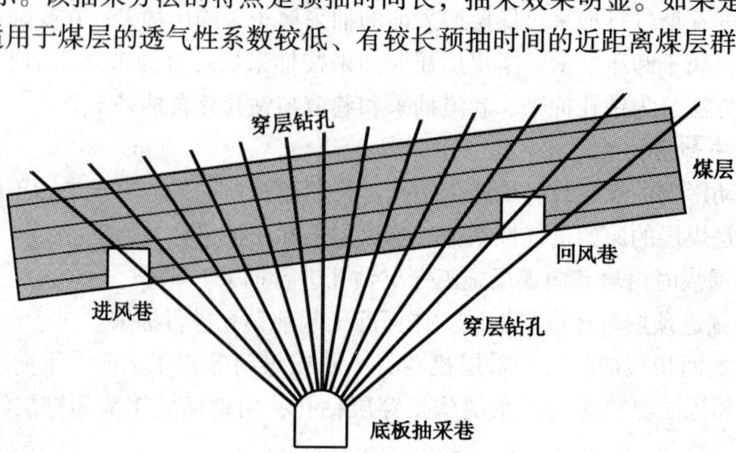

图7－2　穿层钻孔抽采开采煤层瓦斯示意图

（2）顺层钻孔抽采。顺层钻孔是在巷道进入煤层后再沿煤层所打的钻孔，可以用于石门见煤处、煤巷及回采工作面。顺层钻孔抽采开采煤层瓦斯如图 7－3 所示。该抽采方法的特点是常受采掘接替的限制，抽采时间不长，影响了抽采效果。它主要适用于煤层赋存条件简单、地质构造稳定的单一厚煤层。

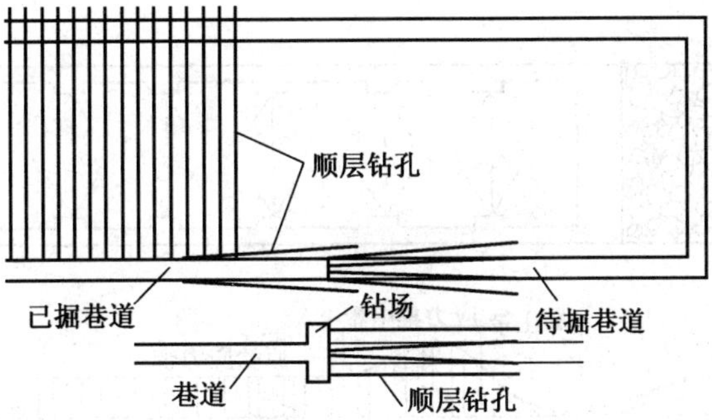

图 7－3　顺层钻孔抽采开采煤层瓦斯示意图

2）本煤层卸压抽采瓦斯钻孔布置形式及特点

（1）边掘边抽。在掘进巷道的两帮，每隔 40～50 m 施工一个钻场，每个场内顺层施工 4 个 50～60 m 深的抽采钻孔；在掘进工作面每次施工 8～10 个、孔深 16～20 m 的抽采钻孔，钻孔布置及应力分布情况如图 7－4 所示，钻孔在终孔时上排施工至煤层顶板，下排施工至煤层底板，钻孔控制范围为巷道周界外 4～5 m，孔底间距为 2～3 m，钻孔直径为 75 mm，封孔深度为 3～5 m。边掘边抽钻孔布置特点是能控制掘进巷道迎头的煤层赋存状况，既保证了掘进巷道迎头的瓦斯抽采，又能降低巷道两帮的瓦斯涌出量，在巷道掘进期间能继续抽采巷道两帮的卸压瓦斯，保证掘进煤巷安全掘进。

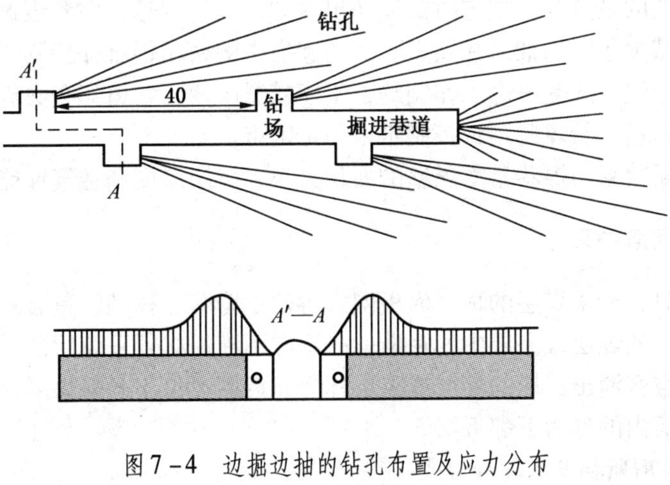

图 7－4　边掘边抽的钻孔布置及应力分布

（2）边采边抽。在采煤工作面前方有一个应力集中带，并随工作面向前推进而同时前移，如图 7－5 所示。在应力集中带与采煤工作面之间有 10 m 的卸压带，在此区域内可以抽采瓦斯。布置钻孔时，抽采钻孔需提前布置在煤层内，当卸压带接近前开始抽采瓦斯；当卸压带移至钻孔时瓦斯抽出量增大。边采边抽钻孔布置的特点是利用回采工作面前方卸压带透气性增大的有利条件，提高抽采率。在下行分层工作面，钻孔靠近底板；在上行分层工作面，钻孔靠近顶板。它主要适用于局部地区瓦斯含量高、时间紧的情况，采用该方式解决本层瓦斯涌出量大问题。

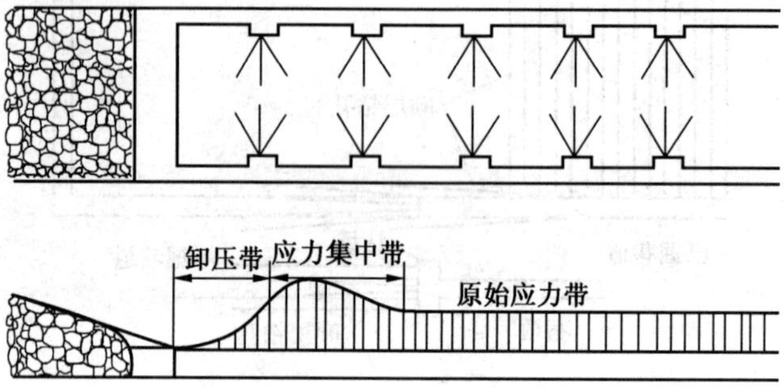

图7-5 边采边抽的钻孔布置及应力分布

3）巷道预抽本煤层瓦斯布置形式及特点

巷道预抽是在工作面回采之前，按照采区设计巷道布置，事先把预抽巷道掘出来，构成采掘抽采系统，对巷道的入、排风口进行密闭。同时，在各排风口密闭墙处插管、埋管并铺设抽采瓦斯管路，将煤层中瓦斯通过巷道预先抽采出来。

巷道预抽瓦斯的优点为：提前将采区的准备巷道掘出来，不影响生产正常接替；巷道煤壁暴露面积大，有利于瓦斯涌出和抽采；在掘进瓦斯抽采巷道时，对煤层瓦斯涌出、地质构造等能进一步了解，有利于预先采取对策，实现矿井安全生产；对下段采区和邻区的煤层瓦斯可起到一定的释放和拦截抽采作用。

巷道预抽瓦斯的缺点为：掘进时瓦斯涌出量大，施工困难；在巷道掘进过程中部分瓦斯随风流排出，减少了可供抽采瓦斯量；瓦斯巷道中的密闭很难保持其气密性，抽出瓦斯浓度降低；巷道布置方式受采煤工作制约，不能随意改变；巷道年久失修，给后期采煤维修巷道增加了工作量，给煤层顶板控制带来一定困难。

巷道抽采瓦斯效果与煤巷暴露煤壁的面积大小、煤层厚度和透气性能有关。

二、邻近层瓦斯抽采

开采煤层群时，开采煤层的顶、底板围岩将发生垮落、移动、龟裂和卸压，透气性增大，开采煤层附近的煤层或夹层中的瓦斯就能源源不断地向开采煤层的采空区转移。这类能向开采煤层采空区涌出瓦斯的煤层或夹层称为邻近层。位于开采煤层顶板内的邻近层称为上邻近层，底板内的称为下邻近层。

（一）邻近层瓦斯抽采原理和分类

在矿井瓦斯涌出来源中，一部分瓦斯来自邻近煤层。为了减少邻近层的瓦斯通过层间裂隙涌向开采层，防止开采层出现瓦斯涌出异常现象，可通过抽采方法处理这部分瓦斯，这种抽采方法称为邻近层瓦斯抽采。

邻近层瓦斯抽采是在有瓦斯赋存的邻近层预先掘出抽采瓦斯的巷道，或预先从开采煤层或围岩大巷内向邻近层打钻孔，将邻近层内涌出的瓦斯抽采出来，前者称为巷道抽采瓦斯，后者称为钻孔抽采瓦斯。两种方法的选择取决于邻近层瓦斯抽出量、瓦斯浓度和可抽采时间等安全效益因素。

邻近层瓦斯抽采按邻近层位置分为上邻近层抽采和下邻近层抽采；按汇集瓦斯的方法分为钻孔抽采、巷道抽采和巷道与钻孔综合抽采。

(二) 邻近层瓦斯抽采技术措施与特点

1. 上邻近层瓦斯抽采

上邻近层瓦斯抽采即是邻近层位于开采层顶板通过巷道或钻孔来抽采上邻近层的瓦斯。上邻近层瓦斯抽采分为以下 4 类：

(1) 由开采层运输巷、回风巷或层间岩巷等向上邻近层施工钻孔进行瓦斯抽采。

(2) 由开采层运输巷、回风巷等向采空区方向施工斜交钻孔进行瓦斯抽采。

(3) 在上邻近层掘汇集瓦斯巷道进行抽采。

(4) 从地面施工钻孔进行抽采。

2. 下邻近层瓦斯抽采

下邻近层瓦斯抽采是邻近层位于开采层底板通过巷道或钻孔来抽采下邻近层的瓦斯。下邻近层瓦斯抽采分为以下 4 类：

(1) 由开采层运输巷、回风巷或层间岩巷等向下邻近层施工钻孔进行瓦斯抽采。

(2) 由开采层运输巷、回风巷等向采空区方向施工斜交钻孔进行瓦斯抽采。

(3) 在下邻近层掘汇集瓦斯巷道进行抽采。

(4) 从地面施工钻孔进行抽采。

3. 钻孔抽采邻近层瓦斯

1) 钻孔布置方式

由开采煤层进、回风巷道向邻近层打穿层孔抽采瓦斯或由围岩大巷向邻近层打穿层孔抽采瓦斯。图 7-6 是由开采层回风巷向上邻近层打钻孔的布置方式。

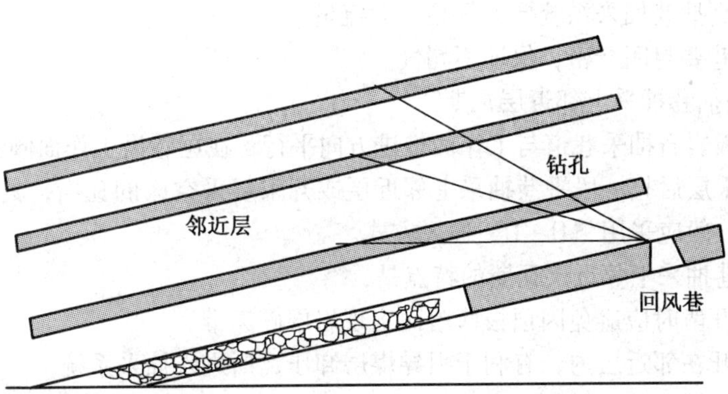

图 7-6　钻孔抽采上邻近层瓦斯

2) 钻孔布置主要参数

在回风巷 30～60 m 间布置一个钻场，根据实际情况需要，每个钻场可布置多个钻孔。

钻孔直径一般都采用 ϕ75 mm。孔径对瓦斯抽出量影响不大，满足抽采要求即可。抽采负压应保持在6.7～13.3 kPa。目前工程实践中，应针对各矿具体条件，在保证抽出瓦斯浓度的条件下，适当提高抽采负压。

4. 巷道抽采邻近层瓦斯

巷道抽采邻近层瓦斯主要指在开采层顶部的采动裂隙带内挖掘专用的抽瓦斯巷道，用以抽采上邻近层的卸压瓦斯。巷道可以布置在邻近煤层或岩层内。抽采瓦斯巷道分走向高抽巷和倾斜高抽巷。

1）走向高抽巷抽采上邻近层瓦斯

走向高抽巷既能保证大量抽出瓦斯，又能在工作面推进后保持相当一段距离不被破坏。走向高抽巷抽采上邻近层瓦斯如图7－7所示。

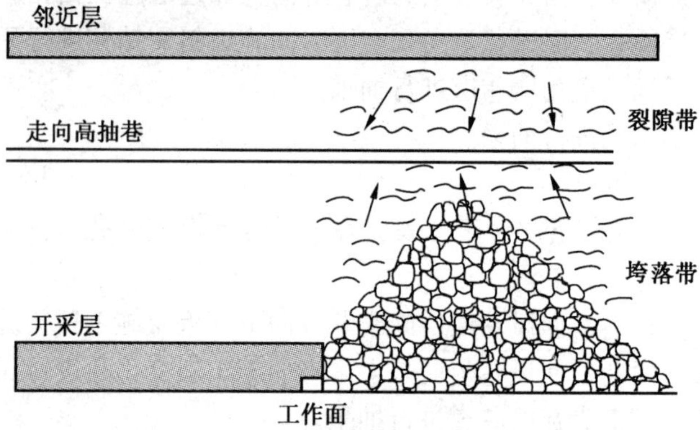

图7－7　走向高抽巷抽采上邻近层瓦斯

大量现场实践证明，应用高抽巷要考虑以下几点因素：

（1）高抽巷层位要处于采空区裂隙带内，该区处于瓦斯富集区。

（2）高抽巷水平投影距回风巷水平距离宜控制在15～20 m。

（3）应用高抽巷抽采系统要大管径、大流量。

（4）高抽巷要封闭严密，保证不漏气。

2）倾斜高抽巷抽采上邻近层瓦斯

倾斜式顶板岩石抽采巷道与工作面推进方向平行，在尾巷沿工作面倾斜方向向工作面上方爬坡至抽采层后打一段平巷抽采上邻近层或开采层采空区的瓦斯，具体如图7－8所示。且工作面一般应采用“U＋L”通风方式。

倾斜高抽巷抽采上邻近层瓦斯的特点是：

（1）巷道开凿时应避免因顶板垮落而出现岩层破坏带。

（2）巷道开在邻近层内，有利于引导煤层卸压瓦斯进入抽采系统。

（3）巷道比钻孔的通道面积大，可以减少阻力、便于瓦斯流动。

3）顶板高抽巷的主要参数

合理的巷道位置应处在开采形成的充分卸压区和垮落带以上的裂隙带内，同时要结合邻近层的赋存和层间岩性情况、通风方式和采场空气流动方向以及巷道的有效抽采距离、布置方式等综合考虑。顶板高抽巷的主要参数如下：

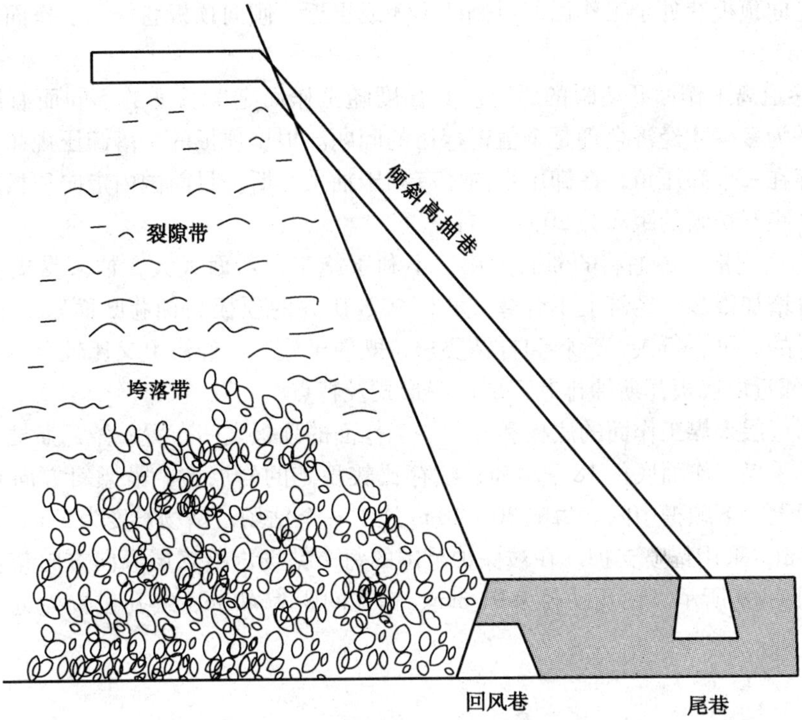

图7-8　倾斜高抽巷剖面布置图

（1）巷道离开采层的垂距。根据开采煤层上覆岩层变形特征和瓦斯渗流规律，高抽巷应布置在采空区上方的裂隙带内，但在此带内位置太高时，岩体透气性不好，抽不到瓦斯；位置太低，接近垮落带，抽出的主要是空气，而不是邻近层的瓦斯。因而高抽巷的位置必须大于垮落带的上限高度，对于开采单一煤层时垮落带的高度可用下式计算：

$$h_{\mathrm{M}}=\frac{m}{(K_{\mathrm{p}}-1)\cos\alpha} \tag{7-9}$$

式中　h_{M}——垮落带高度，m；

K_{p}——岩石碎胀系数，1.2～1.4；

α——地层倾角，(°)；

m——开采层厚度，m。

另外还可以从开采层顶底板岩性来考虑，采动上覆岩层的垮落带可按照下式进行计算：

$$H_{\mathrm{f}}=\frac{100M}{3.3n+3.8}+5.1 \tag{7-10}$$

式中　M——累计层厚度，m；

n——煤层分层层数。

（2）巷道在工作面倾斜方向的投影距离。高抽巷布置在卸压带内，若布置在工作面中部，由于距垮落拱顶部较近，与采空区连通性强，易抽入空气。从通风角度看，宜布置在靠回风侧，但不宜距回风侧太近，否则巷道易于变形，断面易于变小而影响抽采效果。

目前国内走向顶板巷处于工作面回风侧的1/3或更近，倾向顶板巷伸入工作面的距离一般为40～50 m。

(3) 巷道离工作面开切眼的距离。其长度随工作面走向长度的不同而有所不同，但距切巷水平为多少才经济合理是个值得探讨的问题。根据顶板的垮落卸压规律，切巷向工作面方向存在一个卸压角，在卸压带内才有利于抽采瓦斯。目前国内走向顶板高抽巷的掘进末端水平距开切眼的距离为20 m左右。

(4) 巷道规格。高抽巷的断面太小，不利于施工；断面太大，抽采量提高不多，而且施工造价增加很多，经济上不合算。我国多数矿井的顶板高抽巷断面取2 m×2 m，满足了掘进时的通风、行人、运料和打钻要求，既便于施工，经济上又比较合算。

4）上邻近层底板瓦斯抽排巷穿层布置形式及特点

在上邻近层采煤工作面的底板和开采层工作面的顶板之间布置一条瓦斯抽采巷，抽采巷布置在距采煤工作面底板18～20 m、赋存比较稳定的岩层中，沿倾斜方向布置在上邻近层工作面上、下顺槽中间。每隔30～40 m施工一个钻场，钻场长度为5 m、宽度为3 m、高度为2.6 m，采用锚喷支护。在被保护范围的每个钻场内沿煤层倾向方向布置5个抽采钻孔，如图7－9所示。钻孔孔径为91 mm、钻孔间距为40 m，终孔位置为进入上邻近层顶板0.5 m处。

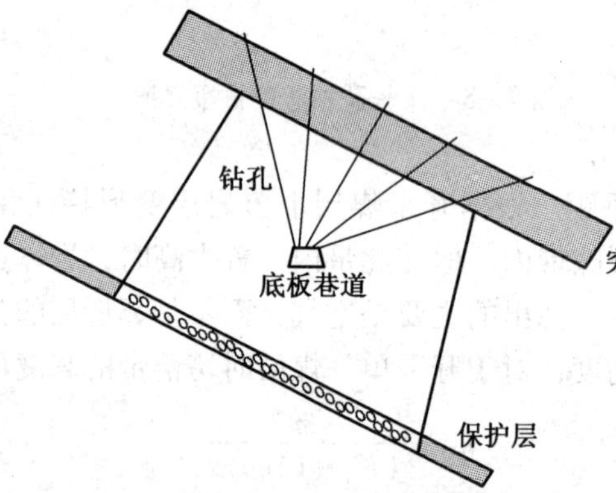

图7－9　被保护范围内抽采钻孔的布置

三、采空区瓦斯抽采

采空区瓦斯的涌出，在矿井瓦斯来源中占有相当大的比例，这是由于在瓦斯矿井采煤时，尤其是开采煤层群和厚煤层条件下，邻近煤层、未采分层、围岩、煤柱和工作面丢煤中瓦斯都会涌向采空区，不仅在工作面开采过程中涌出，并且工作面采完密闭后也仍有瓦斯继续涌出。一般新建矿井投产初期采空区瓦斯在矿井瓦斯涌出总量中所占比例不大，随着开采范围不断扩大，该比例会逐渐增大，特别是开采年限比较长的老矿井，采空区瓦斯多数可达25%～30%，少数矿井达40%～50%甚至更大。单靠通风办法是无法解决的，因此有必要进行采空区瓦斯抽采，目前采空区瓦斯抽采已经成为主要抽采方法之一。

1. 采空区瓦斯抽采划分

按开采过程划分，采空区瓦斯抽采方法可分为回采过程中的采空区抽采和采后密闭采空区抽采；按采空区状态划分，可分为半封闭采空区抽采和全封闭采空区抽采；按采空区瓦斯抽采方式可分为钻孔抽采法和巷道抽采法。

2. 开采煤层顶板走向钻孔瓦斯抽采

在开采煤层工作面回风巷每隔 100 m 施工一个钻场，钻场底板为开采层顶板，钻场布置如图 7－10 所示。施工钻孔深度为 130～150 m，钻孔终孔高度位于煤层顶板向上 15～20 m，钻孔具体布置如图 7－11 所示。

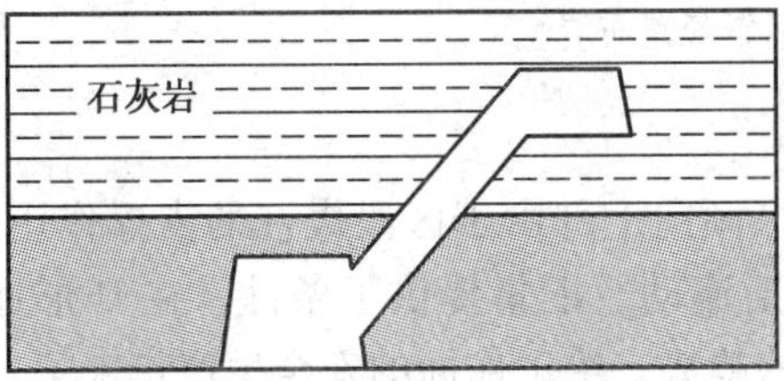

图 7－10　钻场布置示意图

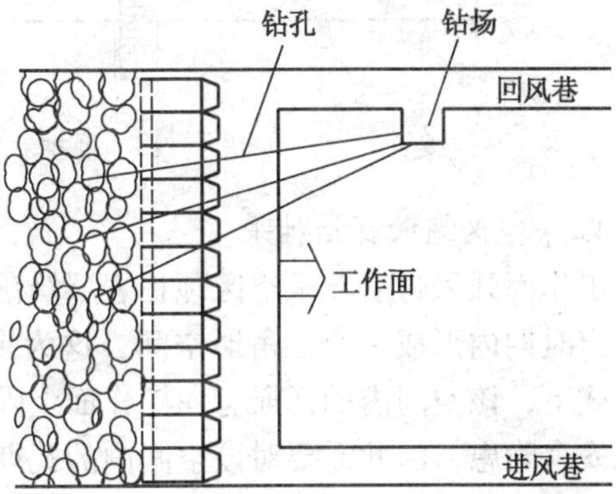

图 7－11　走向钻孔抽采采空区瓦斯钻孔布置示意图

3. 高抽巷瓦斯抽采

在开采层沿走向方向先施工一段高抽巷平巷，与工作面回风水平距离 15～20 m，然后起坡施工至距开采煤层顶板 15～20 m 处变平，施工至工作面走向边界，高抽巷瓦斯抽采如图 7－12 所示。高位巷治理瓦斯类型为全风压高抽巷引排瓦斯和高抽巷密闭抽采瓦斯，目前主要是高抽巷外口打密闭墙穿管抽采采空区积存的瓦斯。高抽巷密闭抽采瓦斯管路布置如图 7－13 所示。

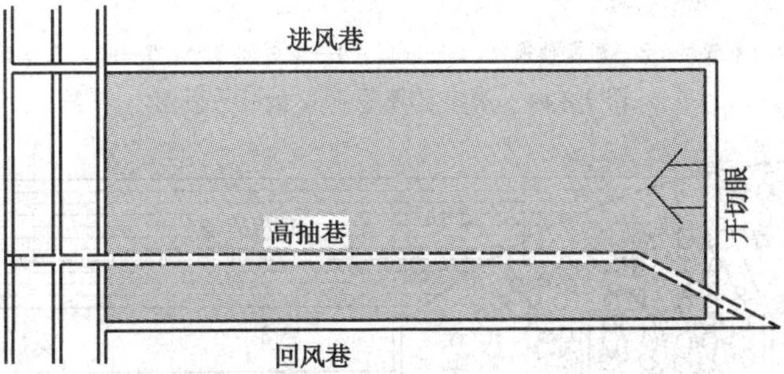

图 7－12　高抽巷瓦斯抽采示意图

在终采线位置选择顶帮完好处构筑一道密闭墙，砖墙厚 1.0 m，四周掏槽 0.2 m，中间注入粉煤灰，在构筑密闭同时预埋观测管、注浆管和 2 条瓦斯抽采管路，左、右帮分别铺设一条 DN500 瓦斯抽采管路，管路铺入密闭墙 16 m，下方用 H 架支撑。

高抽巷抽采主要适用于无煤层自然发火或发火期较长的回采工作面。

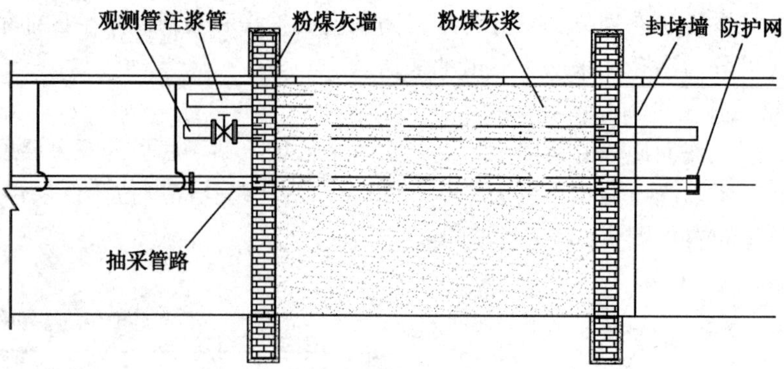

图 7－13 高抽巷密闭抽采瓦斯管路布置

4. 采空区埋管瓦斯抽采

工作面开采过后，采空区顶板岩层垮落，采空区倾向上部由于区段煤柱的支撑作用，在一定时期内形成一个三角形空间，这为采空区瓦斯流动及汇集提供了条件。在 U 形通风方式下，该空间内的瓦斯有向工作面上隅角运移的趋势，给工作面的安全生产带来了一定的安全隐患，因此需要对该空间内的瓦斯进行抽采，常采用采空区埋管进行瓦斯抽采。采空区埋管抽采瓦斯平面图如图 7－14 所示，采空区埋管剖面图如图 7－15 所示，采空区埋管抽采一般为低负压大流量抽采。

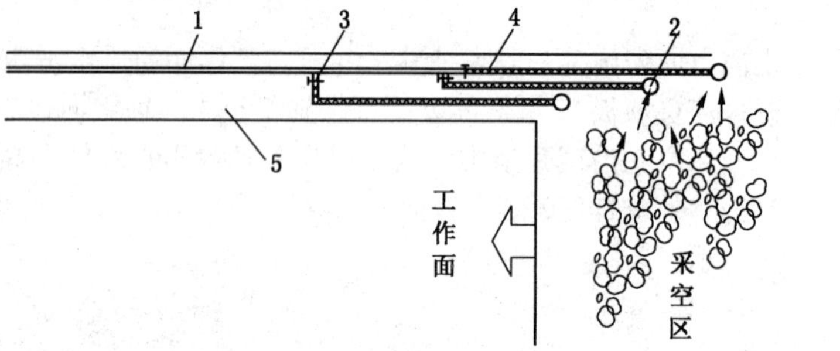

1—瓦斯抽采管路；2—瓦斯抽采器；3—阀门；4—橡胶埋吸管；5—采煤工作面回风巷

图 7－14 采空区埋管抽采瓦斯平面图

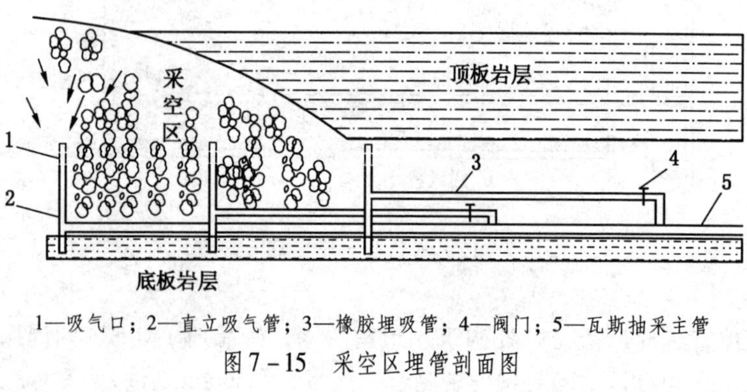

1—吸气口；2—直立吸气管；3—橡胶埋吸管；4—阀门；5—瓦斯抽采主管

图 7－15 采空区埋管剖面图

5. 尾抽巷瓦斯抽采

在尾抽巷预设瓦斯抽采管路，当工作面开始回采前，在尾抽巷构筑封闭墙，减少漏风，墙上要预留管子口，尾抽巷瓦斯抽采布置如图 7－16 所示。

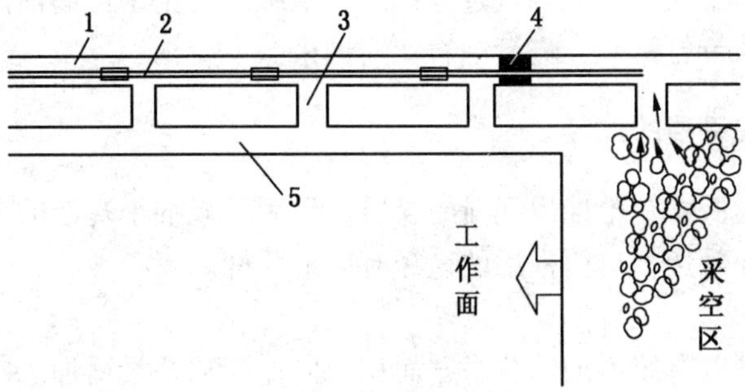

1—瓦斯抽采尾巷；2—瓦斯抽采管路；3—联络巷；4—密闭墙；5—采面回风巷

图 7－16　尾抽巷瓦斯抽采布置

采空区抽采要及时检查抽采负压、流量、抽出瓦斯的成分与浓度。抽采负压与流量应与采空区的瓦斯量相适应，才能保证抽出气体中的瓦斯浓度。如果煤层具有自燃倾向性，应该经常检查抽采的气体成分，一旦发现有 CO 出现，且浓度不断上升，则存在采空区煤炭自燃的征兆，应立即停止抽采，采取防止煤炭自燃的技术措施。

四、综合瓦斯抽采

随着煤矿开采机械化水平的提高以及特厚煤层一次采全高技术和综采放顶煤技术的大面积推广应用，工作面推进速度越来越快，开采强度越来越大，加之随着矿井开采向深部的延伸，煤层瓦斯含量越来越高，造成我国部分矿井工作面瓦斯涌出量急剧增加。《煤矿瓦斯抽采达标暂行规定》规定，当一个采煤工作面的绝对瓦斯涌出量大于 5 m^3/min 或一个掘进工作面的绝对瓦斯涌出量大于 3 m^3/min 时，在用通风方法解决瓦斯问题不合理时，矿井必须建立瓦斯抽采系统，对煤层或采掘作业地点进行瓦斯抽采。在一些高瓦斯矿区，工作面绝对瓦斯涌出量大都在 30～50 m^3/min 以上，部分矿区由于工作面推进速度快，采高大，邻近层较多，工作面绝对瓦斯涌出量可达 100 m^3/min 以上，有些甚至达 200 m^3/min 以上，采用单一的瓦斯抽采方法无法保证工作面安全开采。因此矿井综合瓦斯抽采方法是必选的技术措施。

综合瓦斯抽采方法是多种抽采方法的有机结合。综合瓦斯抽采方法种类繁多，从时间上来划分，可分为采前抽采、采中抽采和采后抽采的综合抽采方法；从空间上来划分，可分为井下瓦斯抽采和地面钻井瓦斯抽采的综合抽采方法；从抽采对象上来划分，可分为本煤层抽采、邻近层抽采和采空区抽采的综合抽采方法。

五、围岩瓦斯抽采

煤系地层中的岩层也赋存有瓦斯，特别是在靠近煤层的岩层，瓦斯含量更大。岩层中的瓦斯基本上都是游离瓦斯，只是在岩层中含有有机物时才会增加一部分吸附瓦斯，这部分瓦斯就是所谓的围岩瓦斯。围岩瓦斯既存在于微小孔隙和裂隙中，也存在于大的溶洞和裂隙中，前者的涌出形式是均匀和缓慢的；后者的涌出形式是大量的、快速的和局部性的，但对生产的威胁比前者严重得多。因此，岩层中存在的高压瓦斯会对岩巷掘进构成瓦斯喷出或突出危险。我国中梁山、阳泉、开滦、铁法等矿区均发生过这种形式的瓦斯涌出，有的发生在地面钻孔、巷道掘进过程中。为了施工安全，可超前向岩巷两侧或掘进工作面前方的溶洞裂隙带打钻孔，进行围岩瓦斯抽采。

六、提高瓦斯抽采量的途径

对于透气性系数低、较难抽出瓦斯的煤层，采用常规抽采瓦斯的方法很难达到预期效果。为了提高瓦斯抽采量，目前常用的途径有以下几种。

1. 加大钻孔直径

增大钻孔直径可以有效增加钻孔暴露面积，使瓦斯抽采量增加。

2. 增加钻孔的穿煤长度

对于穿层钻孔应穿透煤层整个厚度，顺层钻孔尽可能增加钻孔长度，这对提高钻孔瓦斯抽采量是有益的。由于煤层厚度是一个定值，顺层钻孔长度的增加也是有限的，而且钻孔越长，打钻技术难度也越大，因此通过增加钻孔的穿煤长度增加瓦斯抽采量也是有限的。

3. 增加钻孔密度

增加钻孔密度一般是指缩短钻孔间距，增加抽瓦斯钻孔数量，即缩小每一个钻孔的瓦斯流动场控制范围；当钻孔间距比较合理时，有利于提高煤层瓦斯的抽采率。由于每个钻孔在某一流动时间内均存在临界控制范围，所以只有在流动场内相互不受干扰时增加钻孔密度，才能经济有效地提高煤层瓦斯抽采量。

4. 提高抽采负压

对于提高抽采负压是否可以显著增加抽采量还存在不同看法，一些矿井提高抽采负压后抽采量明显提高。每个矿井每个煤层合理的抽采负压是不相同的，要想获得最佳抽采效果，应根据各煤层或钻孔抽采负压与流量特性曲线来确定合理的负压。同时，还要考虑瓦斯泵的性能及抽采系统的密封程度。

5. 延长抽采时间

钻孔瓦斯抽采总量不是无限增加的，而是有一个临界值。工程实践表明，对于透气性较低的煤层，由于衰减系数较大，一般抽采半年至一年时间，钻孔抽采瓦斯总量就已接近钻孔的临界瓦斯抽采量。如果再延长抽采时间，瓦斯抽采量是有限的，表明再抽采瓦斯已没有实际意义，而且从矿井生产要求看，也不允许预抽时间过长。所以为了使钻孔瓦斯抽采量达到一定要求，有必要延长抽采时间，但抽采时间太长，未必能达到提高瓦斯抽采量的作用。

6. 增大煤层透气性

对低透气性煤层，提高煤层透气性是增大瓦斯抽采量的关键因素。提高透气性的措施包括保护层开采、水力压裂、水力破裂、水力割缝、深孔爆破和交叉钻孔等。

第四节　低透气性煤层增透技术

预防煤矿瓦斯灾害的有效途径之一就是减少煤体内的瓦斯含量和降低瓦斯压力，主要措施是卸压开采和煤层瓦斯抽采。而我国煤层普遍存在渗透性低的问题，采用常规的钻孔布置方式及参数预抽煤层瓦斯时，很难抽出煤层中赋存的瓦斯，也难以达到抽采效果。为此就需要对煤层实施各种增透技术，改变煤体内的应力分布和增加瓦斯渗流的裂隙通道，提高煤层透气性，大量的吸附瓦斯转变成自由流动的游离瓦斯，促进了瓦斯抽采，这些技术被称为煤层增透技术。

目前，根据煤层赋存和开采条件，煤层增透技术可以划分为煤层群保护层开采区域增透技术和单一煤层开采增透技术。煤层群保护层开采区域增透技术是利用煤层群开采的特点，先开采无突出危险或突出危险程度小的煤层，使具有突出危险性的煤层得以卸压增透；单一煤层开采增透技术主要是针对单一煤层开采时所采取的增透措施，主要增透技术有水力冲孔、水力挤出、水力压裂、水力割缝、松动爆破、密集交叉钻孔等。

一、煤层群保护层开采区域增透技术

保护层开采是在开采高瓦斯煤层或具有突出危险性的煤层群时，先开采低瓦斯或无突出危险性的煤层，利用该部分煤层的开采卸压释放作用使高瓦斯煤层或具有突出倾向性的煤层得到卸压释放，从而减小开采该部分煤层时的危险性。

保护层开采的主要目的是利用保护层开采产生的卸压释放作用促使煤层应力状态、内部结构发生变化，进而使煤岩体微裂隙发育、发展与贯通，宏观上的断裂形成瓦斯流动通道，达到释放煤岩体应力、降低煤岩体内的瓦斯压力，最终防止煤层开采过程中发生瓦斯灾害事故的目的。该方法为国内外普遍应用的区域卸压增透技术，具有简单、经济和卸压范围大等特点。

二、单一煤层开采增透技术

（一）水力冲孔增透技术

水力冲孔就是用水力冲刷钻孔，扩大钻孔直径，使钻孔壁有更多的煤渣随高压水流出，在水力冲孔影响范围内引起地应力降低、煤层卸压、裂隙增加，改变钻孔壁周围的应力大小和分布特征，提高煤层渗透性，促进瓦斯的解吸和排放，使煤的强度增高和湿度增加。这既消除了突出的动力，又改变了突出煤层的性质，从而起到进行采掘作业时防止煤与瓦斯突出的作用。

1. 水力冲孔原理

（1）裂缝的产生。在水射流脉动的动压力和冲击力的作用下形成密实核。

（2）水楔作用。水流冲进裂缝，在裂缝面上形成作用力很大的水楔，进一步扩张和延伸裂缝，最终导致煤体裂成碎块。

（3）表面冲刷作用。冲刷裂缝，使瓦斯流动速度加快，增大煤层透气性。

2. 水力冲孔工艺

水力冲孔工艺是以岩柱（穿层冲孔）或煤柱（本层冲孔）作安全屏障，向有自喷能力的突出危险煤层打钻，同时注入一定压力的水。通过钻头的切割和水射流的打击，部分煤体破碎，破坏煤岩体内部的应力分布和瓦斯平衡状态，激发潜能的释放，诱发喷孔的发生和发展。喷出的煤、水和瓦斯通过设备装置排输到远离工作面的地方进行分离。在钻具上设置逆止钻头，可防止煤粉和瓦斯从钻杆逆流。由于孔道断面的限制和岩（煤）柱的屏障作用，使喷孔强度受到控制，从而保障了水力冲孔过程的安全。水力冲孔工艺流程如图 7－17 所示。

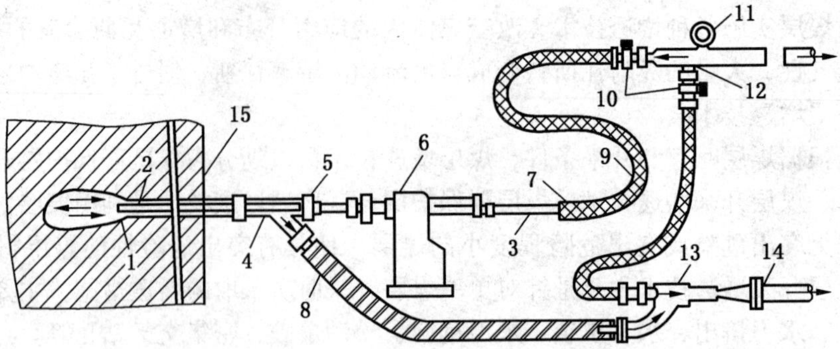

1—逆止钻头；2—套管；3—钻杆；4—三通；5—安全密封卡头；6—钻机；7—尾水管接头；
8—排煤胶管；9—2 寸胶管；10—阀门；11—压力表；12—供水管；13—射流管；14—排煤管；15—煤壁

图 7－17　水力冲孔工艺流程示意图

整个冲孔过程为：装备选型→水力冲孔系统安装→泵压调定→设计冲孔布置方式→施工钻孔→水力冲孔→煤量、瓦斯量计量→冲孔效果评价。

3. 水力冲孔工艺参数

（1）水力冲孔的供水条件一般是水压 3～4 MPa，水量 30～35 m^3/h，其中射流泵用水为 15～20 m^3/h。

（2）水力冲孔用钻机无特殊要求，一般矿用钻机均可，钻杆直径 42 mm，钻头直径 45 mm，带逆止钻头。套管直径一般为 102 mm，钻入煤中深度不低于 5 m，三通及排煤管直径为 102 mm。

（3）水力冲孔的布置主要根据冲孔的影响范围确定。

（二）水力挤出增透技术

水力挤出是通过向采掘工作面前方打钻孔并注入高压水，且注水速度超过煤的渗透速度，使煤体整体或局部向巷道自由空间发生一定位移，这样就会造成煤体应力下降使得煤体破碎、滑移、变形和错动，使煤层近工作面处卸压，煤层透气性系数和瓦斯涌出量增加。

1. 水力挤出原理

水力挤出原理是在工作面或掘进巷前方布置钻孔，并向钻孔内注高压水，高压水开始挤压钻孔壁，急剧增高该处煤体的载荷，从而使得孔内煤体逐渐被压坏，继而发生煤体的移动而挤出。由于煤的挤出，降低了煤层近采煤工作面部分的承压能力，并把应力集中带推向煤体深处，相应地扩大了卸压带，同时瓦斯得到较充分的释放，从而起到了进行采掘作业时防止煤与瓦斯突出的作用。水力挤出钻孔布置如图 7－18 所示。

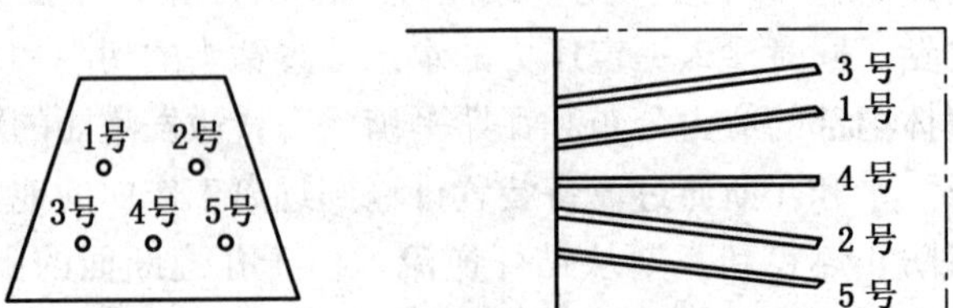

图 7－18　水力挤出钻孔布置示意图

2. 水力挤出工艺及参数

水力挤出用的钻孔应打在可保证封孔质量完好的煤分层中。在准备巷道，为了保证封孔质量，可以通过煤柱打钻孔。钻孔深度比封孔深度长0.3 m，封孔深度为2.0～5.5 m，并根据煤层厚度、构造破坏煤分层厚度等因素确定。

回采工作面钻孔间距 $a=1.8L_r$（封孔深度），回采工作面隅角与钻孔的间距应为1 m，钻孔与煤层第二暴露面的间距 $b_2=0.5a+m$（煤层厚度）。

挤出带的最小超前距，回采工作面取0.5～0.7 m，掘进工作面取1.0～2.0 m，在地质破坏带和地压增高带最小超前距应增加0.3 m。

最高注水压力按下式计算：

$$P_{max} \geqslant 0.075\gamma H + 0.1P_c \tag{7-11}$$

终注水压力按下式计算：

$$P_H = 3 + 0.1P_c \tag{7-12}$$

式中 P_c——注水管路中的压力损失，MPa。

用于水力挤出的水泵应保证必要的压力，且流量不小于30 L/min。注水时，可以采用多孔同时注水方式或单孔循环注水方式。无论是回采工作面或掘进工作面，在向2个相邻的钻孔注水时，第一个钻孔的水压达到 P_{max} 后，才能把水泵与第二个钻孔接通。开始时，要平稳地向煤层注水，历时0.5～1.0 min，然后增压到最大压力，并一直持续到压力降低至 P_H 为止。上述过程结束后，停止水泵并观测工作面的位移量。

现场试验表明，水力挤出后，工作面前方煤体会整体或局部向巷道自由空间发生一定数量的位移，增加了煤层透气性和瓦斯涌出量。最终水力挤出增透技术实现了增加煤层透气性、充分释放煤体瓦斯、降低煤体瓦斯潜能三重效应。

（三）水力压裂增透技术

水力压裂增透技术是油、气田开发中一项行之有效的增产措施。近几年，美国广泛应用地面钻孔水力压裂增透技术开采煤层气，在亚拉巴马州有4000个地面钻孔开采煤层气。水力压裂主要有地面钻孔水力压裂和井下钻孔水力压裂。从1970年开始，我国白沙红卫煤矿、阳泉一矿、抚顺北龙凤矿、焦作中马村矿和沈阳有关矿等先后开展了地面和井下钻孔煤层水力压裂抽瓦斯试验，取得了一些有益经验。

1. 水力压裂原理

水力压裂是利用高压装置通过钻孔向煤层压入高压液体，当液体压入的速度远远超过煤层的自然吸水能力时，由于流动阻力的增加，进入煤层的液体压力就逐渐上升，当超过煤层上方的岩压时，煤层内原来的闭合裂隙就会被压开形成新的流通网路，煤层渗透性就会增加；而当压入的液体被排出时，压开的裂隙就为煤层瓦斯的流动创造了良好条件。水力压裂是以水作为动力，使煤体裂隙畅通的一种措施，可提高煤层透气性和瓦斯抽采效果。

2. 水力压裂工艺

地面钻孔水力压裂工艺流程为：

（1）钻井。一般从地面打垂直孔，终孔直径165 mm，以便在钻孔内进行压裂、排水等作业。

（2）测井。其目的是为了准确掌握煤层层位、厚度、顶底板岩性以及煤层瓦斯含量及透气性。

(3) 固井(封孔)。一般在钻孔内下 ϕ127 mm 的钢套管，并用水泥浆封固钻孔与套管之间的环形空间。固井的目的是为了保护钻孔孔壁不垮塌，另外还可以封隔煤层上部含水层的水不流入钻孔内。

(4) 射孔。其目的是为了打穿钻孔套管、水泥环与煤层之间的通道，以便进行水力压裂施工及使瓦斯流出。

(5) 压裂施工。水力压裂施工需要专用的压裂泵、加砂器等装备，一般求助于石油部门专业压裂车队进行施工。在施工前必须有专门的压裂施工设计。压裂施工过程有以下几个阶段：①打前置液，压裂施工开始时，先向煤层压入具有一定排量的不携砂压的裂液，这是为了将煤层裂缝压开；②加砂，当煤层裂缝被压开并扩展到一定范围后，应根据预先设计的裂缝面积范围及加砂量向压裂液内加砂，以便通过压裂液把砂带入煤层裂缝内起到支撑裂缝的作用；③打替置液，按预计的加砂量加完砂后，仍需继续向钻孔压入 10 m^3 以上的不带砂压裂液，以避免砂子沉淀于管线内或钻孔底部；④关闭井口阀门，等待排水、排瓦斯；⑤钻孔排水，钻孔经压裂施工后，关闭钻孔一定时间后就应打开孔口阀门开始钻孔排水。

工作面水力压裂钻孔布置平面图如图 7-19 所示。煤层水力压裂是借助水在煤层各种弱面内对弱面两壁面的支撑作用，使弱面发生张开、扩展和延伸，从而对煤层形成内部分割。这种分割过程一方面通过弱面的张开和扩展增加了裂隙等弱面的空间体积，另一方面通过裂隙等弱面的延伸增加了裂隙之间的连通，从而形成一个相互交织的多裂隙连通网路，致使煤层透气性大大提高。红卫里王庙矿四煤层进行水力压裂增透试验，一般情况下钻孔的瓦斯涌出量最大为 0.3 m^3/min，压裂后涌出量增至 0.44～4.8 m^3/min。

井下煤层水力压裂实施前，需要对注水压力、流量、注水时间以及压裂结束条件等主要参数进行估算。

压裂过程中注水压力的变化是压裂进行程度的直观反映。注水压力的主要影响因素包括煤层埋深、邻侧抽采孔布置间距两个因素。根据经验，进行水力压裂时，抽采孔与压裂孔间距为 10 m 时，注水压力应控制在 18 MPa 左右。

压裂时间与注水压力、流量等参数密切相关。注水时间根据注水过程中压力及流量的变化来确定，水力压裂全过程一般需要 1～3 h。

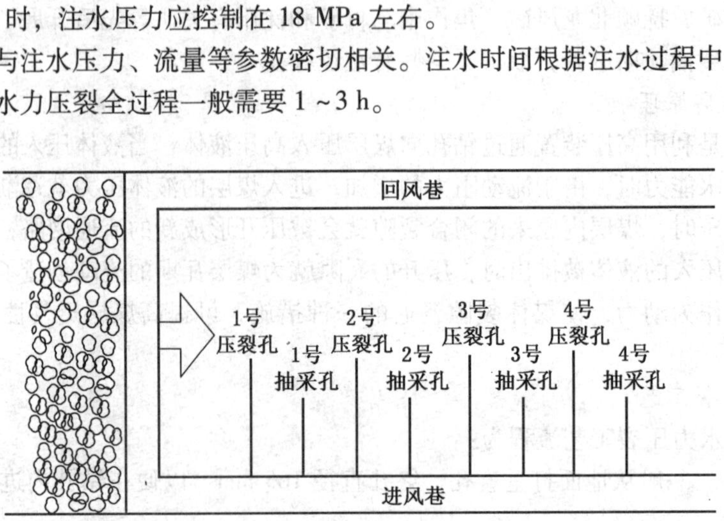

图 7-19　工作面水力压裂钻孔布置平面图

压裂实施过程中，需连续记录注水压力和时间，根据现场实际情况，适时调整压裂参数。当压裂孔邻侧抽采孔出现高浓度瓦斯或出水，或者持续注水泵压不再上升，或者出现压裂泵的压力大幅回落时，立即停泵，压裂结束。而压裂孔与邻侧抽采孔之间的区域可以认定为水力压裂影响区。

（四）水力割缝增透技术

由于受煤层地质条件的限制，水力压裂对压开煤层裂缝的位置、方向及形式（水平或垂直裂缝）往往是无法控制的，压裂裂缝总是沿着地层最薄弱的部位伸展，因此不可能很好地达到设计要求，抽放瓦斯效果也就受到影响。为了在煤层内形成可以控制的缝隙，进行钻孔水射流切割煤体，以提高开采层透气性和瓦斯抽采效果为目的。

1. 水力割缝原理

水力割缝原理为：在钻孔内运用高压水射流对钻孔两侧的煤体进行切割，在钻孔两侧形成一条具有一定深度的扁平缝槽，利用水流将切割下来的煤块带出孔外，由于增加了煤体暴露面积，且扁平缝槽相当于局部范围内开采了一层极薄的保护层，因而使得钻孔附近煤体得到了局部卸压，改善了瓦斯流动条件，提高了煤层透气性。水力割缝也是一种以水作动力的水力化卸压措施。

水力割缝增透抽采瓦斯的效果，取决于水射流切割煤体的效率。

2. 水力割缝工艺

水力割缝工艺是在井下沿煤层方向布置抽采钻孔，采用小直径连续管，管端安装有一对互成180°的径向水平喷嘴的喷头，送到煤层钻成的抽采孔底部。在抽回同时将高压水送至喷头，通过喷嘴形成一对与抽采孔垂直、沿煤层方向平行的水射流流束。随着喷头以一定速度抽回过程，对煤层进行切割。

煤层瓦斯是在煤层瓦斯压力梯度驱使下，通过孔周煤层进入抽采孔而被抽采。瓦斯抽采孔是通过水力沿煤层方向切割与煤层平行的水平长缝。一方面，割缝后割缝上下两侧的煤体向割缝中心移动，形成一定范围的卸压区，卸压区内煤体承受围压降低，煤层原有压密裂缝张开，使煤层渗透性增加。另一方面，割缝后缝上下两侧煤体由三维应力状态转变为二维应力状态，在地应力作用下煤体缝破裂，产生新的裂隙，渗流通道增加，从而提高了煤层渗透性。鹤壁四矿用8 MPa的水压进行割缝时，在钻孔两侧形成深0.8 m、高0.2 m的缝槽，钻孔百米瓦斯涌出量由0.01 ~0.079 m^3/min增加到0.047 ~0.168 m^3/min。

此外煤层瓦斯通过割缝进入抽采孔，缩短了经过煤层流入抽采孔的渗流途径。因而总的来说减少了瓦斯进入抽采孔的阻力。瓦斯至抽采孔流速加大，抽采井的产量得以增大，提高了瓦斯抽采率，同时由于渗流流动阻力减少，将有更多瓦斯被抽出。煤层残余瓦斯降低，最终抽采率得以大幅度提高，可以最大限度地将煤层中瓦斯抽出。

（五）松动爆破增透技术

松动爆破是通过在钻孔中采用药壶爆破松动工作面前方煤体，炸药在煤层内爆炸后，使得煤体周围应力卸除和排放瓦斯，在煤体周围形成爆炸腔、压碎区、破裂区和震动区。煤岩体发生屈服变形，产生粉碎性破坏或形成松动裂隙，使集中应力向煤体深部转移，压碎区和破裂区成为卸压区，达到增大煤层渗透性的效果。

1. 松动爆破原理

松动爆破增透瓦斯抽采技术是在已采取正常抽采措施揭煤头透过石门向待揭煤层的应

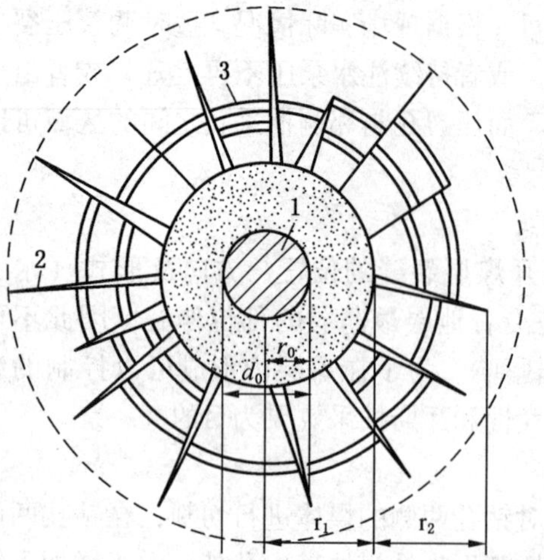

1—炸药；2—径向裂隙；3—环向裂隙；
r_1—破碎区；r_2—裂隙区；d_0—炮孔直径

图 7－20　松动爆破原理示意图

力集中区打几个钻孔在煤体段装药爆破，使煤体松动，集中应力区向其周边移动，同时增加煤层透气性，加快瓦斯释放，提高瓦斯抽采量。

从爆破原理看，药壶装药的爆破作用只发生在煤体内部，除在装药孔段四周形成扩大的空腔外，还形成破碎圈、裂隙圈和震动圈，这些构成了松动爆破的影响范围，如图 7－20 所示。

起爆后，爆炸产生的高温高压气体与煤体作用形成爆炸应力波，在爆破近区，应力峰值远大于煤体动态抗压强度，导致煤体破坏形成粉碎区；在爆破中区，煤体径向受压而环向受拉，当环向拉应力大于煤体动态抗压强度时形成径向裂隙，同时压缩煤体释放弹性能，产生径向拉应力，超过动态抗压强度时形成环向裂隙；在爆破远区，由于爆生气体和煤层瓦斯气体作用，导致径向裂隙进一步扩展。可见在爆破作用下，爆破孔周围煤体形成较大范围的连通裂隙网路，其中在爆破近区形成粉碎区，在爆破中区形成径向和环向裂隙交错的裂隙发育区，在爆破远区形成径向裂隙存在的裂隙扩展区，大大提高了爆破区周围煤体的透气性，有助于煤体中赋存瓦斯的释放。

2. 松动爆破工艺及要求

松动爆破常用的钻孔孔径为 42 mm，松动爆破钻孔布置如图 7－21 所示。松动爆破采用 3 号煤矿许用的筒形炸药，每个药卷为 150 g，直径为 38 mm；采用瞬发电雷管起爆，爆破孔装药和封孔结构如图 7－22 所示。起爆时必须采取撤人、停电、设警戒、远距离爆

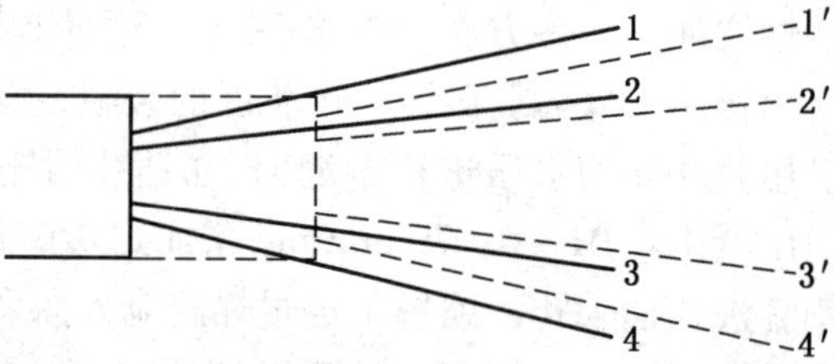

1、2、3、4—本次循环爆破孔；1′、2′、3′、4′—下次循环爆破孔

图 7－21　松动爆破钻孔布置

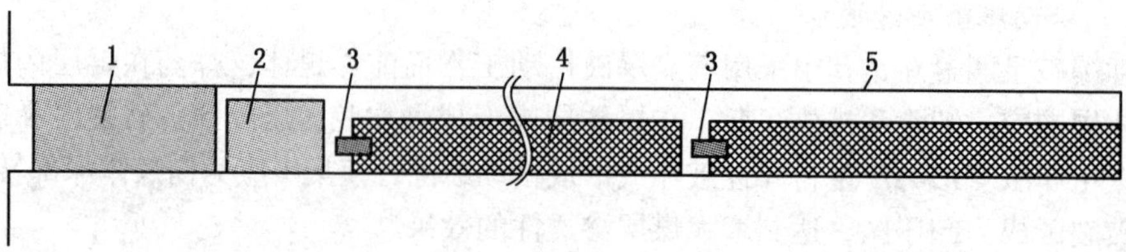

1—炮泥；2—水炮泥；3—雷管；4—炸药筒；5—钻孔

图 7－22　爆破孔装药和封孔结构

破等安全措施，并至少在爆破 30 min 后方可进入工作面。

（六）密集交叉钻孔增透技术

密集交叉钻孔是除沿着煤层打垂直于走向的平行钻孔外，还打与平行钻孔呈 15°～20°夹角的斜向钻孔，形成互相连通的钻孔网络，用来强化抽采瓦斯，每个钻孔施工过程中都会带出部分煤渣，密集钻孔数量相对较多，然而带出的煤渣也多，这样就使煤体在局部范围形成卸压区，提高了煤层透气性，如图 7－23 所示。在九里山煤矿的试验结果显示，密集交叉钻孔较常规的布孔方式相比，相同条件下瓦斯抽采量提高了 0.46～1.02 倍。

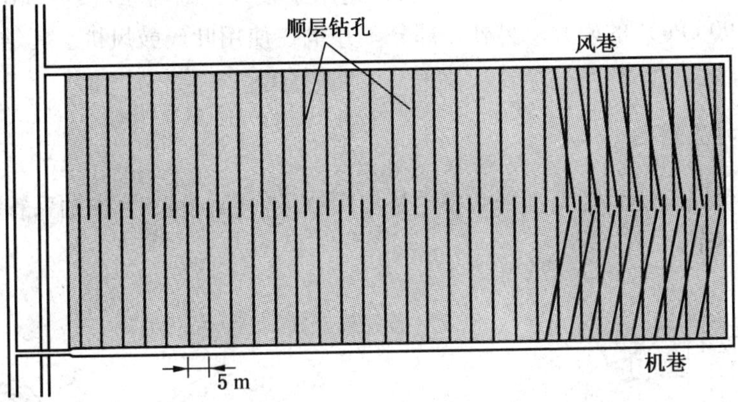

图 7－23　工作面密集交叉钻孔增透技术

第五节　瓦斯抽采设备及安全装置

煤层瓦斯抽采设备主要包括瓦斯抽采泵、瓦斯抽采管路、瓦斯抽采钻机、瓦斯抽采钻杆和钻头、瓦斯抽采封孔等。

一、瓦斯抽采泵

瓦斯抽采泵是煤矿进行瓦斯抽采最主要的设备。目前常用瓦斯抽采泵的类型有水环式真空泵、离心式鼓风机和回转式鼓风机。

（1）水环式真空泵。水环式真空泵结构如图 7－24 所示。这是我国中小型矿井最常用的抽瓦斯设备，真空度高，适用于瓦斯抽出量较小、煤层透气性低、管路系统阻力大、需高负压抽采瓦斯的矿井。

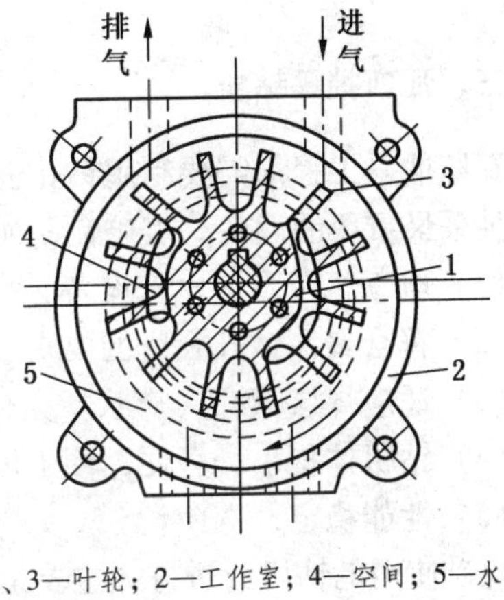

1、3—叶轮；2—工作室；4—空间；5—水环

图 7－24　水环式真空泵结构

（2）离心式鼓风机。离心式鼓风机结构如图

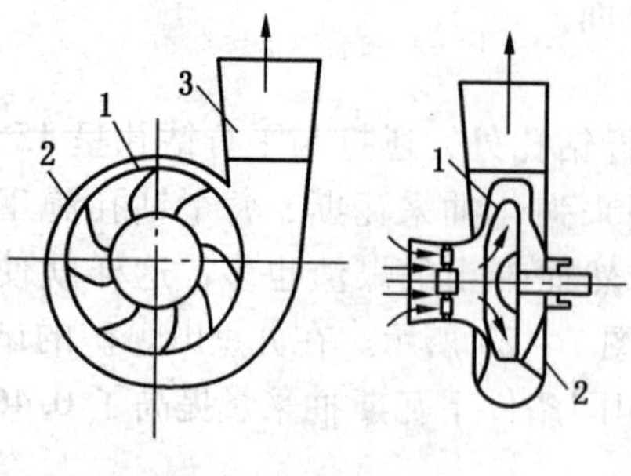

1—叶轮；2—机壳；3—扩散器

图 7-25　离心式鼓风机结构

7-25 所示。国内一些抽采量较大的矿井使用这种设备。离心式鼓风机可以与电动机直接连接，高速运转，甚至可用加速器加速，最终转速可超过 1000 r/min，适用于瓦斯量大（30～1200 m^3/min），负压要求不高（<50 kPa）的抽采瓦斯矿井。

（3）回转式鼓风机。罗茨鼓风机是回转式鼓风机的一种，其结构如图 7-26 所示。罗茨鼓风机流量不受阻力变化而变化，即流量接近一个常数，适用于较大瓦斯流量（1～600 m^3/min）、负压较高（20～90 kPa）的矿井。另外，部分矿井也在使用叶氏鼓风机，其结构如图 7-27 所示。

二、瓦斯抽采管路

瓦斯抽采管路是进行瓦斯抽采必备也是使用量最大的材料，瓦斯抽采管路的选型和要求见第七章第六节。

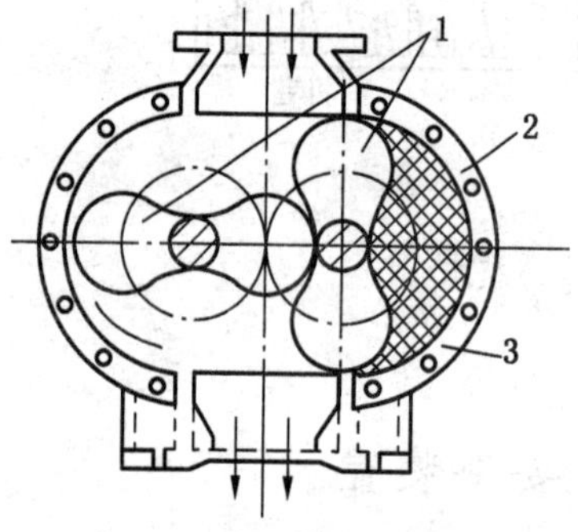

1—叶轮；2—可输送气体的体积；3—机壳

图 7-26　罗茨鼓风机结构

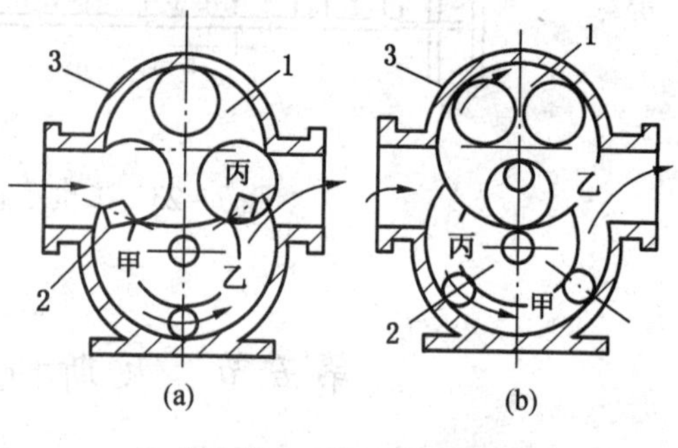

1—阻风翼；2—鼓风翼；3—外壳

图 7-27　叶氏鼓风机结构

三、瓦斯抽采钻机

瓦斯抽采工程都需要利用钻孔进行瓦斯抽采，而钻机是施工钻孔的主要工具，是进行瓦斯抽采最重要的设备。煤矿瓦斯抽采钻机选用时应符合以下条件：

（1）电动机及附属电气设备必须是防爆型。

（2）符合最深钻孔长度的要求。

（3）适应煤层赋存（产状）条件变化的需要，能打任意角度的钻孔。

（4）钻机体积小、轻便，便于拆卸及搬迁。

（5）性能稳定，寿命长。

煤矿使用的钻机给进方式主要是液压式，目前常用的钻机有 ZDY-1900S 型分体式液压钻机（图 7-28）、ZYG-150 型液压钻机（图 7-29）、ZYL-6000 型履带式钻机（图

7－30）、VLD 千米定向钻机（图 7－31）。

图 7－28　ZDY－1900S 型分体式液压钻机

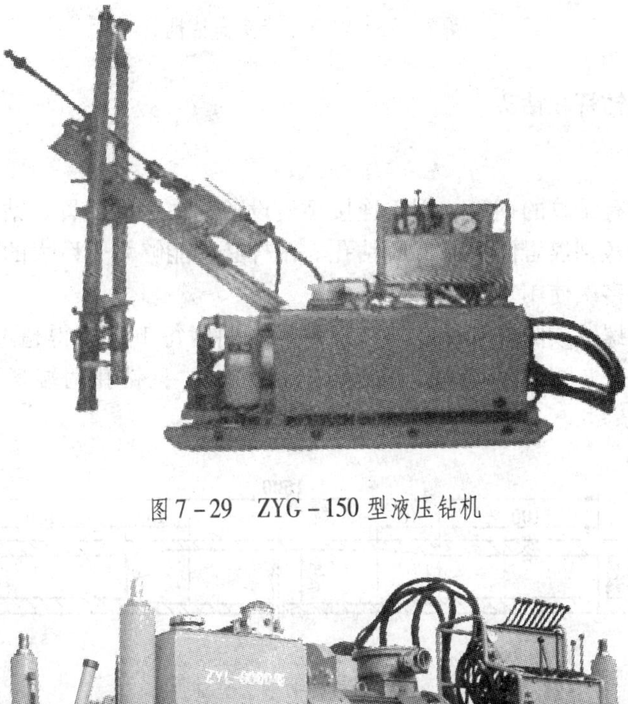

图 7－29　ZYG－150 型液压钻机

图 7－30　ZYL－6000 型履带式钻机

图 7-31　VLD 千米定向钻机

四、瓦斯抽采钻杆和钻头

1. 钻杆

钻杆是尾部带有缧纹的钢管，用于连接钻机设备和钻头的装置。钻杆的用途是通过钻机的转动将钻杆传送到煤岩体中而形成钻孔。钻杆必须能够承受巨大的内外压、扭曲、弯曲和振动，且可以多次使用。

钻杆应用梯形螺纹或圆锥管螺纹连接。钻杆弯曲度每 1 m 不得超过 1 mm，两端螺纹必须保证同轴性，任一端面之间偏差不得超过 0.5 mm，且钻孔两端管壁需加厚，具体如图 7-32 所示。

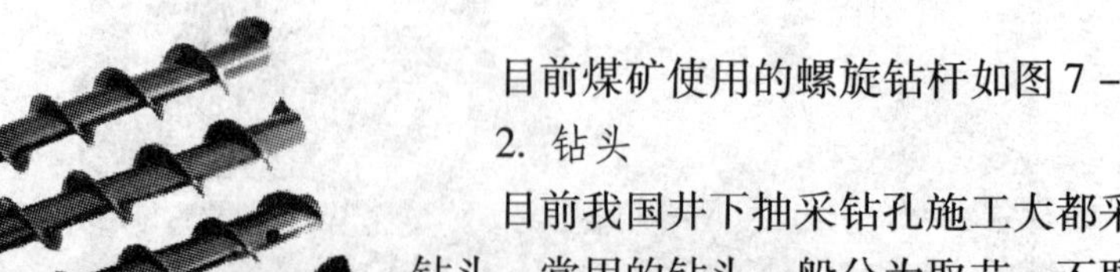

图 7-32　钻杆两端管壁加厚

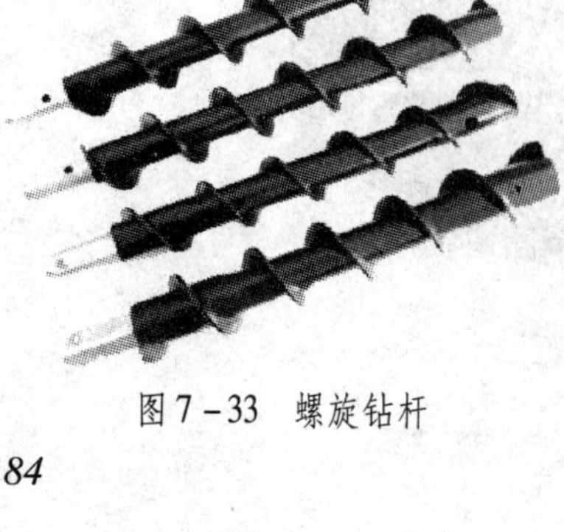

图 7-33　螺旋钻杆

目前煤矿使用的螺旋钻杆如图 7-33 所示。

2. 钻头

目前我国井下抽采钻孔施工大都采用硬质合金片钻头，常用的钻头一般分为取芯、不取芯两大类。不取芯的钻头包括三翼锥形钻头（适于钻进软岩层及煤层）、三翼刮刀钻头（适于在软岩石及煤层中钻进）、三翼阶梯式钻头（适于在砂页岩及煤层中钻进）、鱼尾钻头（适于在软岩石及煤层中钻进）、三叶形钻头（适于在软岩石及煤层中钻进）。部分钻头外观如图 7－34 所示。

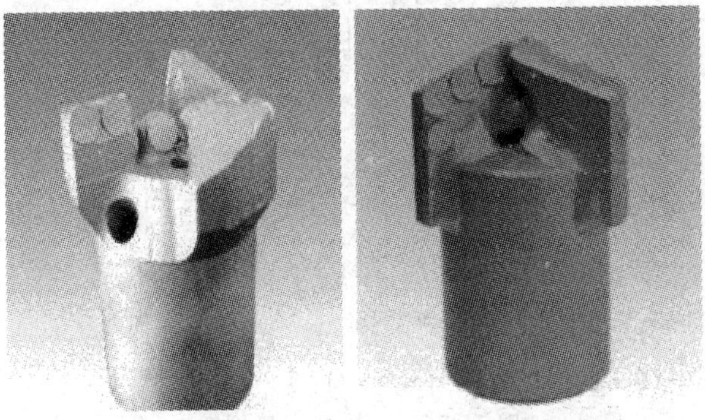

(a) 三翼锥形钻头　(b) 三翼刮刀钻头

图 7－34　钻头外观

五、瓦斯抽采封孔

封孔是确保瓦斯抽采效果的重要环节，采用先进的封孔技术和加强封孔的日常施工管理，是提高封孔质量的主要途径。目前常用的封孔材料有水泥砂浆和聚氨酯。

六、瓦斯抽采安全防护装置

瓦斯抽采安全防护装置主要是确保瓦斯抽采管路的安全、可靠、有效运行，便于控制、防止管路中的瓦斯燃烧与爆炸事故发生和扩大。瓦斯抽采安全防护装置主要有放水器，防爆、防回火装置，抽采瓦斯用抗静电塑料管，抽采瓦斯参数监测仪，放空管，流量计和避雷器等。

（一）放水器

抽采瓦斯管路工作时，不断有水积存在管路的低洼处，为减少阻力保证管路安全有效工作，应及时排放积水。在瓦斯抽采管路中每 200～300 m 最长不超过 500 m 的低洼处应安设一只放水器。放水器有人工放水器与自动放水器两种。

1. 人工放水器

如图 7－35 所示，人工放水器结构简单，工作可靠，但需专人放水，可用于井下主、支管内。

人工放水时，放水器的阀门 3、4 关闭，阀门 2 开启，管路积水流入位置较低的放水器 5 内。当放水时，首先关闭阀门 2 切断负压，打开阀门 3、4，放水器内的积水自动流出，水放完后，关闭阀门 3、4，打开阀门 2。

2. 自动放水器

负压自动放水器结构如图 7－36 所示，外观如图 7－37 所示。放水器每个工作循环由积水和放水两个阶段组成。在积水阶段时，浮筒处于最低位置，进水闸口敞开，大气进气口与放水闸门均处于关闭状态，抽采管路的积水通过进水口流入放水器。随着积水增加，水位上升，浮筒便开始上浮。当浮筒上升到固定在托盘上的导向杆顶开通大气的密封球阀

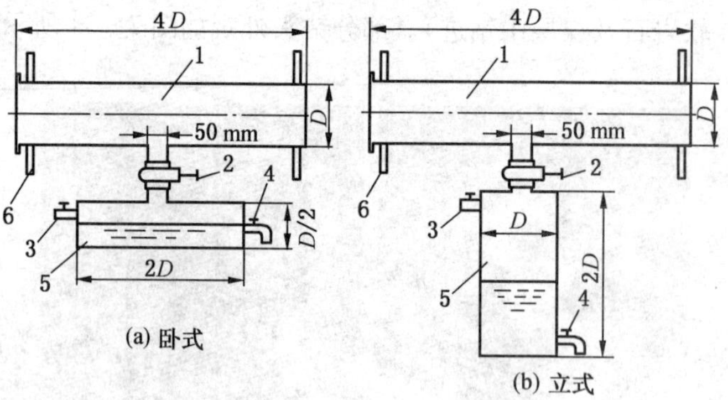

1—瓦斯管路；2—放水器阀门；3—空气入口阀门；4—放水阀门；5—放水器；6—活法兰盘

图7-35　人工放水器原理

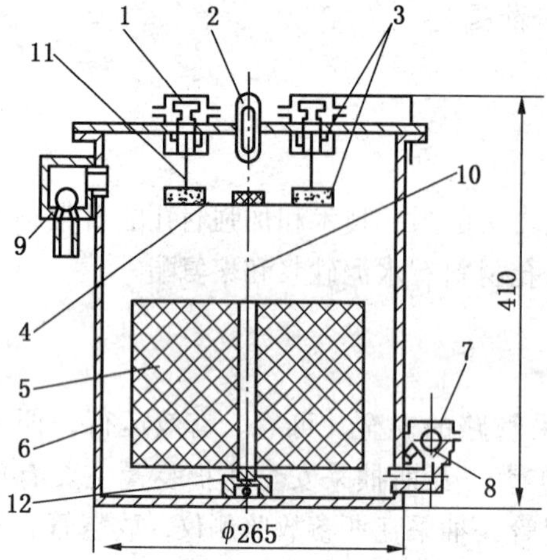

1—通大气阀；2—负压平衡管；3—磁铁；4—托盘；5—浮筒；6—外壳；7—保护罩；8—放水阀；9—进水阀；10—中心导向杆；11—侧向导向杆；12—导向座

图7-36　负压自动放水器结构

图7-37　负压自动放水器外观

时，大气进入放水器，改变了筒内的负压状态，托盘与导向杆被吸起，进水阀口被托盘上的胶垫堵头堵死使放水器与负压管路隔绝而仅与大气相通，积水阶段结束而放水阶段开始。随着积水放出，水面下降浮筒也随着下降，托盘与导向杆等被拉下，使放水器重新与抽采管路相通，同时进气阀与放水阀关闭，放水阶段结束积水阶段开始。每次放水量的大小，取决于放水器的容积和抽采负压，负压越高，一次放水量越大。

（二）防爆、防回火装置

在正常情况下，浓度较高的瓦斯在输送过程中，一般不会发生瓦斯燃烧或爆炸事故。但抽采系统的正常工作状态遭到破坏时，管路内的瓦斯浓度较低，一旦遇到火源，管路内的瓦斯就有可能发生燃烧或爆炸现象。

防回火装置是指在抽采瓦斯管路中，阻止火焰蔓延的安全装置；水封防爆箱是指在抽采瓦斯管路中，用以隔爆的一种水箱式安全装置。为了防止瓦斯抽采过程中出现意外，

《煤矿安全规程》明确规定，在瓦斯抽采管路系统中，必须装设有防回火、防回气和防爆炸作用的安全装置。

目前防爆、防回火装置有4种类型：①由颗粒材料（如不锈钢球、玻璃球、石英砂等）装入容器内构成的阻火防爆装置；②金属网阻火防爆装置；③波纹板缠绕而成的阻火防爆装置；④自动蝶阀加消火系统构成的防爆装置。国内多用水封式阻火防爆装置与铜网式阻火防爆装置。水封式防爆、防回火装置结构如图7－38所示，铜网式防爆、防回火装置结构如图7－39所示。

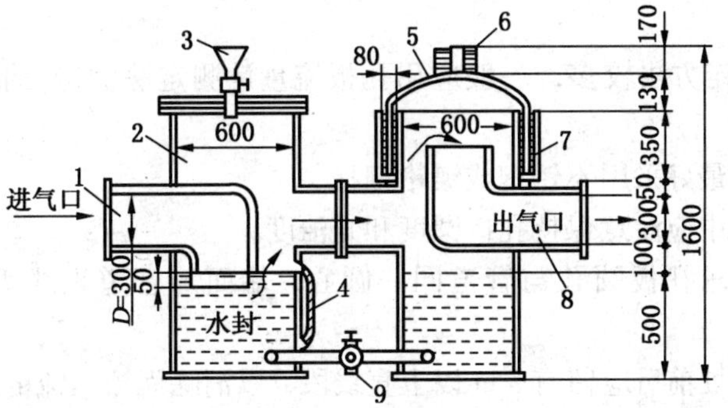

1—入口瓦斯管；2—水罐；3—注水管口；4—水位计；5—防爆盖；6—防爆盖加重配块；7—水封环形槽；8—排出瓦斯管；9—水封装置放水器

图7－38　水封式防爆、防回火装置结构

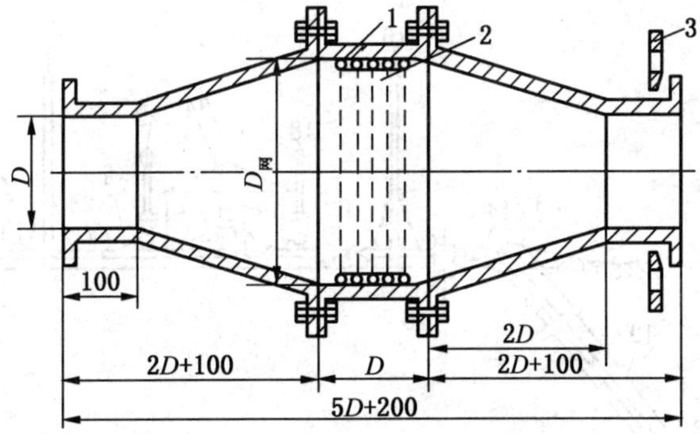

1—挡圈；2—钢丝圈；3—活法兰盘

图7－39　铜网式防爆、防回火装置结构

（三）抽采瓦斯用抗静电塑料管

抽采瓦斯用抗静电塑料管比钢管轻，耐腐蚀，成本较低，所以使用量逐渐增多，常被用作封孔套管。

（四）抽采瓦斯参数监测仪

抽采瓦斯参数监测仪可连续监测瓦斯抽采管路中的甲烷浓度、流量、负压、泵房内泄漏瓦斯浓度、泵机的轴温等参数，由计算机完成测量、显示、打印等工作。当任一参数超限时，可发出声光报警信号，并按给定程序停止或启动泵机。

（五）放空管

放空管是将一些重要设备中危害正常运行和维护保养的介质排放出去而设置的部件。瓦斯抽采泵进、出口两侧应设立放空管。放空管的作用是：当抽采泵发生故障和检修、瓦斯利用系统发生故障时，可以通过放空管将抽采管路内的瓦斯排放至大气中。

（六）流量计

为了掌握每个瓦斯区域的瓦斯抽出量，在瓦斯主管、分管、支管上均应安装流量计，通过流量测定，可以掌握每个瓦斯区域的瓦斯流量变化情况，反映煤层瓦斯涌出规律和抽采效果。

瓦斯流量的测定方法较多，一般应用孔板流量计测定法测定。孔板流量计的要求如下：

（1）孔板材料最好采用不锈钢或镀铬钢材。

（2）制造工艺中应注意保持孔口圆度和光洁度。

（3）安装时要求孔板圆孔与管道同一圆心，端面与管道轴线垂直，偏心度应小于1%。

（4）孔板安装处前后应留有5 m以上直线段，以消除涡流紊流的影响。

（七）避雷器

在瓦斯泵房和瓦斯罐附近较高大的建筑物周围或中心地带应设置避雷器，防止阴雨天气由于雷电引起电火花而破坏建筑物或点燃瓦斯放空管等。

矿井瓦斯抽采管路与利用设施布置如图7-40所示。

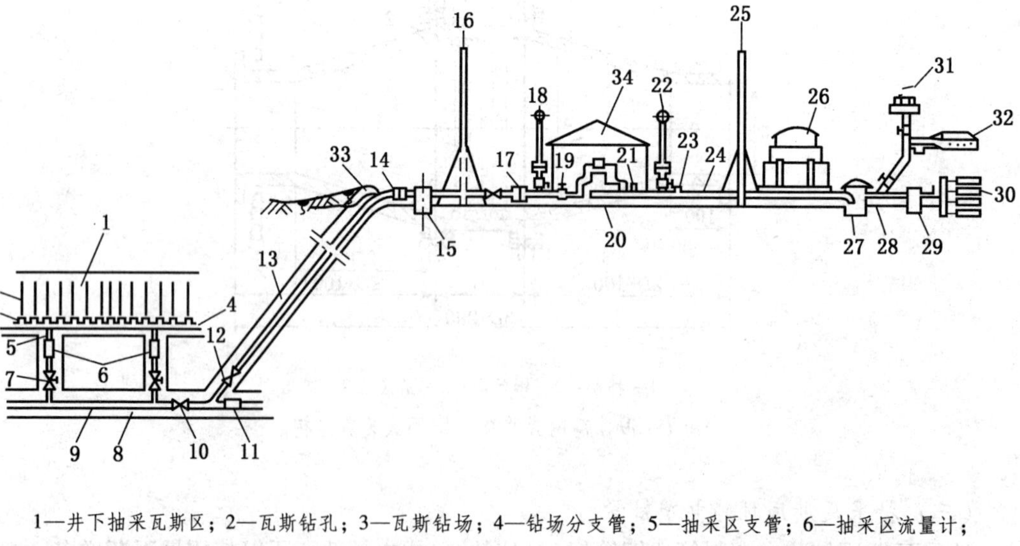

1—井下抽采瓦斯区；2—瓦斯钻孔；3—瓦斯钻场；4—钻场分支管；5—抽采区支管；6—抽采区流量计；7、19、21、23—阀门；8—抽采瓦斯主管；9、11、15、29—放水器；10—抽采主管阀门；12—抽采主干管阀门；13—井下抽采主干管；14、17、27—地面防爆阻火器I；16、25—避雷器；18、22—放空管；20—瓦斯泵；24—流量计；26—瓦斯罐；28—地面瓦斯供应干管；30—地面供应住宅区；31—地面瓦斯利用厂；32—井口；33—瓦斯泵房；34—放空管防爆阻火器

图7-40　矿井瓦斯抽采管路与利用设施布置示意图

七、瓦斯抽采泵站

1. 地面固定式瓦斯抽采泵站

地面固定式瓦斯抽采泵站设施应符合下列要求：

(1) 泵房必须用不燃性材料建筑，并必须有防雷电装置。距进风井口和主要建筑物不得小于50 m，并用栅栏或围墙保护。

(2) 泵站周围20 m范围内，禁止堆积易燃物和有明火。

(3) 瓦斯泵及其附属设备两套，一套使用、一套备用。

(4) 泵站内电气设备、照明和其他电气仪表都应采用矿用防爆型，否则必须采取安全措施。

(5) 泵站必须有直通矿调度的电话和检测管道瓦斯浓度、流量、压力等参数的仪表或自动监测系统。

(6) 干式抽采瓦斯泵吸气侧管路系统中，必须有防回火、防回气和防爆炸功能的安全装置，并定期检查，且瓦斯抽采泵站放空管的高度必须超过泵房房顶3 m以上。

2. 井下临时瓦斯抽采泵站

设置井下临时瓦斯抽采泵站时，应遵守下列规定：

(1) 临时瓦斯抽采泵站应安设在抽采瓦斯地点附近的新鲜风流中。

(2) 泵站安装地点巷道的高度、长度、宽度等应符合安装参数要求，巷道支护条件良好，以免瓦斯泵长期运转过程中遇到巷道出现异常变形后而搬迁设备，影响瓦斯抽采工作。

(3) 抽出的瓦斯可引排到总回风巷、一翼回风巷或分区回风巷，但必须保证稀释后风流中的瓦斯浓度不超限。在建有地面永久瓦斯抽采系统的矿井，临时泵站抽出的瓦斯可运至永久瓦斯抽采系统的管路内，但必须使矿井瓦斯抽采系统的瓦斯浓度符合有关规定。

(4) 抽出的瓦斯排入回风巷时，在排瓦斯管路出口处必须设置栅栏、悬挂警戒牌等。

(5) 在下风侧栅栏外必须设甲烷传感器监测巷道风流中瓦斯浓度，实现报警、断电，并进行处理。

第六节　瓦斯抽采管路与设备的选型

一、瓦斯抽采管路系统

1. 管路系统选择的注意事项

为了抽采矿井瓦斯，必须在井上、下敷设完整的管路系统网，以便将矿井瓦斯抽出并输送至地面利用。在选择管路系统时，应根据抽采钻场的分布、巷道布置、利用瓦斯的要求，以及发展规划等要求，综合规划和设计，避免和减少以后在主干系统上频繁改动。瓦斯抽采管路系统的选择是矿井瓦斯抽采工作中的一项重要环节，选择是否合理，不仅直接影响抽采费用和日常的检查、修理、维护等工作，而且影响整个矿井的安全生产和职工的生命安全。

2. 管路系统的组成

瓦斯抽采管路系统由主管、干管、支管和附属装置构成，其分类及用途见表7－6。

表7－6　瓦斯抽采管路系统管路分类及用途

分　类		用　途
主管		输送整个矿井或几个采区的瓦斯
干管		输送一个采区或一个工作面的瓦斯
支管		输送一个钻场的瓦斯
附属装置	测压和测流量装置	用以调节、控制、测量管路中的瓦斯浓度、流量和压力
	安全装置	防爆炸、防回火、放空管和放水等装置

3. 管路系统的布置

井下瓦斯管网的布置形式具有较大的灵活性，可根据矿井的开拓部署和生产巷道的变化不同而不同。这要视各抽采矿井的具体条件而定，但必须满足管路布置的要求。

4. 瓦斯管路的敷设要求

煤矿井下的自然条件比较复杂，诸如巷道高低不平、坡度大小不一，巷道受压变形，空气潮湿容易锈蚀管路等。瓦斯管路的敷设应满足以下要求：

（1）瓦斯管路应敷设在巷道曲线段少、起伏少和距离最短的路线。

（2）尽量避开提升运输繁忙的巷道，首选回风巷敷设瓦斯管路。

（3）管路架设高度可避免矿车或机械碰撞，并方便安装和检修。

（4）敷设的瓦斯管路应保证抽采设备或管路系统发生故障时不会导致瓦斯泄漏，并且瓦斯不会直接进入采掘工作面，更不会进入变电所、绞车房、火药库等硐室。

（5）井下瓦斯管路低凹处要安设放水器。

（6）瓦斯管路不得与带电物体接触，不能与电缆布置在巷道同一侧。

（7）管路直径搭配按照主管路直径最大，干管路直径较小，分支管路直径最小的顺序安装，管路阻力分配合理。

二、瓦斯抽采管管径与管材的选择

1. 瓦斯管直径

选择瓦斯抽采管路是决定瓦斯抽采投资和抽采效果的重要因素之一。瓦斯抽采管路直径 D 应根据绝对瓦斯涌出量、预计的瓦斯涌出量及预计的瓦斯抽采率，并参照抽采泵的实际能力留有备用量，同时需考虑运输和安装方便，采用下式进行计算：

$$D=0.1457\sqrt{\frac{Q}{v}} \tag{7-13}$$

式中 D——瓦斯管道内径，m；

Q——瓦斯管道内混合瓦斯气体的流量，m^3/min；

v——瓦斯管道内的平均流速，取5～10 m/s。

2. 瓦斯管道管材

瓦斯管道管材一般选用国家定型产品，如热轧无缝钢管、冷拔无缝钢管和焊接钢管等。

3. 接头

瓦斯管道多半采用法兰盘连接，一般将法兰盘套焊在管端或先套上法兰盘，然后焊接挡住法兰盘的小挡板，再将端面焊缝锯平，在两个法兰盘间夹以软橡皮或软聚氯乙烯垫片（厚3～5 mm），用螺栓连接。

三、瓦斯抽采管道阻力计算

瓦斯抽采管道阻力的计算方法和矿井通风设计时计算矿井总阻力一样，选择阻力最大的一路管道，分别计算该管路各段的摩擦阻力和局部阻力，将各段阻力累加起来便是整个管道系统的总阻力。

1. 摩擦阻力计算

瓦斯管路各段的摩擦阻力可按下式计算：

$$H_m = 9.81\frac{Q^2\gamma L}{KD^5} \tag{7-14}$$

式中 H_m——管路的摩擦阻力，Pa；

L——各段管路长度，m；

Q——瓦斯流量，m^3/h；

γ——混合瓦斯气体的相对密度；

K——管道摩擦阻力系数，见表7-7；

D——瓦斯管道内径，cm。

表7-7 管道摩擦阻力系数K值

管径/cm	3.2	4.0	5.0	7.0	8.0	10.0	12.5	15.0	>15.0
K	0.05	0.051	0.053	0.056	0.058	0.063	0.068	0.071	0.072

2. 局部阻力计算

一般局部阻力不会进行个别计算，而是以管道总摩擦阻力的10%～20%作为局部阻力，所以瓦斯抽采管道的总阻力可以按下式计算：

$$H_f = (1.1\sim1.2)\times H_{ji} \tag{7-15}$$

式中 H_f——瓦斯抽采管道的总阻力，Pa；

H_{ji}——i段管道的摩擦阻力，Pa。

四、瓦斯抽采泵的选型

1. 选型原则

（1）瓦斯抽采泵的流量必须满足矿井抽采期间预计的最大瓦斯抽采量。

（2）在抽采期间，瓦斯抽采泵所产生的负压必须能克服瓦斯管路系统的最大阻力。

（3）瓦斯抽采泵要具备良好的气密性。

（4）当抽采的瓦斯浓度低于25%时，不得选用干式瓦斯抽采设备。若选用干式瓦斯抽采设备，必须安设安全保护措施。

2. 瓦斯抽采泵选型计算

瓦斯抽采泵的选型计算必须具备下列资料：

（1）抽采管路所经过的巷道系统图，并标明巷道长度。

（2）预计的矿井抽采瓦斯总量和各个分区的抽采瓦斯量。

（3）预计的矿井和各个采区的抽采瓦斯浓度，矿井利用瓦斯时瓦斯浓度不低于30%；低浓度瓦斯的输送和利用应符合《煤矿低浓度瓦斯管道输送安全保障系统设计规范》（AQ 1076—2009）的要求。

（4）瓦斯综合利用的特殊要求。

瓦斯抽采泵的选型计算包括瓦斯抽采泵的流量与压力计算。

瓦斯抽采泵的流量按下式计算：

$$Q=\frac{100Q_zK}{\varphi\eta} \tag{7-16}$$

式中 Q——瓦斯抽采泵的额定流量，m^3/min；

Q_z——矿井抽采瓦斯总量（纯量），m^3/min；

φ——矿井抽采瓦斯浓度，%；

K——备用系数，取1.2；

η——瓦斯抽采泵的机械效率，一般取0.8。

瓦斯抽采泵的压力指从井下钻孔口起，经瓦斯管路到抽采泵，再送到用户所产生的全部阻力损失，可以按下式计算：

$$H=(H_r+H_c)K \tag{7-17}$$

$$H_r=h_{zk}+h_{rm}+h_{rj} \tag{7-18}$$

$$H_c=h_{cm}+h_{cj}+h_{zh} \tag{7-19}$$

式中 H——瓦斯抽采泵的压力，Pa；

H_r——井下负压管路的全部阻力损失，Pa；

H_c——地面正压管路的全部阻力损失，Pa；

h_{zk}——抽采钻孔所需负压，Pa；

h_{rm}——井下负压管路的摩擦阻力损失，Pa；

h_{rj}——井下负压管路的局部阻力损失，Pa；

h_{cm}——地面正压管路的摩擦阻力损失，Pa；

h_{cj}——地面正压管路的局部阻力损失，Pa；

h_{zh}——用户所需正压，Pa；

K——备用系数，取1.2。

根据计算的瓦斯抽采泵所需流量和压力，即可按泵的特性曲线选择瓦斯抽采泵。

复习思考题

1. 判定矿井是否需要进行瓦斯抽采的条件有哪些？

2. 矿井瓦斯抽采的意义是什么？

3. 矿井瓦斯抽采方法是如何进行分类的？

4. 矿井瓦斯抽采设计所需的基础资料有哪些?
5. 采空区瓦斯抽采方法分类有哪些?
6. 瓦斯抽采系统的主要组成有哪些?
7. 低透气性煤层如何进行增透抽采瓦斯?
8. 简述水力冲孔原理及工艺。
9. 瓦斯抽采系统安全防护装置有哪些?
10. 常用的瓦斯泵有哪几种类型? 各有何特点?
11. 瓦斯抽采管路系统的敷设要求有哪些?
12. 瓦斯抽采泵站有哪些主要要求?

教学活动

矿井瓦斯抽采课程设计

一、课程设计任务书

1. 课程设计的基本条件

(由任课教师确定)

2. 设计内容

(1) 编写工作面瓦斯抽采设计说明书 1 份。

(2) 绘出抽采巷道或钻孔布置平、剖面图及抽采系统布置图。

二、课程设计内容及指导

1. 设计依据

(1) 设计工作面的煤层条件 (煤层和围岩性质、厚度、倾角、层间距等)。

(2) 有关煤层瓦斯基础参数, 如煤层瓦斯压力及梯度、煤层瓦斯含量、煤层透气性系数、钻孔瓦斯流量衰减系数等。

(3) 瓦斯储量、预计瓦斯涌出量、瓦斯涌出来源等。

(4) 设计采区巷道布置和工作面采煤方法。

(5) 工作面通风方式和通风方法, 工作面风量情况。

2. 设计内容

(1) 设计工作面概况: 设计工作面煤层赋存条件、煤炭储量、生产能力、巷道布置、采煤方法及瓦斯、通风状况。

(2) 瓦斯参数: 煤层瓦斯压力、瓦斯含量、煤层透气性系数及钻孔瓦斯流量衰减系数。

(3) 瓦斯基础参数计算或预测: 如瓦斯含量、瓦斯涌出量、瓦斯储量、瓦斯可抽量及抽采年限。

(4) 抽采方法: 抽采巷道布置、钻场确定和钻孔布置及工艺参数。

(5) 抽采设备选取: 抽采泵、抽采管路系统、监测及安全装置。

(6) 设计成果: 抽采设计说明书, 抽采方法平、剖面图, 抽采管路系统图。

3. 矿井瓦斯抽采设计的主要内容要求

(1) 选择瓦斯抽采方法。

（2）确定瓦斯抽采管路路线及瓦斯抽采管路的附属装置。

（3）合理选择钻机并进行钻孔设计。

（4）选择瓦斯管道的直径、管材、强度。

（5）计算抽采管路的总阻力。

（6）选择瓦斯泵及安全装置。

第八章　矿井瓦斯储运与利用

第一节　抽采瓦斯储运技术

煤层气（瓦斯）的成功开发和利用，依赖于煤层气的勘探开发、储运和利用技术的发展，而储运技术是煤层气开发的关键。煤层气的储运受到矿井气源、用户特点等因素的影响，而储运方法的选择关系到煤层气开发利用的可行性和经济性。目前常用的储运方法有管道输运、CNG 储运、LNG 储运、ANG 储运和水合物储运。

一、管道运输

管道运输多用来输送流体（货物），如原油、成品油、天然气及固体煤浆等，它与其他运输方式（铁路、公路、海运、河运）相比，主要区别在于驱动流体的输送工具是静止不动的泵机组、压缩机组和管道。泵机组和压缩机组给流体以压能，使其沿管道连续不断地向前流动，直至输送到指定地点。目前，在由铁路、公路、水运、航空和管道五大运输方式构成的完整的交通运输体系中，管道运输成为当今油气运输的首选方案。在世界运输体系中，发达国家利用管道输送油气的货物周转量已占全社会货物周转量的 22.4%。

2008 年，由大庆油田建设集团承建的山西晋煤集团西区煤层气东输管道工程经过半年多试运行，交付使用。这是我国第一条集增压、长距离输送、配送于一体的煤层气输送管道。晋煤集团西区煤层气东输管道位于山西省晋城市境内，途经两县一区。工程总投资 3.3 亿元，由 45.2 km 输气管线和 6 座场站组成，另设一条 27.47 km 复线和 2 条 6 km 支线，年输气能力为 $1.2\times10^9\ m^3$。它的建成使用，为即将开工的“晋气入豫”省际煤层气输送管道奠定了基础。但是，管道运输前期投资巨大，针对我国煤层气田分散且极不平衡，大型气田数目少，中等规模及小规模气田占绝大多数的情况（图 8 -1），对中小气田开发所面临的最大障碍就是生产出气体的经济安全储运，若能解决煤层气远距离输送的通道，必将大大激发对煤层气勘探开发投资的热潮。

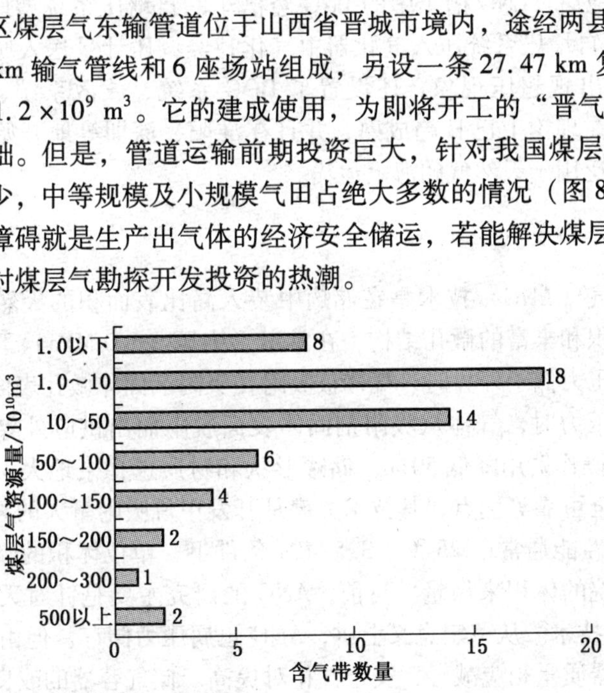

图 8 -1　我国煤层气含气带数量与规模分布

二、CNG储运

压缩天然气（CNG）技术是利用气体的可压缩性，将常规天然气以高压进行储存，其储存压力通常为15～25 MPa。在25MPa情况下，天然气可压缩至原体积的1/300，大大降低了储存容积，但由于储存压力的增大也对CNG技术中的关键设备——储气瓶提出了更高要求。目前，储气瓶多采用钢或同类高强度合金结构钢制造，质量大。如以长途大巴为例，按使用汽、柴油每行驶300 km为一个燃料添加周期换算，通常需配备约6只501储气钢瓶，采用国产钢瓶其总质量约360 kg，而满容量时的燃料质量仅为钢瓶质量的1/6。

CNG是目前车用天然气燃料的主要储存方式，缺点是储气瓶质量大、占用体积大；与液体燃料相比，天然气体积能量密度低，20 MPa压力下的CNG燃料仅相当于汽油能量密度的30%。煤层气CNG技术目前应用比较成功的范例是晋城沁水煤层气田，从2003年开始，沁水地区陆续建设5个压缩煤层气加气母站，建设规模7×10^5 m^3/d，运往晋城、长治、临汾、林州、安阳、濮阳、焦作与太原等地，用于城市居民生活、燃气锅炉、公交车、出租车等。其中每天为晋城市区的CNG汽车加气站供气3×10^4 m^3，晋城市区5座煤层气汽车加气站使用的煤层气全部来自于沁水煤层气田。

三、LNG储运

LNG的生产输送过程是将气态的天然气冷却到液态（－162 ℃），一般采用丙烷预冷的混合制冷剂液化技术。由于净化、液化工艺复杂，设备投资较大，运行费用较高，LNG液化站一般建在气井处，气源充足，气价低，LNG产量大，便于回收投资。LNG供气方案的这个特性使得LNG液化站一般距离用气城市较远。LNG采用低温储罐槽车通过公路来运输。到达目的地后，LNG槽车中的LNG经槽车的自增压系统增压后进入LNG储罐，储罐中的LNG再经自增压系统压入气化器中气化，经调压计量送入城市管网。由于涉及相变过程，为防止出现超压现象，还设置了BOG系统、放散系统、氮气吹扫系统等。LNG输运技术目前在理论上已日趋成熟，并且在淮阳、深圳等地开始使用该项技术。在国外，LNG更被广泛用于天然气的海上运输。

四、ANG储运

吸附储存天然气（ANG）技术是在储罐中装入高比表面积的天然气专用吸附剂，利用其巨大的内表面积和丰富的微孔结构，在常温、中压（6.0 MPa）下将天然气吸附储存的技术。当储罐中压力低于外界时，气体被吸附在吸附剂固体微孔表面，借以储存；当外界压力低于储罐中压力时，气体从吸附剂固体表面脱附而出供应外界。与压缩天然气相比，ANG的投资和操作费用降低50%，储罐形状和材质选择余地大，并且具有质轻、低压、使用方便和安全可靠等优点，其技术关键是开发甲烷吸附量大的天然气专用吸附剂。

ANG吸附剂的性能通常以25 ℃、3.5 MPa条件下，单位体积的吸附剂所能储存或释放的标准状态下甲烷的体积来衡量。目前，ANG的研究主要是针对天然气汽车（NGV），其目的是取代CNG技术。从一定意义上讲，ANG也属压力储存，但由于储存压力较CNG大为降低，因此容器质量相应减轻，安全性相对提高。储气容器的改良同样是减轻车辆无效载重、提高空间利用率、减缓容器内外壁腐蚀等难题的最根本方法。

目前，国内外的研究部门都把对吸附剂的优选集中在活性炭类材料吸附性能的提高方面，但迄今未能取得明显效果。可以想象，吸附剂的有效吸附量如果能达到其容积的300倍左右，其发展前景将会是一片光明。只要有了好的吸附剂，这项技术的应用范围就不再局限于汽车，而是可以发展成为一种新的天然气储运方法，可以把吸附储存容器制成铁路槽车、汽车槽车及运输船的隔舱等移动运送工具，或各种容积的天然气储存容器，从而使这项技术的应用范围得到极大拓宽。

五、水合物储运

天然气水合物储运技术是近几年国外研究发展的一项新技术，1 m^3 的水合物可安全地储存150～200 m^3 的天然气，相当于21 MPa高压下的1 m^3 压缩天然气（包含200 m^3 的天然气），储气率高；在温度－10～0℃和压力1～10个大气压条件下保存，水合物基本不分解，储存稳定；水合物不易燃烧，较气态、液态天然气更安全。另外，同管道天然气运输或者液化天然气运输相比，水合物只需较低的成本和运行耗费。

然而，水合物储运技术作为一门新兴技术，受水合物形成条件及实际储气量不足等因素的影响，且缺乏高压和深冷条件下储运天然气技术的深入研究，水合物储运尚未有成熟的工业应用流程。目前，针对单位体积水合物的实际储气量测定，储气能力优化，大规模制备、储运天然气水合物的工艺流程、技术和设备条件优选，以及经济评估等一系列问题，我们应加强天然气水合物储运技术的基础研究和应用研究，使其为天然气储运工业带来经济效益。

第二节　抽采瓦斯直接利用技术

煤矿瓦斯主要是空气与甲烷的混合物，是煤矿安全生产的最大隐患。煤与瓦斯突出、瓦斯爆炸等重大事故极大地制约着煤矿的发展，加强煤矿瓦斯开采利用对煤矿安全生产具有重要意义。此外，煤矿瓦斯有效开采利用对全球环境保护（CH_4 所产生的温室效应是 CO_2 的20倍，破坏臭氧层的能力是 CO_2 的7倍）和我国能源调整也具有重要的战略意义。目前，我国业内企业针对矿井抽采瓦斯特征，开发出多种瓦斯直接利用技术，主要包括：瓦斯发电预处理技术、瓦斯发电技术、瓦斯液化技术、液化煤层气加压气化作为发动机燃料技术、煤层气焙烧氧化铝技术、煤矿乏风氧化技术、低浓度瓦斯发电余热利用技术、化工原料加工技术和煤矿瓦斯利用经济评价技术等。这些技术对我国瓦斯开发和煤矿治理起重要作用。

一、瓦斯发电预处理技术

1. 技术概况

目前，在煤层气的利用中，以燃气内燃机发电为主的利用方式因经济效益和社会效益显著而得到了迅猛发展。

在瓦斯－燃气发电站中，由于瓦斯气体含有粉尘、水蒸气等杂质，气体品质达不到发电机组的要求，所以要对瓦斯进行预处理，以满足发电机组的进气要求。

瓦斯预处理装置是瓦斯发电工程中的一个重要设备，该设备不仅是煤矿瓦斯抽放系统与发动机之间唯一的燃气输送桥梁，还可以实现对瓦斯的脱水、稳压、去除杂质、安全保护等作用。其主要作用如下：

（1）降低气体的露点温度，减少水蒸气含量，自动排水。

（2）降低粉尘等固体杂质的含量。

（3）自动增压和超压保护功能，稳定系统气体的出口压力、温度和流量。

（4）CDM 在线实时计量、计算和储存功能。

（5）全自动监测、运行功能。

2. 主要技术原理及特点

在我国，早期的瓦斯预处理装置一直由国外发电机组厂家配套进入国内，捆绑销售，由于国外厂家垄断，不仅价格高昂，而且服务和配件也是困扰我国用户的难题。因此，2004 年，在借鉴国外先进技术的基础上将其国产化、自主化。

对应预处理系统的功能，表 8－1 给出了不同功能的实现方式。

表 8－1　瓦斯发电预处理系统功能实现工艺与方法

序　号	项　目	实 现 工 艺 与 方 法
1	安全防护	气体流速限制、多级阻火器保护
		PLC 自动控制、监测、报警
2	流量调整	PLC 自动变频调节风机转速，从而调整流量
3	压力调节	多级压力监测点监控
		PLC 自动变频调节流量，控制相关阀门开闭
4	温度调节	先冷冻降温，然后风机升温
5	湿度控制	先冷干除湿，然后风机升温进一步降低相对湿度
6	粉尘粒径	旋风分离、双级过滤
7	粉尘含量	两次过滤

瓦斯发电预处理系统简要工艺流程如图 8－2 所示。

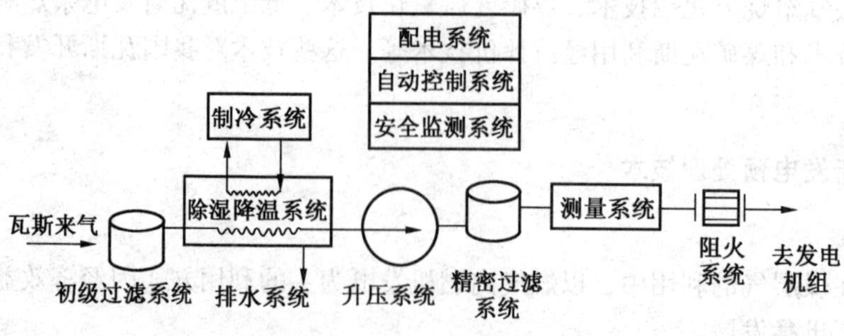

图 8－2　瓦斯发电预处理系统简要工艺流程

瓦斯发电预处理系统的主要技术指标见表 8－2。

表 8-2 瓦斯发电预处理系统的主要技术指标

名　称	技术指标	名　称	技术指标
瓦斯含量	500 ~ 50000 Nm^3/h	含尘量	粉尘去除率 > 90%，粉尘总含量 < 3 mg/Nm^3
瓦斯相对湿度	< 80%	粉尘粒径	粒径 > 1 μm 粉尘的去除率 > 90%，过滤后 < 1 μm
压力	10 ~ 35 kPa，满足发电机组的要求	系统电耗	自用电率 < 3%
温度	20 ~ 50 ℃		

瓦斯发电预处理技术特点如图 8-3 所示。

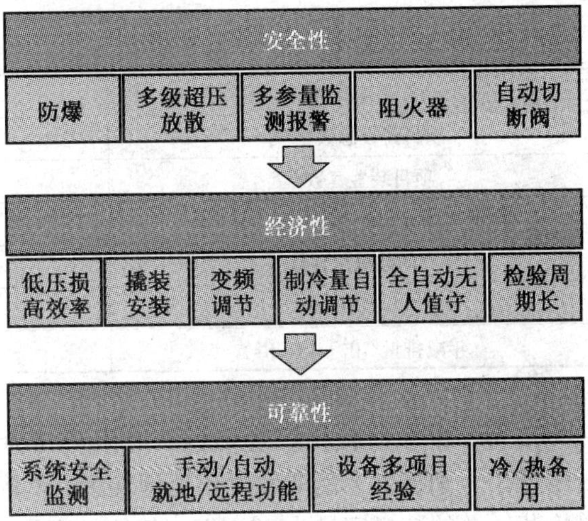

图 8-3 瓦斯发电预处理技术特点

瓦斯发电预处理技术主要包括以下关键技术：

(1) CDM 计量技术。利用瓦斯发电，可以申报 CDM 项目，争取国外资金的无偿支持，这是节能减排、利国利民的好事。但是，我国大多数煤矿对 CDM 的计量要求很难把握，即使成功在联合国注册，也很少和很难达到预期的减排效果。这与计量设备、计量软件等都有很大关系。本项目成功解决了这一问题，并协助阳煤集团、淮北矿业集团等单位取得了上亿元的减排收入。

(2) 潮湿环境下大流量、低压力损失的除尘技术。因为瓦斯中含有饱和水蒸气，且含有大量粉尘，要在保证过滤精度的情况下尽可能减少系统的压力损失，这是目前存在的难题。通过多级过滤方式，采用不锈钢滤芯和 PP 滤芯结合的工艺，成功解决了这一难题。

(3) 热备用技术。瓦斯发电预处理系统是瓦斯发电工程中的核心燃料输送单元，如果预处理系统出现故障，将导致整个电站停运，经济损失巨大，对电网调度也较为不利。虽然瓦斯气可压缩，但是很难在高压环境下大量存储，因此开发热备用技术是解决此问题的关键。

3. 技术适用性

目前，瓦斯发电预处理技术已广泛应用于瓦斯 - 燃气内燃机发电项目，技术日趋成熟。

瓦斯发电预处理技术除了可以应用于瓦斯－燃气内燃机发电项目外，还适用于民用瓦斯、焚烧火炬等相关项目。

但是，瓦斯毕竟是一种可燃易爆的危险气体。对此，国家相关部门也出台了相应的安全规范。当瓦斯中的甲烷浓度低于25%时，不建议输入瓦斯发电预处理系统并进行后续利用。

4. 应用情况及效果

产品主要应用于甲烷浓度在25%以上的燃气内燃机发电项目。到目前为止，本技术的应用情况见表8－3。

表8－3　瓦斯发电预处理技术应用情况

序　　号	名　　称	数　　值
1	项目建设总数量/个	12
2	项目装置套数/套	35
3	总的气体处理能力/($Nm^3 \cdot h^{-1}$)	174300
4	配套的装机总容量/kW	212000
5	年发电量/(10^8 kW·h)	170
6	年减排量/10^4 t（CERs）	550

以阳煤集团为例，2006年，北京时代桃源环境科技有限公司为阳煤集团的神堂嘴煤矿、虎尾沟煤矿和贵石沟煤矿分别提供了瓦斯发电预处理装置，其配套的发电机组分别是颜巴赫、卡特彼勒和道依茨。总的装机容量为29 MW，气体处理量为27000 Nm^3/h，每年因二氧化碳减排的收益就可达1.2亿元人民币。

瓦斯发电预处理项目应用情况见表8－4。

表8－4　瓦斯发电预处理项目应用情况

序号	项目名称	用户名称	项目地点	应用年份	处理量/($Nm^3 \cdot h^{-1}$)	装机容量/kW
1	虎尾沟瓦斯发电工程	阳泉煤业集团	山西阳泉	2006	5150	6000
2	贵石沟瓦斯发电工程	阳泉煤业集团	山西阳泉	2006	12000	16000
3	神堂嘴瓦斯发电工程	阳泉煤业集团	山西阳泉	2006	10300	12000
4	成庄瓦斯发电工程	晋城煤业集团	山西晋城	2007	12000	18000
5	煤矸石瓦斯发电工程	晋城煤业集团	山西晋城	2007	25160	36000
6	兰花大宁瓦斯发电工程	晋城兰花集团	山西晋城	2008	28000	33000
7	沙区矿瓦斯发电改造工程	华晋焦煤集团	山西吕梁	2008	16000	20000
8	芙蓉矿瓦斯发电工程	四川芙蓉矿务局	四川宜宾	2008	6000	6000
9	马兰瓦斯发电工程	山西煤电集团	山西太原	2008	3800	4000
10	昔阳黄石汇瓦斯发电工程	国投发展集团	山西晋中	2009	8400	10000
11	沙区瓦斯电站二期工程	华晋焦煤集团	山西吕梁	2009	23520	28000
12	端氏瓦斯发电工程	沁和能源	山西晋城	2009	24000	24000

二、瓦斯发电技术

（一）低浓度瓦斯发电技术

1. 联合循环发电技术

1）技术概况

寺河煤层气电厂以寺河煤矿井下抽放的低浓度（30% ~50%）煤层气作为燃料，采用燃气发动机组、余热锅炉和蒸汽轮机组组成联合循环发电装置。

电厂总发电规模120 MW，全厂设置4个单元，每个单元安装由15台燃气发动机组、3台余热锅炉、1台蒸汽轮机组组成的联合循环发电装置。每个单元厂房的发电容量为30 MW。

为满足燃气发动机组联合循环发电的要求，全厂还设置了煤层气预处理系统、化学水处理系统、供水系统、循环水系统及机械通风冷却系统、电厂自动控制系统、220 kV变电系统和供热系统。

2）主要技术原理及特点

煤层气储存和输送：晋城煤业集团寺河煤矿已建成了煤层气抽放泵站，用真空泵把井下的煤层气通过管道抽放出来。电厂每小时需要消耗井下抽放煤层气55026 Nm^3。由于井下煤层气抽放具有不稳定性，所以建设2台30000 m^3 煤层气储气罐可供全厂燃气发动机1 h以上的耗气量。煤层气从地下抽出以后首先送到煤层气储气罐。煤层气储气罐对煤层气具有压力、流量、成分和品质的缓冲平衡作用。

煤层气输送系统：为保证煤层气电厂的运行，系统设计应能保证任意部件故障不影响全厂停机。进煤气罐前每条管路设有过滤、计量装置，同时设有一条备用过滤计量支路。煤层气进、出煤气罐管道上设有旁路阀门，在煤气罐故障停运时通过旁路供气。

煤气罐的出口管道上设有水雾分离器，以免煤层气中带水影响输送和后续设备的运行。两套水气分离器可以互相切换。通过2条DN800管路输送到煤层气压缩机站。管道采用低架空敷设，过道路处根据不同情况采用高架空敷设或者埋地敷设，直埋管线穿越道路处采用外套管保护。

煤层气由煤气罐输送过来，煤层气压缩机的入口采用分段母管，出口采用单元制，每台煤层气压缩机对应于一个单元厂房。煤层气通过4条DN400管道分别输送到4个单元厂房，进入每个单元厂房的管道上设有隔断阀和速断阀。煤层气压缩机进口设有隔断阀、过滤器、阻火器、速断阀和调节阀。出口设有阻火器、安全阀、止回阀和隔断阀等。

寺河煤层气电厂设计装机容量120 MW，采用60台G3520c燃气发动机组群，用井下抽放的煤层气发电，其排出的高温尾气通过12台余热锅炉回收热能产生过热蒸汽，带动4个蒸汽轮机组发电，缸套水通过60台板式换热器回收热能供采暖及用户利用，从而使资源得到充分利用。

3）技术适用性

燃气发动机对燃料的要求见表8-5，单台燃料消耗量见表8-6。

4）应用情况及效果

寺河煤层气电厂采用联合循环发电方式，自2008年12月运行以来，安全、高效、稳定，发电热效率高达47%，全厂综合热效率在80%以上。燃气联合循环发电在环境保护

表8-5　燃气发动机对燃料的要求

项　目	单　位	数　值
压力	kPa	31.5~35.0
压力波动	kPa	<1.7
温度	℃	10~60
CH_4	%	30~50
H_2S	mg/MJ	<0.43
氧化物	mg/MJ	0
氨	mg/MJ	0
机油	mg/MJ	<1.19
颗粒	mg/MJ	<0.80
颗粒规格	μm	<1
Si	mg/MJ	<0.1
水（相对湿度）	%	80

表8-6　单台燃料消耗量

项　目	单　位	数　值
单台机组小时耗气量	Nm^3/h	917.1
单台机组日耗气量	Nm^3/d	20176.2
单台机组年耗气量	$10^6Nm^3/a$	6.42
单元厂房机组数量	台	15
单元厂房机组小时耗气量	Nm^3/h	13756.5
单元厂房机组日耗气量	Nm^3/d	302643
单元厂房机组年耗气量	$10^6Nm^3/a$	96.30
全厂机组数量	台	60
全厂机组小时耗气量	Nm^3/h	55026
全厂机组日耗气量	Nm^3/d	1210572
全厂机组年耗气量	$10^6Nm^3/a$	385.2

方面具有明显的优越性，联合循环发电热效率高，是目前其他大容量发电装置所不能比拟的。寺河煤层气电厂系统简单、自动化程度高，实现了计算机监控，且机动性好、启停方便和运行可靠。

2. 煤矿瓦斯细水雾输送及低浓度瓦斯发电技术

1）技术概况

胜利油田胜利动力机械集团有限公司应用现代科学技术发展的成果，借鉴该公司十几年燃气内燃机研制经验，研制成功了煤矿瓦斯细水雾输送及低浓度瓦斯发电技术，解决了煤矿瓦斯特别是低浓度瓦斯输送中的安全问题，为瓦斯的利用创造了安全条件。同时，在瓦斯发电机组上采用电控燃气混合技术（国家发明专利）、瓦斯与空气先混合后增压技术、稀薄燃烧技术和TEM技术等先进技术，使该公司的低浓度瓦斯发电机组具备了性能先进、质量可靠、技术领先等特点。目前国内大部分煤矿正在使用该公司生产的低浓度瓦斯发电机组，全国煤矿已有400多台低浓度瓦斯发电机组在运行，每天发电量约390×10^4 kW·h，创造了良好的社会效益和经济效益。同时，产品还出口到美国、埃及、印尼等20多个国家和地区。

2）主要技术原理及特点

该项目应用细水雾极易蒸发汽化的特性及火焰“冷壁淬熄”现象等基础理论，设计了煤矿瓦斯安全输送工艺流程，解决了瓦斯输送（特别是低浓度瓦斯）中的安全问题，为瓦斯利用创造了安全条件。以发动机燃烧室内平均工作温度作为间接表征瓦斯浓度变化的技术，研制了电控燃气混合器，解决了由于瓦斯浓度变化使发动机不能稳定工作的技术难题；通过应用燃烧能量平衡理论，利用发动机废气涡轮增压器，实现了瓦斯与空气先混合后增压，解决了由于瓦斯压力低而传统增压方式不安全、不经济的问题；以研制的瓦斯发动机作为原动机来驱动发电机，匹配控制及配电系统，组成瓦斯发电机组。通过瓦斯安全输送系统和瓦斯发电机组的开发，为煤矿瓦斯（特别是煤矿低浓度瓦斯）安全利用提供了技术措施。

煤矿瓦斯细水雾输送技术融合了湿式水封阻火技术、干式阻火技术、细水雾阻火技术、自动化检测与控制技术、防静电防爆技术等多项技术，其技术核心为细水雾阻火技术。低浓度瓦斯发电机组采用双蝶阀电控混合技术、导阀控制技术、TEM系统控制技术、瓦斯干式阻火技术等专有技术，精细控制空气与瓦斯的混合量，使机组对瓦斯浓度和压力变化具有良好的适应性，运行可靠，同时防回火措施有效。

3）技术适用性

胜利动力机械集团有限公司研发的低浓度瓦斯发电机组对于浓度在6%～30%的煤矿低浓度瓦斯均可用于发电。采用瓦斯发电机组发电，一次性投资小，建站周期短，功率范围可根据瓦斯产量确定，80%以上的电站资产可以拆移。若煤矿瓦斯消耗尽后，可以方便地将电站移动到其他有瓦斯的煤矿继续发电，搬迁费用及迁建损失低，非常适合中小型煤矿。大型煤矿可根据瓦斯量选择多台机器并车运行或者并网发电，同样能满足要求。利用瓦斯发电具有良好的经济效益，可降低煤矿企业的生产成本，提高市场竞争能力。

4）应用情况及效果

2005年10月，首批6台机组和一条输送系统在安徽省淮南建成并投入运行。2005年12月25日，由国家安全生产监督管理总局组织，在淮南矿业（集团）有限公司对该技术进行了鉴定。该技术实施时不需要对煤矿现有抽放系统进行技术改造，仅从原排放口接出一路瓦斯出口即可，对煤矿来说应用十分便利。因此，煤矿低浓度瓦斯发电迅速在贵州水城、辽宁沈煤和阜新等煤矿推广应用。截至2008年底，相继建立了近100座低浓度瓦斯发电站，技术推广应用到全国16个省、市、自治区，几乎覆盖了全国所有有煤矿瓦斯的省份。本项目在全国的推广应用，对煤矿安全生产起到了积极作用。

3. 瓦斯安全输送及发电技术

1）技术概况

中国石油济南柴油机股份有限公司联合河南理工大学及国外著名公司，采用国际先进的燃气控制技术和稀薄燃烧理论，针对国内瓦斯抽放过程中瓦斯浓度波动较大、压力不稳定的特点，研制开发了瓦斯安全输送及发电技术，适合瓦斯浓度7%～50%、压力1～15 kPa、温度5～50 ℃的环境工作。

2）主要技术原理及特点

通过机组燃气闭环控制系统，将瓦斯与空气中的氧气自动混合，根据燃烧室容积及压缩比，对空燃比进行精确控制，保证稀薄燃烧及高效发电做功。

自动检测燃气进气温度、燃气进气压力、燃气阀后绝对压力、功率、转速、均值排温等参数，自动调整机组运行工况，适应现场瓦斯浓度及压力波动，保证机组平稳运行，具有浓度适应范围广、抗波动能力强、自动化程度高等特点。

燃气控制系统实现全电脑智能化，精确度高。它的信息输入系统包括速度传感器、氧传感器（空燃比）、功率传感器或扭矩信号传感器、两个进气压力传感器和一个进气温度传感器，这些传感器将发动机运行过程中的转速、功率（或扭矩）、尾气中氧含量等信号及时传递给控制器。控制器将上述信息进行处理，计算出发动机最佳运行所需要的燃气量，由燃气控制阀控制调整燃气进气量，实现最佳空燃比。同时通过速度执行器来控制混合气体的流量，将发动机的转速控制在标定范围内。燃气控制系统组成如图 8－4 所示。

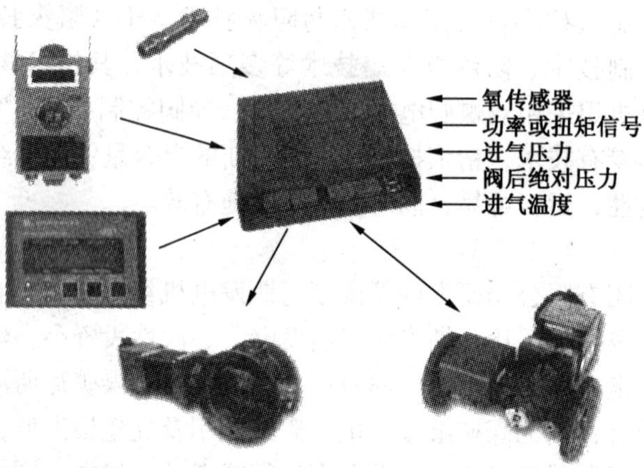

图 8－4　燃气控制系统组成

该燃气控制系统的关键技术及特点如下：

（1）燃气混合技术。

（2）稀薄燃烧技术。

（3）空燃比闭环控制技术。空燃比闭环控制技术使机组配气燃烧更合理，运行平稳、可靠，控制更加精确。

（4）故障自动检测技术、运行状态自动监控技术。控制系统及点火系统中具有故障报警及自动检测记录功能，可实现运行故障的检测、报告并快速解决，为自动化运行建立基础，故障的检测及运行状态监控数据可实时进行远程传送，并进行远程控制。

（5）数字化高能量智能化的点火技术。运行过程中点火提前角和点火能量可随意调整，各缸的点火提前角还可单独调整；可根据燃气组分对点火能量进行调整，以实现最佳点火状态；点火系统具备超速保护功能，设置机组运行最高转速，一旦出现超速运转，点火控制器自动停止工作，从而迫使发动机停车，起到超速保护作用。点火系统还具有自身故障的自动检测及报警功能。

（6）远程控制技术。远程控制技术已成功应用于西气东输管道工程，可实现对瓦斯机组运行参数的采集、控制、输出等功能，并可实现点火系统、进气系统的即时控制功能。

（7）远程微机可视、监控、管理技术。对发电站操作、运行和保护的全站系统进行管理，实现各种运行参数的在线实时监控、历史数据保存和查询、系统运行的在线异常报警及电站运行报表的打印输出。同时该系统具备远程网络复视功能，可实现远程异地的计算机监控管理。

（8）自动并车、并网及负荷分配技术。装备进口自动并车控制模块可自动监测同步状态，多台机组并联运行时可实现负荷自动分配功能，满足并网、并联运行工况，实现并车并网的自动化。

3）技术适用性

瓦斯安全输送及发电技术自2005年正式应用以来，已在全国11个产煤地区使用，装机270余台（套），技术水平经过不断升级完善，可满足环境温度－20～50 ℃，相对湿度小于90%，海拔高度不大于3000 m的安全可靠使用，适合瓦斯浓度7%～50%、排空压力1～15 kPa、温度5～50 ℃的环境工作。对低压力、低浓度、压力及浓度变化范围大的现场能够实现自动调节控制，机组自动化程度高，结构简单、操作方便。

在实际使用中，由于内燃机本身构造及材料特点，应注意瓦斯中颗粒杂质的过滤，硫化物的含量不要超标（总硫含量不大于480 mg/Nm^3），避免零部件污染和腐蚀，同时在寒冷地区注意管路的保温及防护。

4）应用情况及效果

通过几年的实际应用及不断的技术开发，瓦斯安全输送及发电技术已在神华集团、中煤能源、山西焦煤、川煤集团、淮北矿业集团、阳泉煤运公司、龙煤集团、冀中能源等单位使用，通过实际使用效果验证了技术的可行性，通过瓦斯发电及余热综合利用为煤矿企业创造了良好的经济效益，以用促抽的方式保障了矿井安全生产。

（二）中高浓度瓦斯发电技术

1. 中高浓度瓦斯发电机组技术

1）技术概况

胜利油田胜利动力机械集团有限公司应用现代科学技术发展的成果，借鉴该公司十几年燃气内燃机研制经验，研制开发的中高浓度瓦斯发电机组技术为开发利用瓦斯提供了一条有效的途径。

胜利动力机械集团开发的中高浓度瓦斯发电机组由于具备电控混合器等专利技术，取得了利用瓦斯发电的成功。中高浓度瓦斯发电机是以抽放的煤矿瓦斯为燃料的气体发动机，是为满足和适应煤矿开采的实际需要而专门研制的一种新机型，主要用来发电，也可以直接驱动工程机械。

中高浓度瓦斯发电机组在发动机的进气方式上采用了具有自主知识产权的微电子控制技术，根据瓦斯浓度的变化对混合气进行电子数字自动化控制，较好地解决了传统燃气机因可燃气体浓度变化而造成的发动机熄火、爆燃、排气管回火、无法工作等问题。瓦斯发电机组的核心部件——“电控燃气混合器”已获得国家发明专利。在点火方式上采用了自行研制开发并同样具有独立知识产权的“CPU数字点火技术”，大大提高了发动机点火能量，并且实现了实时调节。该技术应用于瓦斯发动机上，有效控制了发动机的热负荷，使发动机运行更可靠。目前，这两项技术在国内处于领先地位，达到了国际先进水平。在标准状况下，1 m^3 浓度为50% 的抽放瓦斯可发电 1.5 kW · h。

2）主要技术原理及特点

中高浓度瓦斯发电机组主要采用了以下技术：

（1）电控燃气混合器技术。通过计算机控制发动机空燃比实现空燃比闭环自动调节，提高了发动机对可燃气浓度变化的适应能力。该技术应用于中高浓度瓦斯发电机组后适应了瓦斯压力低和浓度变化快的特点，使发电机组输出功率稳定。

（2）燃气与空气先混合后增压技术。该技术通过利用发动机排余热将瓦斯与空气同时增压，可实现直接应用煤矿抽排瓦斯发电的目的，而不需要额外的瓦斯增压设备。

（3）预燃室技术。中高浓度瓦斯发电机组在采用瓦斯与空气先混合后增压技术调低空燃比的同时，配合新概念预燃室技术，在局部形成点火能量相对优势，之后放大点火能量，提高瓦斯燃烧速度，降低了发动机热负荷，提高了发动机功率，提高了经济效益。

（4）全电子控制技术。中高浓度瓦斯发电机组应用 TEM 电子控制技术，对发电机组所有运行参数实行计算机监控。并安装了基于 GPRS 远程控制系统，可实现远程监控。

3）技术适用性

该公司研发的中高浓度瓦斯发电机组对浓度大于 25% 的煤矿瓦斯均可用于发电。采用中高浓度瓦斯发电机组发电，一次性投资小，建站周期短，功率范围可根据瓦斯产量确定，80% 以上的电站资产可以拆移。若煤矿瓦斯消耗尽后，可以方便地将电站移动到其他有瓦斯的煤矿继续发电，搬迁费用及迁建损失低，非常适合中小型煤矿。大型煤矿可根据瓦斯量选择多台机器并车运行或者并网发电，同样能满足要求。利用瓦斯发电不仅具有良好的经济效益，可降低煤矿企业的生产成本，提高市场竞争能力，还具有以下特点：

（1）建设周期短。一个年产煤 0.2 Mt 规模的煤矿，需要建设一个总装机容量为1600 kW的电站，正常条件下，其建设周期一般为一个月左右。

（2）可以实现煤矿安全生产的双回路供电。利用瓦斯发电，改善了供电条件，实现了双回路供电，改进了供电质量，加快了施工速度。

4）应用情况及效果

目前，全国煤矿已有400 多台瓦斯发电机组在运行，每天发电量约 3.9×10^6 kW · h，创造了良好的社会效益和经济效益。该公司生产的第一台煤矿瓦斯发电机组安装在沁水县五里庙煤矿，为400 kW 瓦斯发电机组，主要驱动1 台瓦斯泵、2 台风机和1 台运输绞车，另外还承担电网停供时所有的动力设备用电及照明用电，平均负荷在 260 kW。但目前抽放瓦斯的利用率仅为7%。该煤矿用电的最大负荷为500 kW，如果电力供应全部采用煤矿瓦斯发电，每年（按开工 300 d 计）可以节约电费 126 万元。剩余气体全部用来发电上网，每年可发电 4.686×10^7 kW · h，上网电价按照 0.15 元计算，每年可为煤矿增收702.9 万元。两项合计，每年可以增加经济效益 828.9 万元。

2. 具有气体预处理系统的大功率燃气发电机组技术

1）技术概况

（1）技术来源。引进美国、德国等国际先进的燃气内燃机发电技术与气体预处理技术。

(2) 已取得的专利技术。具有气体预处理系统的大功率燃气发电机组技术中的专利技术有煤层气（瓦斯）预处理系统、静音型发电机组、发电机组智能控制系统、具有烟气净化装置的发电机组、大型燃气发电机组的静音箱（组件）；相关领域的专利技术有垃圾填埋气体浓度控制系统、垃圾填埋气体预处理装置、瓦斯预处理装置、垃圾填埋气体的吸收和再生处理系统等。

(3) 主要功能。可以灵活应用于甲烷含量为20%以上的低浓度瓦斯发电市场，以及甲烷浓度波动范围大（20%～80%）的可燃气体发电市场，并且成功研发出单机兆瓦（MW）级的大功率、高性能参数的燃气发电机组与气体预处理系统，具有更低的排放标准。

2）主要技术原理及特点

(1) 技术背景。针对国内低浓度瓦斯与甲烷浓度变化波动大的煤层气（瓦斯）或其他可燃气体发电市场，兆瓦（MW）级的大功率、高性能参数的燃气发电机组与气体预处理系统设备的研发与国产化是未来市场的主要趋势。

(2) 指标与参数。①适用低浓度瓦斯；②适应甲烷浓度波动范围大（20%～80%）；③单机功率可达兆瓦以上；④发电效率可以达到41.2%；⑤大修周期长达60000 h；⑥NO_x排放可达210 mg/Nm^3；⑦可实现全自动化检测与控制。

(3) 性能参数。大功率燃气发电机组性能参数见表8－7。

表8－7 大功率燃气发电机组性能参数

型 号	APG1000	APG2000	APG3000
频率/周波	50	50	50
转速/(r·min^{-1})	1500	1500	1500
发动机功率/kW	2200	2200	3300
机械效率/%	42.7	42.5	42.5
电效率/%	41.2	41.3	41.3

3）技术适用性

(1) 技术成果的成熟度。康达公司通过引进与吸收国外先进技术，创新性地研发出具有自主知识产权的关键技术，采用空燃比闭环控制技术和稀薄燃烧技术，目前已经成功运用在海口、重庆等地的特殊可燃气体发电领域，技术成熟可靠，设备运行稳定。

(2) 适用条件和范围。适应煤层气中甲烷浓度较大的波动范围（20%～80%）和较低甲烷浓度（≥20%）的可燃性气体，可应用于煤层气（瓦斯）、沼气、垃圾填埋气体等气体成分复杂、甲烷浓度变化大的可燃气体发电领域。

(3) 注意事项。有关气体成分应该符合典型燃气发动机对填埋气体的压力、温度和杂质的要求。

3. 燃气内燃机煤矿瓦斯高效发电技术

1）技术概况

作为燃气内燃机的生产商，颜巴赫针对煤矿开采过程中所伴生的煤层气开发出了高效、安全可靠的产品。这些产品不仅可以用来发电、供热、热电联供或者热电冷三联供，并且大大降低了瓦斯的排放和煤矿开采过程中的安全隐患，为煤矿瓦斯的开发利用提供了一条更好、更可靠的途径。由于在产品中应用了由厂家自主研发和设计的各项先进技术与系统，使得此产品在世界上处于领先地位；同时此产品还具有变废为宝、节能减排、清洁环保、安全高效、适用性广、燃气要求低、输出功率大、运行稳定以及自动化程度高等特点，通过第三方认证被授予符合 GE“绿色创想”战略发展计划产品。

2）主要技术原理及特点

通过颜巴赫燃气内燃机，把抽出来的瓦斯气体化学能转化为机械能，然后带动发电机发电。这种内燃机的特殊性在于它所使用的燃料不是燃油而是可燃性气体，并且可以对尾气的排放指标做到定量控制，通过这种方式的利用同时可以达到环保减排的目的。颜巴赫燃气发电机组如图 8-5 所示，煤矿瓦斯的利用原理如图 8-6 所示。

图 8-5　颜巴赫燃气发电机组

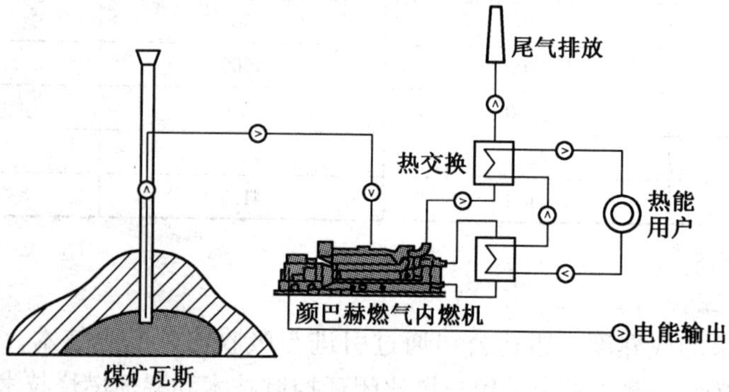

图 8-6　煤矿瓦斯的利用原理

（1）主要专利技术和知识产权。①LEANOX®——精益混合物燃烧控制系统，在世界范围享有专利权，在任何操作条件下都能确保正确的空气燃气比，并尽量减少尾气污染物排放，同时保持稳定的内燃机作业。②DIA. NE® XT——颜巴赫专有的内燃机管理系统。该系统拥有功能强大的中央工控单元以及可视化的人机操作界面，并使远程的信息交互成为可能。通过标准化的数据线或使用直接的信号线与中央处理器进行连接，满足每个客户的具体要求。该设计的重点在于把强大而灵活的开放和闭环控制的电子技术与简洁明了的操作理念完美地结合在一起。③CL. AIR®——尾气清洁处理系统，利用二次燃烧保持最低限度的一氧化碳、烃类物质化合物以及甲醛的排放。

（2）产品的主要技术特点。①清洁环保：避免瓦斯在空气中的排放，变废气为燃气。

②适用性广：单独发电、热电联供或热电冷三联供3种模式。③适用于并网和孤岛运行，自动电网监控和负载分配。④输出电功率范围大：0.25~4 MW。⑤高效：热电联供时效率可达90%，其中发电效率达到43.4%。⑥稳定性好：在气体压力波动、甲烷含量变化或气体中含有杂质时运转都非常稳定。⑦气体要求低：只要甲烷含量大于25%就能达到全功率输出。⑧精确的尾气排放控制。⑨全自动的系统控制和监控以及远程或移动信息交流。⑩人性化设计的控制系统，操作简单；独立的控制单元和可编程的逻辑器件。⑪个性化的整体设计。

3）技术适用性

颜巴赫具有丰富的煤层气利用成功经验，因而可以有效地利用这种资源，即使所采到的气体中甲烷含量只有25%也可以保证机组正常运行。颜巴赫的设计能够使内燃机在低气压、高湿度、灰尘、高海拔的情况下满负荷运转。按照满足客户的不同需要可以提供单独发电、热电联供以及热电冷三联供的3种模式运行。输出的电能可以用于煤矿自耗以满足其电力需求，也可以选择并网运行把电力反馈给公共电网为煤矿产生可观的经济效益；输出的热能可以为煤矿提供可靠、清洁的热源。

4）应用情况及效果

颜巴赫产品成果被广泛采用，目前大约有170台总发电功率超过3.6×10^5 kW的燃气内燃机在全世界煤矿领域中得到应用。这些电厂每年的发电量为2.8×10^9 kW·h，可以为欧盟80万户居民提供能源。用煤层气生产如此大量的电能，每年可以节省大约7×10^8 m^3天然气。此外，使用颜巴赫燃气内燃机可以减少释放到大气中的甲烷含量。与直接把煤层气排放到大气中相比，甲烷释放量可降低85%，这相当于每年减少30000~40000 t二氧化碳的排放。

三、瓦斯液化技术

（一）含氧煤层气低温分离液化技术

1. 技术概况

含氧煤层气低温分离液化项目所采用的技术主要是低温精馏和天然气液化技术，该技术主要由北京赞成国际投资有限公司、中科院理化技术研究所和阳泉煤业集团有限责任公司合作开发，在阳泉煤业集团有限责任公司试验成功，它是LNG项目发展过程中的一个亮点。2008年4月19日至20日，由国家安全生产监督管理总局科技装备司主持，邀请国内有关专家对该项目进行评审，专家一致认定该项目属于国际首创，达到了国际领先水平。

2. 主要技术原理及特点

由于含氧煤层气压力通常很低，只是微正压，因此必须经压缩机压缩以提高其压力，才可以进行后续的净化、液化、分离等工序。净化的方法与原料气的组分有关，含氧煤层气除含有水蒸气以外只含有少量的二氧化碳等酸性气体，因此可以用分子筛同时脱除水分和二氧化碳。脱除水分和二氧化碳的目的是防止它们在低温下冻结，堵塞换热器和低温管路，此工艺流程采用了分子筛净化方法。原料气在经过压缩、净化以后，进入冷箱中的分离塔进行降温和分离。

在冷箱中的换热器内，原料气被膨胀后的低温制冷气体所冷却，温度降低到气液两相状态。温度下降后的含氧煤层气经阀门减压后进入分离塔，其液体自上而下流过塔板，在分离塔底部的蒸发器内，煤层气液体的一部分被蒸发为气体，被蒸发的气体由下向上流动与向下流动的液体进行热、质交换。分离塔上部，向上流动的气体到达分离塔顶部，又被分离塔顶部的冷凝器冷凝，其中一部分冷凝为液体，向下回流，同样作为液体馏分与气体再进行热、质交换。

在热、质交换过程中，向上流动的气体被流下来的液体所冷却，其中高沸点的组分（甲烷）先被冷凝，而向下流动的液体被向上的气体所加热，其中低沸点的组分（氧、氮）先被蒸发。因此，在分馏塔中越向上气体中的甲烷含量越少，越向下液体中的甲烷含量越多。最后，在塔顶部可以得到纯度很高的空气（甲烷含量小于1%），而在塔底部则得到纯度很高的液体甲烷等燃料气，其纯度可以达到99%以上。空气在分离出来以后，还可以进一步分离出少部分氮气，以弥补制冷系统氮气的泄漏损失，其余富氧空气则可以放空。

低温分馏和液化所需要的冷量是由制冷系统提供的。制冷系统主要由制冷压缩机、后冷却器、透平膨胀机和热交换器组成。在装置启动前，制冷系统中充满氮气。装置启动后，制冷气体经压缩机压缩，再经冷却器冷却，然后进入冷箱，在换热器中被反流的冷气进一步降低温度，然后经透平膨胀机膨胀，温度和压力都下降，这股冷气体与塔顶出来的冷氮气汇合，就是整个系统的冷源。透平膨胀机是一种高速旋转的机器，转轴的一端是膨胀轮，气体通过喷嘴喷射到膨胀轮上，推动转轴旋转，气体本身的压力、温度都下降，从而可以为系统提供冷量。转轴的另一端是增压轮，由于转轴带动增压轮旋转，又可以对通过增压轮的气体增压。

这种专为含氧煤层气设计的制冷、分离、液化流程，其液化和分离都是在低温下进行的，液化和分离同步进行，一次完成，分离纯度高、安全性能好，在分离的同时就可制取LNG，而且在装置运行稳定以后，其制冷工质完全从原料气中分离获得。整个工艺流程如图8－7所示。

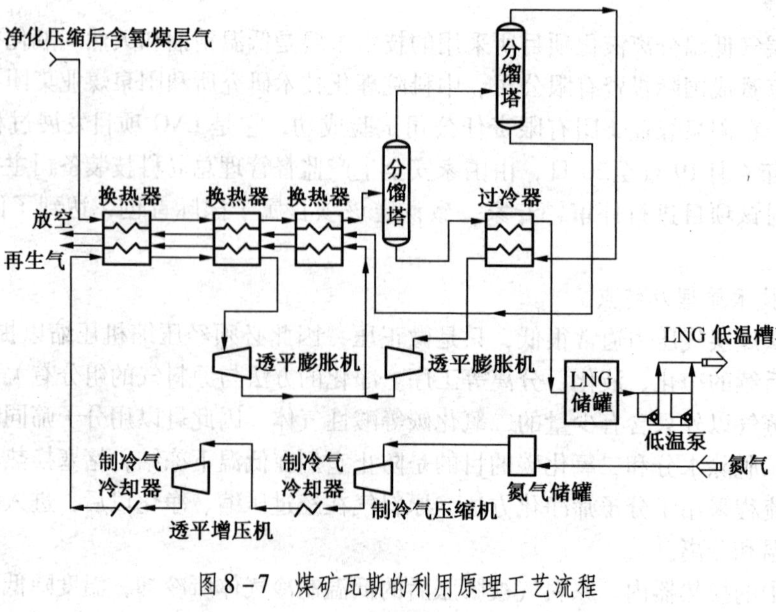

图8－7 煤矿瓦斯的利用原理工艺流程

3. 技术适用性

考虑到经济效益，该项技术适应于甲烷浓度为30%以上的含氧煤层气。

4. 应用情况及效果

试验工厂（日产气量为1.2 t）通过一年的连续开机试验，运行平稳、产量均匀、成本较低，有很大的市场发展前景。

（二）晋煤集团煤层气液化技术

1. 技术概况

晋煤集团地处的沁水盆地拥有中国最大、最稳定的煤层气气田。截至2008年底，晋煤集团在晋城矿区内共完成地面煤层气钻井1453口，投运煤层气井713口，地面抽采能力达到$6\times10^{8}\ m^{3}/a$。2006—2008年期间，煤层气累计产量$6.61\times10^{8}\ m^{3}$。

但是，煤层气的利用有两个难题，即运输和补充。气态煤层气体积庞大，进行远距离运输需要大面积铺设管网或者多次运输，耗费成本巨大；一定体积的气态煤层气质量很小，释放的能量不足以支持大能耗的工业生产需求，要想满足工业生产需求就要不断补充，从而给生产带来了极大的不便。因此，开发了煤层气液化技术。

将净化后的煤层气（主要成分为甲烷）在换热器内与制冷剂换热，逐步将其温度降低至-160 ℃左右，此时的气态甲烷已经全部变成液体。将此液态甲烷存放在常压低温双层储罐中储存，并且将此部分产品作为商品通过专用槽车配送至各下游终端。

煤层气液化工艺比通常的LNG（液化天然气）工艺相对简单，这是因为煤层气中几乎不含氢、汞和重烃，燃烧后不产生任何废气，是一种非常洁净的能源。经过深冷后，液化煤层气的体积被压缩至气态煤层气的1/625，非常适合远距离运输，比管道输气和压缩煤层气运输节约运输成本、方便可靠、风险小、适应性强、储存效率高、占地少、投资省。

2. 主要技术原理及特点

煤层气属于天然气的一种，因此煤层气液化与常规天然气液化的基本原理和流程一样，可借鉴常规天然气液化技术。迄今为止，在天然气液化领域中成熟的液化工艺主要有阶式制冷循环工艺、混合制冷循环工艺和膨胀机制冷循环工艺3种。

晋煤集团采用的液化工艺是不带预冷混合冷剂制冷工艺，制冷循环系统设备简单，只有一种压缩机，各种制冷剂根据需要按相应比例混合在一起循环制冷，根据各自的特点提供不同温度段的冷量，达到在较低液化能耗的情况下减少设备数量，使装置能够长周期运行并且尽量降低维护成本。

煤层气液化主要经过净化和液化两个阶段。煤层气液化前必须对其进行彻底净化，要经过原料气过滤与压缩、脱酸气、脱硫、干燥、脱汞与过滤、脱芳香烃和重烃等工艺流程，将抽取的煤层气就地经过脱碳、脱硫、脱汞、脱水以及脱重烃杂质等处理，即除去原料气中的酸性气体、水分和杂质，如H_2S、CO_2、H_2O、Hg和芳香烃等，以免它们在低温下冻结而堵塞、腐蚀设备和管道。

在进入液化单元之前气体必须进行分析，以保证H_2S含量、CO_2含量、水含量、芳香烃总量、环烷烃总量以及汞含量达到进入液化单元的要求。

净化后的煤层气进入液化冷箱，经混合冷剂冷却到-60～-50 ℃时分离掉冷凝的煤层气液体，继续冷却、冷凝并过冷到-165 ℃，经节流阀节流降到常压进入闪蒸罐，闪蒸分离后得到-165 ℃的液相煤层气产品。分离出的可能存在的气相经过板式换热器复热到常温，与LNG储罐的BOG一起进入BOG压缩机，加压后进入燃料气系统作为燃料气。

混合冷剂循环流程：本装置的混合冷剂由净化的煤层气、C_2H_4、C_3H_6、N_2、nC_4H_{10}和nC_5H_{12}组成。混合冷剂由压缩机压缩，通过水冷却后进入液化冷箱，混合冷剂液化并过冷到 -165 ℃，节流降压至0.21 MPa进入液化换热器的底端，由下而上汽化为液化换热器提供冷量，出液化冷箱后的混合冷剂返回压缩机的入口进行压缩循环制冷。

3. 技术适用性

煤层气液化时，要求煤层气的成分见表8-8。

表8-8 原料煤层气

序号	项目		数值
1	原料气进厂压力/MPa		0.25~0.40
2	原料气进厂温度/℃		0~35
3	原料气组成组分设计值/%(mol)	氮气	≤3
		二氧化碳	≤0.4
		硫化氢	≤0.001
		总硫	≤0.002
		甲烷	≥92
		乙烷	≤3
		丙烷	≤0.8
		异丁烷	≤0.25
		正丁烷	≤0.25
		新戊烷	≤0.005
		异戊烷	≤0.2
		正戊烷	≤0.2
		己烷	≤0.1
		庚烷	≤0.1
		辛烷	≤0.05
		壬烷	≤0.05
		癸烷及以上	≤0.02
		甲基环戊烷	≤0.1
		苯	≤0.01
		环己烷	≤0.08
		甲基环己烷	≤0.2
		甲苯	≤0.02
		乙苯	≤0.05
		对二甲苯	≤0.01
		间二甲苯	≤0.01
		邻二甲苯	≤0.01
		水银	8 mg/m^3
		水	≤0.005
4	煤层气量（在0 ℃、0.101325 MPa标态）/($Nm^3 \cdot d^{-1}$)		26.5×10^4

4. 应用情况及效果

2009 年 7 月 5 日，我国第一个规模最大、工艺最新、一期日处理能力 $2.5\times10^5\ m^3$ 煤层气液化厂投产。二期工程日产量 $5.7\times10^5\ m^3$，已破土动工。总规模达到日产 $8.2\times10^5\ m^3$，二期相当于每年减少二氧化碳排放 5 Mt。

四、液化煤层气加压气化作为发动机燃料技术

（一）技术概况

液化煤层气加压气化作为发动机燃料技术主要由杭州新亚低温工业设备有限公司、阳泉煤业集团有限责任公司合作开发，在阳泉煤业集团有限责任公司试验成功。它是燃油发动机改革过程中的一个亮点。该技术在继承压缩天然气汽车优点的同时又克服了其先天不足，成为天然气汽车的发展方向。它是一项节能减排、变废为宝的高新技术，具有显著的经济价值、社会价值和环保价值。

（二）主要技术原理及特点

1. 液化煤层气加压气化工艺流程

汽车加气站工艺流程由卸车系统、LNG 储罐、LNG 汽化单元、加气单元 4 部分组成，如图 8－8 所示。

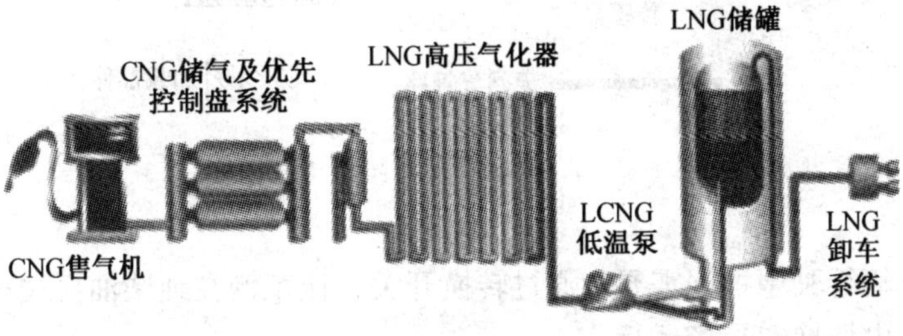

图 8－8　汽车加气站工艺流程

1）卸车流程

卸车流程采用压力卸车方式。LNG 槽车到站后，用低温软管与卸车口相连接，通过槽车增压器提高 LNG 槽车压力，使槽车储罐内的 LNG 卸到站内 LNG 储罐中。

2）调压流程

调压流程采用自动调压方式。LNG 卸车完毕后，自动启用调压流程，将站内 LNG 储罐压力调至设定压力。

3）气化流程

LNG 由 LNG 高压泵抽出，通过 LNG 高压气化器气化为温度符合要求的 CNG，进入 CNG 缓冲罐中。

4）售气流程

将 CNG 售气机的软管与加气车相连接，启动加气阀，CNG 通过售气机进入车用储瓶。

2. 电控燃气系统工艺流程

该技术拥有一个强大而通用的智能控制平台 ECU，是发动机工作过程的燃料供给控制策略和可实现的执行程序。

电控燃气系统通过各种传感器将车辆和发动机的工作状况参数反馈给 ECU，ECU 计算出最合适的燃气供给量，并将信号传递给执行机构，精确控制供给发动机的燃料量，使发动机始终工作在最佳状态，燃烧效率高，排放好。整个工艺流程如图 8－9 所示。

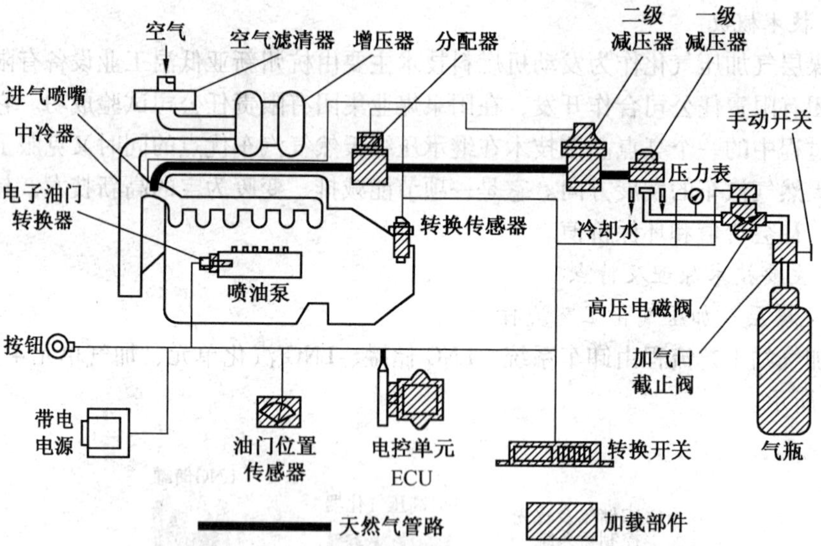

图 8－9 电控燃气系统工艺流程

驾驶员在车辆行驶中根据需要，通过转换开关，让车辆在纯柴油模式和柴油－天然气双燃料模式下自由切换、平稳运行。

（三）技术适用性

该技术适应于所有燃柴油车辆。

（四）应用情况及效果

阳煤集团改装的 28 辆排矸车目前运行平稳，通过采用液化煤层气加压气化技术及燃料分配电控系统技术，煤层气替代率可以达到 47.9%，已解决阳煤集团排矸车对原油的依赖性，实现了节约、安全高效运行。在增加经济效益的同时，解决了燃油发动机排放带来的环境污染，为今后实施煤矿绿色经济开拓了一条新路。

五、煤层气焙烧氧化铝技术

1. 技术概况

煤层气焙烧氧化铝技术主要由阳泉煤业集团有限责任公司开发，该科研项目主要是将原来的煤制气工艺改变为煤层气焙烧氧化铝工艺。

2. 主要技术原理及特点

矿井煤层气的主要成分是甲烷，甲烷的沸点为 －161.5 ℃，熔点为 －182.48 ℃，燃烧热为 889.5 kJ/mol，临界温度为 －82.6 ℃，临界压力为 4.59 MPa，其热值可达 39842 kJ/Nm^3，燃烧热量计温度可达2043 ℃，最低点火温度为540 ℃。其特性完全适应于焙烧氧化铝的工艺要求。

阳煤集团氧化铝焙烧项目采用拜耳法工艺生产，分解出的氢氧化铝经平盘过滤和洗涤，滤去其中的碱和其他杂质，形成成品氢氧化铝。要产出冶金级的氧化铝，需脱去成品氢氧化铝中的附着水和结晶水，此时应进行焙烧。焙烧过程中，T11 干燥发生器、T12 启动燃烧器、V08 辅助燃烧器、V09 主燃烧器这4个燃烧器每年将利用约 $2.628\times10^8\ m^3$（甲烷浓度35%）煤层气，相当于130多万吨二氧化碳当量的减排。

3. 技术适用性

该技术适应于所有氧化铝厂。

4. 应用情况及效果

阳煤集团0.8 Mt氧化铝焙烧项目（一期0.4 Mt，二期0.4 Mt）通过近2年的运行，目前运行平稳，每年利用 $1.26\times10^8\ m^3$ 煤层气（混合量），累计节约原煤 1.152×10^4 t。该技术为煤层气在工业领域的利用取得了新的突破，实现了循环经济要求的“节能、降耗、减排、环保”新理念。氧化铝是铝工业的龙头，它的意义不仅在于这个项目本身，更重要的在于下游产业链的延伸，包括电解铝、铝型材等。利用矿井煤层气焙烧氧化铝直接带动了煤层气产业、氧化铝产业的发展，也为我国建设节约型社会带来了不可忽视的社会效益和环保效益。

六、煤矿乏风氧化技术

（一）技术概况

煤矿甲烷排出方式通常有两种：一种是地面固定式抽放，即利用安装在地面的真空泵通过管道抽采，排出的瓦斯称为“抽放瓦斯”；另一种是通过井下通风排出，其甲烷浓度一般在0.75%以下，由于其甲烷浓度极低，排出的瓦斯俗称“乏风瓦斯”。据统计，最近几年我国每年通过乏风瓦斯排入大气的甲烷在 $2\times10^{10}\ m^3$ 以上，并且逐年增加。另外，还有大约 $3\times10^9\ m^3$ 的抽放瓦斯，由于其甲烷浓度较低（一般低于8%），没有利用手段，也排入大气。甲烷具有很强的温室效应，是二氧化碳的21倍，巨大的排放量造成了严重的大气危害。国内外多家研究机构曾进行过煤矿瓦斯销毁、利用技术装置方面的研究，但由于甲烷浓度太低，一直没有找到一种有效的手段。胜利油田胜利动力机械集团有限公司基于多年来在煤矿瓦斯研究利用领域的经验，于2005年初开始对浓度低于1%的煤矿乏风瓦斯进行研究，成功研制出煤矿乏风甲烷氧化装置，2007年8月在煤矿现场通过国家有关部门组织的技术评审，评审认为该技术总体达到国际先进水平。该装置主要由氧化床和控制系统两部分构成，煤矿乏风进入氧化床后，在高温条件下进行氧化反应，把甲烷的化学能转化为水蒸气形式的热能。结合煤矿需要及乏风甲烷浓度，可以灵活选择氧化技术利用方式，包括对乏风氧化实现甲烷零排放，水蒸气制热、制冷、热冷联作，以及发电、冷电联供等。实用新型专利“煤矿乏风甲烷氧化装置”获得中国国际专利与名牌博览会金奖，“煤矿乏风甲烷氧化装置及氧化热利用技术”获得2008年山东省100项节能降耗主推技术、装备。

（二）主要技术原理及特点

煤矿乏风氧化装置是采用逆流氧化反应技术（不添加催化剂）对煤矿乏风中的甲烷

进行氧化反应处理，也可将低浓度抽放瓦斯兑入乏风中一并氧化处理，提高乏风的利用效率。同时，该装置也可处理垃圾填埋场排出的甲烷废气以及其他挥发性有机化合物。氧化装置主要由固定式逆流氧化床和控制系统两部分构成。排气蓄热，进气预热，进排气交换逆循环，实现通风瓦斯周期性自热氧化反应。煤矿乏风中甲烷氧化过程是一个复杂的传热和传质过程，由于其反应温度的关系，氧化反应过程中不产生有害气体，设备运行安全可靠、寿命长，适用于甲烷浓度波动范围较大的场合。

1. 热逆流氧化装置本体

氧化装置本体的核心部件是氧化床，乏风瓦斯的氧化采用如图 8－10 所示的结构和工艺流程。

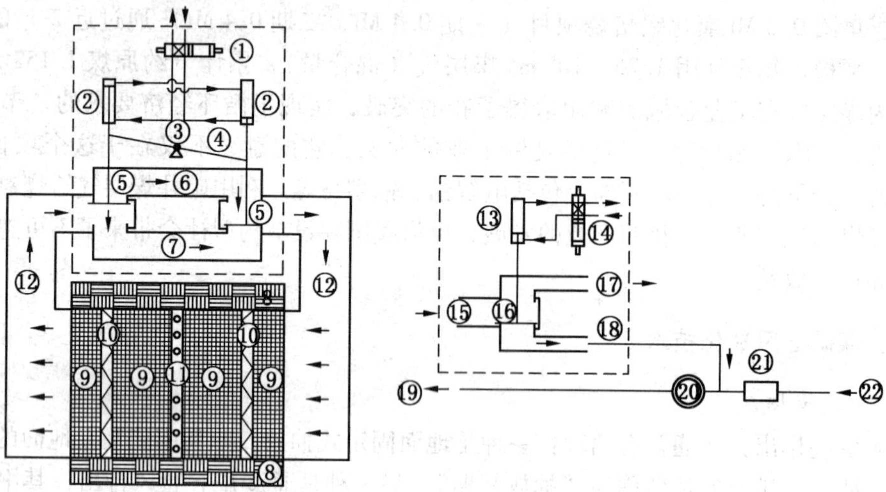

1—切换电磁换向阀；2—切换阀汽缸；3—平衡梁支点；4—平衡梁；5—切换阀门；6—乏风进气口；7—废气排出口；8—保温层；9—蓄热陶瓷；10—换热器；11—加热器；12—风道；13—回收阀汽缸；14—回收电磁换向阀；15—与切换阀废气排出口连接口；16—回收阀门；17—废气排出口；18—回收气出口；19—接切换阀乏风进气口；20—引风机；21—安全阀；22—接煤矿乏风口

图 8－10　乏风瓦斯氧化装置结构和工艺流程框图

1）氧化床结构

基于目前氧化床内部温度场和风流分布不均匀而导致氧化效率降低或不能持续稳定自维持运行的问题，从结构上研究如何使进入氧化床内的乏风瓦斯在变化的温度区间仍能相对均匀地分配在氧化床空间内。

2）蓄热陶瓷材料

蓄热陶瓷的蓄热能力及吸、放热速率是研制开发乏风瓦斯氧化装置技术能否成功的关键因素之一。同时，试验选择合理的材料配方和结构形状也是氧化装置工作高效和长寿命的重要研究内容之一。

2. 乏风瓦斯氧化热量提取技术

在工业性试验的研究中换热器置于氧化床内部，两组换热器对称布置于氧化床的低温区，可以交替产生连续、稳定的饱和蒸汽，同时换热器的进水方式采用高进低出，可以帮助氧化床平衡热量场的漂移。该项目采用的热量提取方法仍是将换热器置于氧化床内部来提取热量。为了制取较为稳定的过热蒸汽，将换热器分为高温换热器和低温换热器两种，高、低温换热器各分两组分别对称分布在氧化装置的高温区和低温区。低温换热器用来制取饱和蒸汽，经过汽水分离器分离后的饱和蒸汽再通入高温换热器中进行二次加热从而产生过热蒸汽，过热蒸汽产生后经过一套减温减压装置来调整蒸汽的温度及压力，从而使蒸汽品质达到用户需求。热量提取流程如图 8－11 所示。

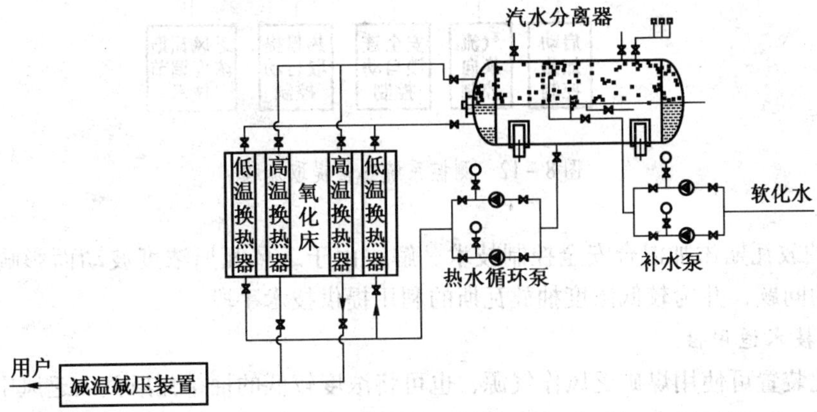

图 8－11　热量提取流程

3. 煤矿乏风浓度调节技术

本项目采用瓦斯引射器和比例控制器协调配合，保证进入热逆流氧化床的乏风浓度保持稳定，提高氧化床利用乏风瓦斯的效率。这样一方面可使浓度低于 0.3% 的乏风瓦斯与抽放瓦斯混合后送入氧化床进行氧化；另一方面使煤矿多余的抽放瓦斯与乏风瓦斯一同进入氧化床进行氧化，扩大氧化装置利用乏风瓦斯的范围。同时采用浓度调节自动控制程序，设置电动、气动和机械 3 种方式的保护措施，用以保护氧化装置和煤矿的安全。

4. 实时测控系统的研制

本项目采用一套乏风瓦斯氧化监控系统，采集各个控制环节和测量点的参数，通过可编程控制器集中进行处理并发出各种控制信号，同时将控制信号发送到计算机内，从而有效地对氧化装置进行控制、监视及超限报警，将各项数据自动记录、存储，可供查询和故障数据分析用。测控系统热量提取流程如图 8－12 所示。

通过以上 4 项内容的研究，形成了以下创新点：

（1）氧化床内温度场调节控制技术。大空间尺寸的氧化装置低压、等浓度分风技术，使进入氧化床内的乏风瓦斯在变化的温度区间仍能相对均匀地分配，解决了氧化装置稳定运行问题并使引风机功率降低。

（2）氧化装置逃逸气体回收控制技术。氧化装置逆流换向时，将中途未氧化的乏风瓦斯通过逃逸阀进行回收继续氧化，提高乏风瓦斯氧化率，使乏风瓦斯接近于零排放。

（3）瓦斯在线检测技术。以激光技术为平台，开发乏风瓦斯在线实时检测技术，提高极低浓度乏风瓦斯检测的准确性和可靠性，为 CDM 项目计量提供可靠的技术依据。

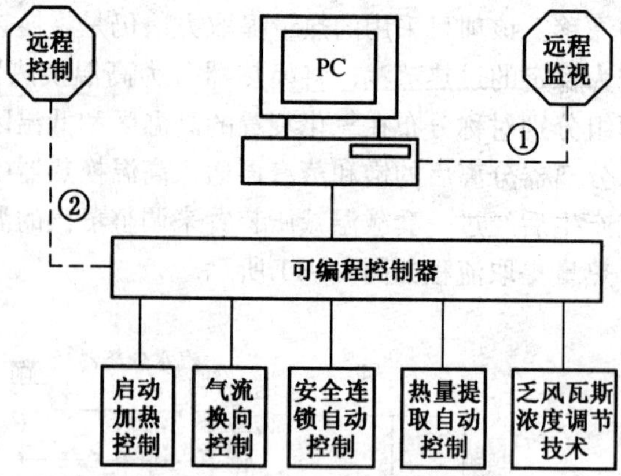

图8-12　测控系统热量提取流程

(4) 抽放瓦斯添加混合安全控制技术。解决由于乏风瓦斯浓度波动而影响氧化装置稳定运行的问题，并为较低浓度抽放瓦斯的利用提供技术手段。

(三) 技术适用性

本氧化装置可使用煤矿乏风作气源，也可将浓度较低的抽排瓦斯兑入乏风中一并氧化利用，同时也可用垃圾填埋场等排出的低浓度甲烷或其他挥发性有机化合物作气源，对客户具有极大的吸引力。根据煤矿需要，应用方式较灵活，可采用氧化取热、发电等方式。

多方面的研究表明，乏风氧化利用是经济可行的技术手段，随着我国各项节能减排政策和煤层气开发利用政策的落实，煤矿乏风高效利用将为我国开辟一条节能减排的新路子。其优势主要体现在以下两方面：

(1) 市场需求巨大，推广应用市场广阔。目前国内有煤矿约16000个，据调查，其中有400~500个煤矿的乏风可直接使用氧化装置对其进行处理利用。

(2) 煤矿乏风氧化利用项目的实施可得到CDM的资金支持，煤矿投资的积极性将大大提高。

七、低浓度瓦斯发电余热利用技术

(一) 技术概况

五阳煤矿低浓度（6%~16%）瓦斯发电站4台500 kW发电机组排出的高温气体全部排空，不仅污染环境，而且浪费能源。如果将瓦斯发电机组排出的高温气体的高温进行供暖、制冷和洗浴，既可以解决环境污染问题，又能创造一定的经济效益。

此技术可以充分利用发电机组产生的余热提供热水，供制冷、采暖和洗浴之用，创造出一定的经济效益。

(二) 主要技术原理及特点

采用4台500GF1-3RW型燃气发电机组，发电总装机容量2000 kW（4×500 kW）。冬季，发电机组排出的尾气直接引入针形管换热器，针形管换热器产生95 ℃的热水，进入分水缸进行分配，第一路去瓦斯抽放泵站采暖区（采暖面积420 m^2），第二路去控制室、净化间、单身宿舍采暖区（采暖面积802 m^2），第三路去办公楼、配电室、空气压缩机房采暖区（采暖面积1577 m^2），第四路去瓦斯发电站采暖区（采暖面积116 m^2），第五路去水水换热器，自来水经水水换热器换热后供洗浴使用；四路采暖回水经过滤器过滤后汇集到集水缸，热水循环泵从集水缸吸水，送到余热锅炉再加热，完成余热循环。夏季，通过溴化锂机组进行热交换，产生冷水对办公楼制冷。

（三）技术适用性

目前各项余热利用设备运行平稳，满足南丰工业园区人员洗浴、供暖的要求，不仅可以节省采用空调制冷、锅炉取暖和供水等所需基础设备的资金，同时还可解决环境污染问题，为矿区绿色能源合理利用创造条件。

八、化工原料加工技术

（一）利用瓦斯生产炭黑技术

1. 技术概况

矿井瓦斯在高温下燃烧，热分解后即可生产出粉状的碳粒子，这就是炭黑。煤矿抽出的瓦斯浓度越高，炭黑的生产量、质量和回收率也越高。由于煤矿瓦斯含硫化物少，所以是理想的炭黑生产原料。

2. 主要技术原理及特点

1）炉法炭黑的生产工艺流程

矿井瓦斯抽采站将瓦斯送入定压储气罐，稳定后的瓦斯经流量计量后，经套管或火嘴箱送入反应炉中。炉前鼓风机将空气以切线方向通过火嘴箱送入反应炉中，所需空气量一般为瓦斯完全燃烧的50%~60%。瓦斯与空气出火嘴箱送入反应炉后，高速旋转混合，一部分燃烧放出大量的热能，使炉子反应部分的温度保持在高温下裂解瓦斯生成炭黑，炭黑及燃气接着以高速进入活化部分（即烟道），活化部分将未裂解的碳氢化合物及吸附在炭黑表面的碳氢化合物的中间产物继续在高温下进行裂解，烟道出口温度控制在1150~1180 ℃，为了防止过多的空气漏入反应炉中，反应炉必须控制在正压196 Pa左右生产。

由烟道出来的炭黑和燃余气，经冷却塔由1150~1180 ℃冷却至600 ℃左右，然后余气抽风机将炭黑及燃余气抽至袋式过滤器中过滤，尾气在滤袋间排除，过滤后的炭黑吸附在滤袋上，再由反吸风机将炭黑从滤袋中抽出，并送入旋风分离器，炭黑由于离心力的作用碰在器壁上而失去速度落入气密阀中，气密阀将炭黑送至螺旋输送器，最后内螺旋输送器送入成粒机中选粒，成粒后即获成品炭黑，成品炭黑由成粒机出口漏斗自动流入包装纸袋中。经旋风分离过后的尾气，由旋风分离器出口送至回收过滤器中，回收残余的炭黑。炉法炭黑生产工艺流程如图8-13所示。

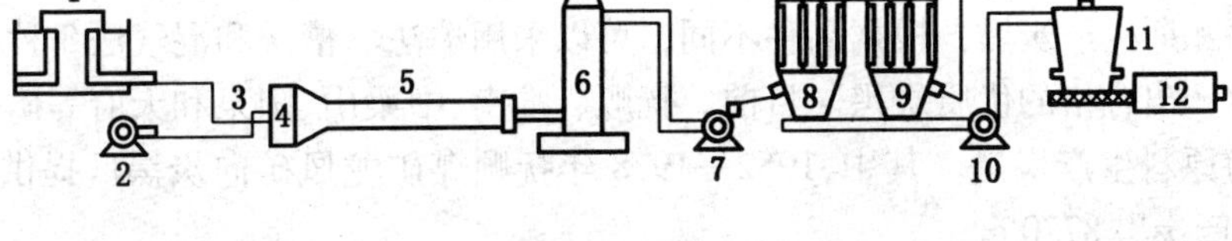

1—定压储气缸；2—鼓风机；3—火嘴箱；4—反应炉；5—烟道；6—冷却塔；7—抽采机；8—收集过滤箱；9—过滤箱；10—抽风机；11—旋风分离器；12—成粒机

图8-13　炉法炭黑生产工艺流程

2）槽法炭黑的生产工艺流程

槽法炭黑的生产主要分两部分，即火房生产和炭黑半成品加工。火房是槽法生产炭黑的主要设备，火房内部有瓦斯管、沉积炭黑用的槽铁、吊槽铁的滑车、收集炭黑的漏斗和螺旋输送器等。槽法炭黑生产工艺流程如图 8－14 所示。

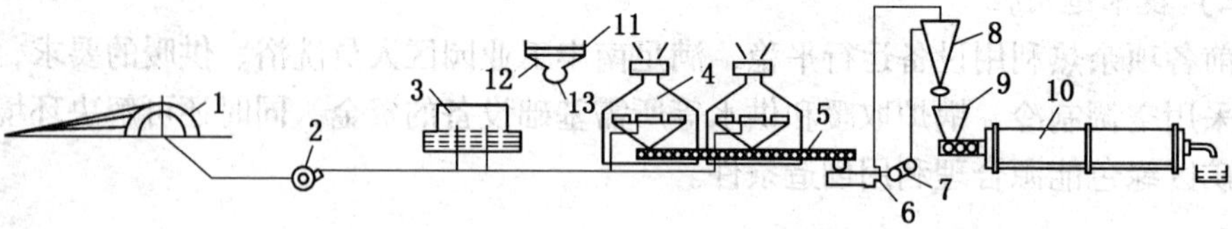

1—矿井；2—瓦斯泵；3—防爆湿式瓦斯罐；4—火房；5—螺旋输送机；6—气密阀；7—送风扇风机；8—分离器；9—漏斗；10—成粒机；11—槽铁沉积面；12—燃管；13—燃烧气管

图 8－14　槽法炭黑生产工艺流程

3）混气活性炭黑的生产工艺流程

混气活性炭黑的生产过程可分为 4 个工段（图 8－15）：

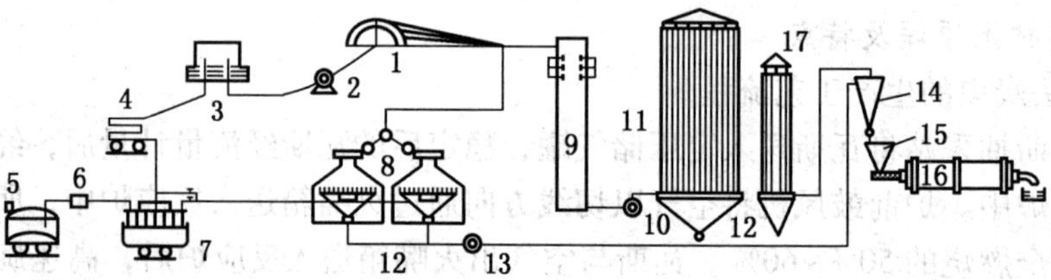

1—矿井；2—瓦斯泵；3—防爆湿式瓦斯罐；4—预热器；5—熔化器；6—齿轮泵；7—气化釜；8—火房；9—冷塔；10—烟气扇风机；11—袋滤收集器；12—气密阀；13—扇风机；14—旋风分离器；15—漏斗；16—成粒机；17—小袋滤器

图 8－15　混气活性炭黑生产工艺流程

（1）原料的加工处理。脱去原料中的水分和机械杂质，熔化固体原料，预热瓦斯，并将预热瓦斯同碳氢化合物蒸气混合，制配混气。

（2）混气在火房中燃烧和分解，制取炭黑。

（3）废气在炭黑中的回收是经抽吸和冷却，将其收集，并进行输送。

（4）炭黑经机械加工成粒、包装、压缩体积后，成最终产品。

3. 技术适用性

该技术适用于甲烷浓度 50% 以上的抽取瓦斯气体。

4. 应用情况及效果

用矿井瓦斯生产炭黑，根据品种不同，可以采用炉法、槽法和混气法 3 种不同生产工艺，均可生产出合格的优质炭黑。目前，抚顺、淮南、中梁山、阳泉和天府等矿务局都已建厂以瓦斯为原料生产炭黑。其中，1952—1978 年抚顺煤矿龙凤矿向炭黑厂提供沼气 $6.5\times10^{8}\ m^{3}$，生产炭黑 8770 t。

（二）利用瓦斯生产甲醛技术

1. 技术概况

甲醛是有价合成的重要化工原料，主要用于合成树脂、纤维，并广泛应用于医药等工业部门。在常压绝热条件下，可以将煤层气直接氧化成甲醛（也称一步法制甲醛）。

2. 主要技术原理及特点

瓦斯（甲烷）常压绝热氧化制取甲醛的反应式为：

主反应

$$CH_4 + O_2 \xrightarrow{NO} CH_2O + H_2O + 282.2\ kJ$$

副反应

$$CH_4 + \frac{3}{2}O_2 \xrightarrow{NO} CO + 2H_2O + 519.6\ kJ$$

$$CH_4 + 2O_2 \xrightarrow{NO} CO_2 + 2H_2O + 802.6\ kJ$$

也可以认为

$$CH_4 \xrightarrow{O_2} CH_2O \xrightarrow{O_2} CO \xrightarrow{O_2} O_2$$

瓦斯（甲烷）氧化的最终结果是生成二氧化碳。甲醛只是瓦斯（甲烷）在氧化过程中的中间反应物，极不稳定，超过反应时间（0.15 s）就会继续氧化而生成一氧化碳。因此，反应条件控制是很重要的。

瓦斯常压绝热氧化制取甲醛的工艺流程如图 8－16 所示。把瓦斯（浓度 30% 左右）送入预热炉加热到 630 ℃左右，再送入反应器。反应所需的催化剂硼砂涂在反应器内装瓷环的表面；另一种催化剂一氧化氮在原料气体未进入反应器之前压入总循环管中。瓦斯（甲烷）在反应器的催化剂作用下，发生一系列的化学反应，甲醛就是它的中间产物。

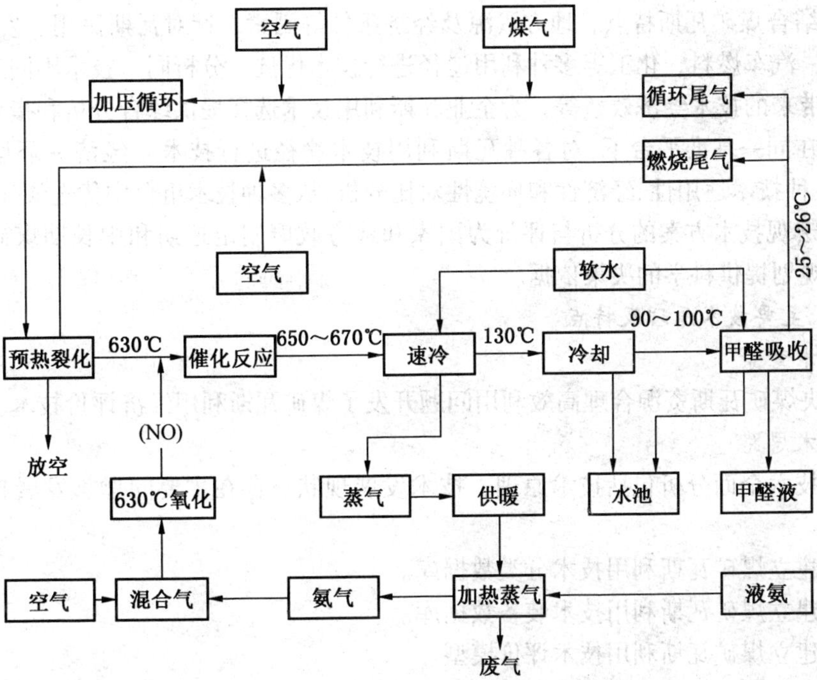

图 8－16　瓦斯常压绝热氧化制取甲醛的工艺流程

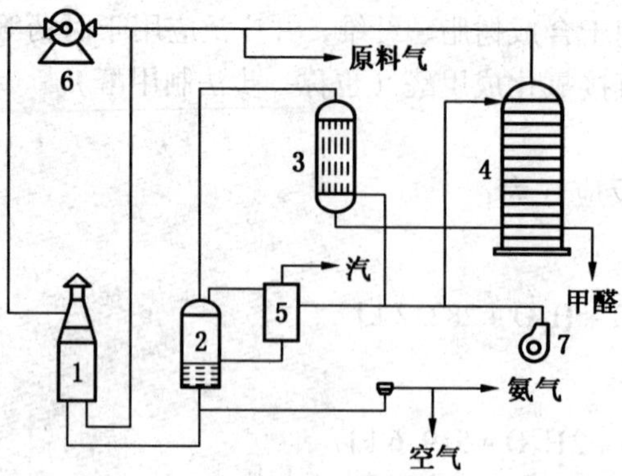

1—预热炉；2—催化反应器；3—冷却器；4—甲醛吸收筛板塔；5—速冷装置；6—鼓风机；7—软水泵

图 8-17　煤矿瓦斯直接氧化法制取甲烷示意图

为了使氧化产物不向纵深进行，必须控制反应气体在反应器内停留时间不超过 0.15 s，并要掌握温度，使反应后气体温度由 670 ℃骤降到 200 ℃以下，经过速冷的反应气体，再经过二级冷却器，降温到 100 ℃以下，才能进入吸收塔与软水进行逆向吸收。这样便可得到粗甲醛溶液。其制取方法如图 8-17 所示。

3. 技术适用性

该技术适用于甲烷浓度 30% 以上的抽取瓦斯气体。

4. 应用情况及效果

目前，抚顺、淮南、中梁山、阳泉和天府等矿务局都已建厂以瓦斯为原料生产甲醛。其中，抚顺西露天矿采用天然气一步法常压绝热氧化制甲醛工艺，1970 年 5 月建厂，同年 10 月一次性投产，年产甲醛 500 t，日生产甲醛 0.8 ~ 1.7 t。

九、煤矿瓦斯利用经济评价技术

（一）技术概况

该技术主要用于解决煤矿瓦斯多种利用途径在不同情境下如何优选与布局的问题。主要包括以下内容：

（1）结合煤矿瓦斯特点、地方资源及经济条件等因素，针对瓦斯民用、发电、液化、工业燃料、汽车燃料、化工等多种利用途径进行技术优选，分析同一技术不同工艺方案实施对企业带来的技术经济效益等，为企业瓦斯利用技术选择提供综合分析和指导。

（2）在同一基准平台下，对各种瓦斯利用技术途径进行技术-经济-环境多指标评价，实现各种技术适用性、经济性和环境性对比分析，从多种技术组合中优选最佳技术路径。

（3）宏观技术方案的分析与评价为国家和地方政府制定近期和中长期煤矿瓦斯利用技术发展规划提供科学的决策依据。

（二）主要技术原理及特点

1. 技术背景

为解决煤矿瓦斯资源合理高效利用问题开发了煤矿瓦斯利用经济评价技术。

2. 技术思路

（1）技术全面分析包括技术原理、技术发展现状、存在主要问题、发展趋势、技术前景等。

（2）建立煤矿瓦斯利用技术分类数据库。

（3）建立煤矿瓦斯利用技术装备数据库。

（4）建立煤矿瓦斯利用技术评价模型。

（5）在此基础上，对煤矿瓦斯利用技术效果进行综合分析。

3. 技术原理、方法、指标和参数

该评价技术以煤矿瓦斯利用途径为评价对象，主要采用技术、经济、环境多指标相结合的方法，对各项瓦斯利用途径在同一基准下进行评价与比较。具体研究不同浓度煤矿瓦斯各种利用技术的技术成熟度、技术适用性、经济可行性、经济效益及环境效益等指标，结合不同技术途径工艺，开发和建立相对应的评价模型。为适应不同条件、不同地区、不同时间段的技术评价，将评价模型做成评价软件，进行计算、比较和评价。该评价软件可以动态地根据各项瓦斯利用技术的评价基础数据取值，按照不同地区、不同时段的数值进行修改。评价系统总体架构如图 8－18 所示。

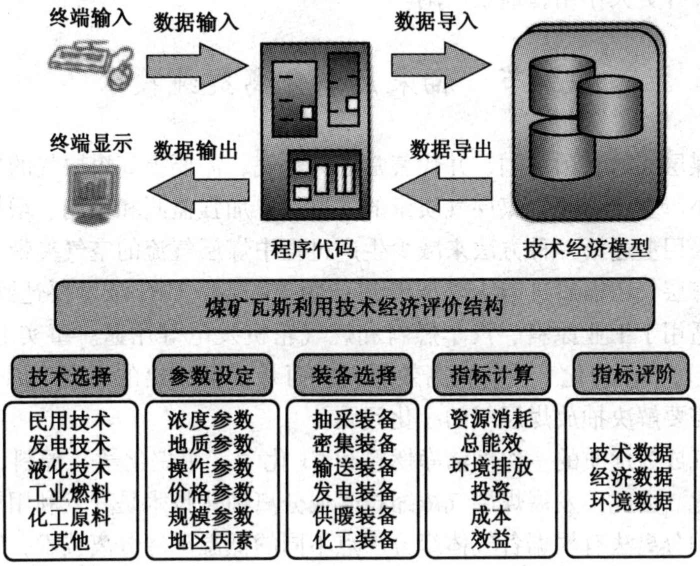

图 8－18　评价系统总体架构

4. 形成的关键技术及特点

（1）实现煤矿瓦斯技术评价模型的计算机平台操作。借助计算机平台，通过后台模型数据处理和前台数据表现，实现不同技术或同一技术不同工艺间的评价和比较，方便、快捷、清晰地了解各项技术的能效、投资、成本、节能减排效益等。

（2）建有技术装备库，为瓦斯利用技术的选择提供装备支持。

（3）对各种瓦斯利用技术进行技术－经济－环境效益评价，实现各种技术成熟度、经济性和环境性对比分析，在不同情境下确定适宜技术，为国家、企业决策提供参考依据。

（三）技术适用性

评价技术形成的瓦斯利用评价方法、评价模型及评价软件，适用范围广，易于使用和操作。主要适用范围如下：

（1）用于煤矿企业和煤层气开发利用企业选择发展下游瓦斯利用技术，包括瓦斯利用技术规划布局、工程前期可行性研究。

（2）可作为国家和地方政府制定中长期瓦斯利用发展战略规划的技术支撑和决策参考工具。

（3）为研究院所、大专院校开发瓦斯利用技术提供技术评价和比较平台。

（四）应用情况及效果

此评价技术已应用于国家重大专项煤矿区煤层气产业化发展战略规划研究和多个煤矿瓦斯回收利用项目可行性研究报告中。

通过几个示范矿区的应用检验，说明瓦斯利用技术经济评价十分必要、可行且易于操作；通过技术评价、经济评价及环境影响因素评价，对今后煤矿瓦斯的产业化规模、开发利用的经济性以及对环境的影响等方面获得清晰认识；煤层气开发利用的技术经济评价对国家、地方、煤矿和煤层气企业决策起到指导作用。

随着煤矿瓦斯利用技术日益成熟，途径越来越多，方法越来越细化，煤矿瓦斯利用经济评价技术将发挥更大作用，前景广阔。

第三节　抽采瓦斯分离提纯技术

为了扩大煤层气的利用范围，并代替常规天然气，需要提高煤层气的质量和保证气体的质量波动最小。主要的改善煤层气质量的方法是：加强监测和控制、增加采前抽放和进行气体富集。采用上述第一种方法来减少生产过程中煤层气流的空气夹带是最经济的手段之一。如果将煤层气压缩后进入天然气管道长距离输送，CH_4 浓度要达到95%以上。高质量煤层气更适用于工业原料、汽车燃料和燃气轮机发电等用途。事实上，当 CH_4 富集到800%以上，可以作为化工原料或高效燃料，而井下抽放出的煤层气因 CH_4 的含量低、杂质多，迫切需要解决抽放煤层气的净化问题。

要使煤层气成为优质的一次性洁净燃料和C1化学（甲烷化学）原料，需要对煤层气进行浓缩与净化。因此，发展煤层气浓缩技术或分离纯化技术是开发利用煤层气的关键所在。混合气体的分离法有根据各气体组分沸点不同的低温深冷分离技术，即冷凝－蒸馏液化（LNG）和非冷凝方法。后者包括利用一定吸收剂只选择吸收某些组分的吸收法；利用膜对不同分子直径的选择性透过功能的膜分离法以及建立在某种吸附剂或吸附剂组合对不同气体组分吸附强度或扩散速率存在差异基础上的变温吸附（TSA）、变压吸附（PSA）。

目前，国内的煤层气净化浓缩技术研究正处于起步阶段，主要借助于天然气工业的研究成果，但传统的净化方法都有一些缺陷。目前，可进行瓦斯气浓缩的可行方法包括以下几种。

一、低温液化

煤层气和天然气一样，主要成分是甲烷。甲烷的临界温度为190.58K（约－82.57℃），临界压力为4.64 MPa，也就是说，至少要在－82.57℃以下，并增加其压力（到4.64 MPa），它才能变成液体。如果压力是一个大气压，其液化温度则是－161.49℃。因此，煤层气液化只能在低温下实现。煤层气的液化流程与天然气一样，有复叠式制冷液化循环、混合制冷剂制冷液化循环、带膨胀机的制冷液化循环等。煤层气通常流量不大，原料气压力也低，在低温液化分离过程中能生产出洁净的氮气，不仅可以用做分子筛净化器的再生气体，而且可以用来补充气体制冷循环的泄漏。

低温液化分离法的原理是先将气体混合物冷凝为液体，然后再按各组分蒸发温度的不同将它们分离。第一，因为这种方案分离的纯度最高；第二，因为这种方案比较安全，其分离过程是在低压和低温下进行的，即使处在甲烷的燃烧爆炸范围内也不容易产生燃烧和爆炸；第三，这种方案最经济，它不仅可以同时分离和脱除氧、氮，而且能直接生产出液体煤层气（LNG）。

二、变压吸附

变压吸附技术是吸附分离技术的一种实现方式，即利用吸附剂对气体混合物各组元吸附强度、在吸附剂颗粒内外扩散的动力学效应或吸附剂颗粒内微孔对各组元分子的位阻效应的不同，以压力的循环变化为分离推动力，使一种或多种组分得以浓缩或纯化的技术。变压吸附技术作为一种有效的气体分离提纯方法，自20世纪80年代以来已广泛用于石油、天然气和化工的气体分离工业领域。

变压吸附过程是动态过程，但其基本原理也可用一定温度下，气体混合物中的强弱吸附组分在固体吸附剂上的物理平衡吸附等温线的差异来说明。在较高压力下进行吸附，而在较低压力下脱附，从而实现混合气体分离的目的。变压吸附过程具有以下优点：能耗低、吸附剂成本较低、投资小、运转周期短、气体处理量大。由于实现变压只需数分钟到数秒时间，且可在室温下操作，决定了变压吸附过程具有效率高、设备简单、污染小、容易实现自动化和连续生产的特点，广泛应用于混合气体某一组分的提浓、气体除杂及混合气体的单组分或多组分纯化。现已形成的化学工程大型工业生产工艺和完整的单元操作是在近二三十年迅速发展起来的，有力地推动了低品位资源的开发和利用，尤其在石油、天然气及化学工程等方面将发挥巨大的作用。随着其应用领域不断扩大，新型吸附剂的开发日渐成为变压吸附技术研究的热点。除成熟的传统吸附剂活性炭、分子筛之外，人们对一些新型吸附剂，如活性炭纤维、碳分子筛和类沸石材料的研究兴趣正浓。自20世纪40年代（特别是70年代后期）以来，人们致力于用金属络合物基材料作为气体分离与纯化的替代材料，包括从各种气流中吸附分离出氧气、一氧化碳和二氧化碳。这类固体具有比已知吸附剂更优良的性能——对特定组元的高度选择性。

我国在抽放煤层气浓缩与净化方面的工作尚处于探索起步阶段，对矿井煤层气深加工产品的技术经济以及煤矿的特殊生产条件缺乏认真的考虑，变压吸附技术在矿井抽放煤层气浓缩与净化方面的商业应用还有大量的基础研究和工艺改进等需要深入进行。

三、膜分离法

气体膜分离技术的研究始于百余年前，但大规模商业化应用尚不到20年。在能源和环境问题日趋严峻的今天，气体膜分离作为一种“绿色技术”，在与传统分离技术（吸附、吸收、深冷分离）的竞争中显示出独特的优势，广泛用于石油、天然气、化工、冶炼和医药等领域；气体膜分离过程无相变产生，能耗低或无须能耗；膜本身为环境友好材料，膜材料的种类日益增多并且分离性能不断改善。气体膜分离作为膜科学的重要分支，已逐渐成为成熟的化工分离单元。

气体膜分离主要是根据混合原料气中各组分在压力的推动下，通过膜的相对传递速率不同而实现分离。由于各种膜材质的结构和化学特性不同，气体通过膜的传递扩散方式不同，因而难以做出运用性很强的解释，目的常见的气体通过膜的分离机理有两种：①气体通过多孔膜的微孔扩放机理；②气体通过无孔膜的溶解－扩散机理。膜分离技术是以膜两侧气体的分压差为推动力，通过溶解、扩散、脱附等步骤产生组分间传递速率的差异来实现分离，膜分离法工艺简单、操作方便、投资少，但存在膜分离效果对制膜技术依赖性强、成本高、膜易发生淤塞、易损等导致使用寿命短等缺陷。因此，气体膜分离技术目前并未在煤层气分离领域得到实验和工业应用。

理想的气体分离膜材料应该同时具有高的透气性和选择性、高的力学强度、优良的热和化学稳定性以及良好的成膜性能；在目前已经商业化的高分子材料中，一般难以找到透气性和选择性都比较好的气体膜分离材料。从气体膜分离技术的发展可以看出，膜组件及装置的研究相对成熟，但膜本身的发展潜力仍相当大。若能够在膜材料上有所突被，气体膜分离技术必将得到更广泛的应用。

四、水合固化分离法

煤矿抽采瓦斯的主要成分 CH_4、N_2、O_2 等均可在一定温度、压力条件下形成水合物，但在相同温度条件下，各组分气体水合物生成压力相差很大（如 0 ℃时，CH_4、N_2、O_2 的水合物相平衡压力分别为2.56 MPa、14.30 MPa 和11.10 MPa），因此通过控制生成压力使 CH_4 固化，经过多级固化过程，低浓度瓦斯有效分离和提纯为高含量甲烷水合物，进而实现甲烷高倍浓缩储存和安全运输的目标。

2005 年，吴强等在利用水合机理预防煤与瓦斯突出研究过程中发现和验证了水合分离煤矿抽采瓦斯的可行性，开始尝试应用这种新方法进行煤矿瓦斯分离。该课题组在国家自然科学基金项目（50874040）、黑龙江省重大科技攻关项目、哈尔滨市科技创新基金项目资助下，自主研制了一套煤矿瓦斯固化分离装置，对 4 种典型煤矿瓦斯的水合固化分离热力学条件、分离提纯浓度进行了 37 组初步试验研究。目前，30% 以下甲烷浓度的瓦斯气体主要用于发电，分离技术匮乏，而采用水合物技术可将 14.28% 甲烷浓度的矿井瓦斯逐级分离提纯至 91.27%，初步试验为 30% 以下低浓度煤矿抽采瓦斯固化分离研究奠定了良好基础。

低浓度瓦斯水合固化分离技术的应用关键是促进剂筛选、水合物生产效率和经济性控制技术研究。针对上述关键科学问题，深入研究应集中于不同浓度/组分瓦斯水合分离条件和分离效果试验，有效改善水合分离热力学条件和分离效果/加速水合分离动力学进程的添加剂筛选，分离工艺流程设计和成套设备研发等方向。

复习思考题

1. 目前常用的瓦斯储运方法有哪些？
2. 目前瓦斯直接利用技术主要有哪些？
3. 简述主要瓦斯利用技术原理。
4. 抽采瓦斯分离提纯技术主要有哪些？
5. 简述主要瓦斯分离提纯技术原理。

教学活动

查阅资料，进一步了解除本章节所介绍的煤矿瓦斯储运技术、抽采瓦斯利用技术、抽采瓦斯分离提纯技术之外的相关利用技术。

参 考 文 献

[1] 林柏泉，张建国．矿井瓦斯抽放理论与技术［M］．徐州：中国矿业大学出版社，1996.
[2] 何国益．矿井瓦斯治理实用技术［M］．北京：煤炭工业出版社，2009.
[3] 俞启香．矿井灾害防治理论与技术［M］．徐州：中国矿业大学出版社，2008.
[4] 林柏泉．矿井瓦斯防治理论与技术［M］．徐州：中国矿业大学出版社，2010.
[5] 张国枢．通风安全学［M］．徐州：中国矿业大学出版社，2011.
[6] 俞启香，程远平．矿井瓦斯防治［M］．徐州：中国矿业大学出版社，2012.
[7] 王永安，朱云辉．矿井瓦斯防治［M］．北京：煤炭工业出版社，2007.
[8] 孙和应，常松岭．矿井瓦斯防治技术［M］．徐州：中国矿业大学出版社，2009.
[9] 何学秋．中国煤矿灾害防治理论与技术［M］．徐州：中国矿业大学出版社，2006.
[10] 赵铁桥．煤矿瓦斯及其防治［M］．北京：化学工业出版社，2011.
[11] 程远平．煤矿瓦斯防治理论与工程应用［M］．徐州：中国矿业大学出版社，2010.
[12] 赵建忠．煤层气水合物理论与技术［M］．北京：科学出版社，2011.

图书在版编目（CIP）数据

矿井瓦斯防治与利用/吴强主编．--北京：煤炭工业出版社，2016

普通高等教育“十三五”规划教材

ISBN 978-7-5020-5287-4

Ⅰ．①矿…　Ⅱ．①吴…　Ⅲ．①煤矿—瓦斯爆炸—防治—高等学校—教材　Ⅳ．①TD712

中国版本图书馆 CIP 数据核字（2016）第 103686 号

矿井瓦斯防治与利用（普通高等教育“十三五”规划教材）

主　　编　吴　强
责任编辑　闫　非　郭玉娟
责任校对　邢蕾严
封面设计　北京地大天成印务　设计印前中心

出版发行　煤炭工业出版社（北京市朝阳区芍药居 35 号　100029）
电　　话　010-84657898（总编室）
010-64018321（发行部）　010-84657880（读者服务部）
电子信箱　cciph612@126.com
网　　址　www.cciph.com.cn
印　　刷　北京玥实印刷有限公司
经　　销　全国新华书店

开　　本　787mm×1092mm $^1/_{16}$　**印张**　$14^3/_4$　**字数**　345 千字
版　　次　2016 年 10 月第 1 版　2016 年 10 月第 1 次印刷
社内编号　8144　**定价**　30.00 元